U0813736

# 作者简介

**陈诗一**　男，复旦大学中国社会主义市场经济研究中心研究员，韩国庆北国立大学计量经济学博士，德国洪堡大学高级访问学者，2007年入选“上海市浦江人才”计划，2010年入选教育部“新世纪优秀人才支持计划”。主要研究领域为计量经济理论、经济转型与发展、能源与环境经济学、金融效率与风险评估等。在《经济研究》、《中国社会科学》、《经济学(季刊)》、《金融研究》、*Quantitative Finance*、*Journal of Forecasting*、*The World Economy*、*China Economic Review*等国内外一流经济学期刊上发表学术论文三十多篇，多次被转载和引用，曾获上海市哲学社会科学优秀成果奖论文类一等奖、二等奖以及上海市邓小平理论研究和宣传优秀成果奖论文类三等奖等。已出版专著《非参数支持向量回归和分类理论及其在金融市场预测中的应用》和译著《应用多元统计分析(第2版)》。

# 《国家哲学社会科学成果文库》
# 出版说明

为充分发挥哲学社会科学研究优秀成果和优秀人才的示范带动作用，促进我国哲学社会科学繁荣发展，全国哲学社会科学规划领导小组决定自2010年始，设立《国家哲学社会科学成果文库》，每年评审一次。入选成果经过了同行专家严格评审，代表当前相关领域学术研究的前沿水平，体现我国哲学社会科学界的学术创造力，按照“统一标识、统一封面、统一版式、统一标准”的总体要求组织出版。

全国哲学社会科学规划办公室

2011年3月

# 内 容 提 要

21 世纪第二个十年伊始将迎来我国加快转变经济发展方式、实现科学发展的深刻变革期。本书初步勾勒出科学发展观的经济学理论分析体系，并在其中寻找本书展开研究的坐标和线索。转变经济发展方式的关键在于不断提高由全要素生产率所代表的经济增长中的质量贡献，而现有文献往往只从传统的资本和劳动要素的角度来进行分析。与此不同，本书从可持续发展概念最初源起的能源和环境视角出发，深层次剖析节能减排在发展方式转变中发挥作用的经济学机制；并以中国工业为例，分析如何通过实施以能源结构和轻重工业结构调整以及技术进步和创新为主的政策路径，来重置能源要素和减排环境污染，以推动全要素生产率增长并最终实现工业发展方式向可持续方向的根本转变。全书分析主要基于低碳转型的一个理论分析框架而进行。期待本书的研究方法、基本结论和主要政策建议能够对经济领域加快转变发展方式有所助益。

# Abstract

Structural adjustment and corresponding factor reallocation and TFP growth is an important approach to realize the transformation of development model from being extensive in nature to intensive and sustainable. This book investigates this approach from the perspective of energy-saving and emission-abating. The book consists of ten chapters that I will introduce them briefly in the following part.

Chapter 1 firstly proposes the theoretical system to study the scientific outlook on development from the perspictive of economics, in which the logic and clue the book will follow to address its topic are illustrated. Based on the reviews of the historical process of economic transformation and structural adjustment in China, this chapter then reveals the major obstacles resulted from the traditional development model and highlights the extreme urgence and importance of transforming the development model from now on.

Chapter 2 constructs the input-output variables for 38 sub-industries from 1980 to 2008. To this end, the sub-industries must be reclassified and recombined to match each other, the scope of all the industrial variables be adjusted to the same statistical content, and some missing data be added rationally. These variables include gross output value of industry, industrial value-added, capital stock, labor forces, energy consumption, intermediate input and carbon dioxide emission. All variables are calculated based on 1990 price level. Preliminary statistic analyses based on this database are made to investigate the evolution of the transformation of industrial development model in China.

Chapter 3 estimates sub-industrial productivity and carries out the growth accounting based on translog production function. It concludes that energy consumption and capital stock has been driving the industrial growth during the period of reform and openness, while labor and $CO_2$ emission made less even negative contribution to the growth. As a whole, China industry has achieved the transformation from extensive to intensive growth, with the productivity to be the first driving force, that is necessary to sustainable development in the long run. But, some heavy industries are still characterized by extensive growth and must improve their energy-save and emission-abate technology in order to promote the ability of sustainable development.

Chapter 4 surveys almost all the important literatures related to structural adjustment and the transformation of the development model. Based on the review of methods to quantify the structural effect, this chapter proposes a new method that is able to include the energy and environmental variable to estimate the impact of structural change on the industrial sustainable development. The results show that energy and environment based structural adjustment can improve the productivity and substantially push the change of development model forward.

Chapter 5 employs directional distance function that includes emission as undesirable output to estimate the sub-industrial productivity and its decomposition in China from 1980 to 2008. The results reveal that the estimates that ignore the emission, include emission as input and treat emission as desirable output significantly overestimate the real productivity and technical change; thus, it's not easy to say that the development model has been transformed as done in previous two chapters. What the most important finding in this chapter is that the measurement of productivity, technical change and efficiency in heavy industry significantly exceeds that in light industry from the mid of 1990s to the beginning of new millennium due to the substantial energy-saving and emission-abating regulations implemented by central government. We refer to this phenomenon as green productivity revolution in Chinese industry, necessary to the substantial transformation of development model in China in the future.

By using parametric and nonparametric directional distance function, Chapter 6 estimates the shadow price of industrial carbon dioxide for 38 sectors from 1980 to

2008. The measures show that the shadow price of light industries is higher than that of heavy industry and the estimated shadow price increase over time. The estimates of shadow price make it possible to determine the carbon tax rate, the pricing of pollution permit trade and calculate the traditional productivity index such as Laspeyres, Paasche, Fisher and Törnqvist productivity index. This chapter analyzes the application of shadow price in environmental tax reform in particular.

Porter Hypothesis states that environmental governance may lead to win win opportunities, that is, improve the productivity and reduce the undesirable output simultaneously. Based on directional distance function too, Chapter 7 proposes a dynamic activity analysis model to forecast the possibilities of win-win development in Chinese industry from 2009 to 2049. The evidence reveals that energy-save and emission-abate activity will result in both the improvement in net growth of potential output and the steadily increasing growth of total factor productivity. This favors Porter Hypothesis.

To transform the development model, in 2009 China government determined to reduce the carbon intensity by 40%—45% till 2020. By investigating the changing model of carbon intensity during the period of reform, Chapter 8 finds that this abating goal is not higher than that has been realized and then could be achieved as expected. Based on the decomposition of carbon intensity, energy intensity or energy productivity is the most important factor to drive the decline of carbon intensity in the future. The adjustment of energy structure and industrial structure also play a vital role during the process of carbon intensity reduction.

Abating $CO_2$ is the important mean to transform the economic development model. Chapter 9 decomposes the different driving forces behind different varying pattern of $CO_2$ emission in Shanghai and China as a whole to the end of providing respectively appropriate policy suggestions. The basic conclusions are that capital driven growth model mainly contributes to the sharp increase of $CO_2$ emission, structural adjustment and energy intensity reduction help abate $CO_2$. To the end of development model transformation, it is particularly necessary for Shanghai to develop newly defined nine high-tech industries, focus on $CO_2$ abatement in transportation industry, change the growth model driven by government investment, and substantially reform SOEs etc.

Chapter 10 briefly concludes all the topics addressed in previous chapters and points out the research direction in theoretical and policy area in the future. And the input-output database of Chinese sub-industries that constructed in Chapter 2 and employed throughout this book is also partly appended.

# 前　　言

相对于新中国成立后的社会制度革命和1978年后的经济体制改革，21世纪第二个十年伊始，我国将迎来加快转变经济发展方式、实现科学发展的战略机遇期和深刻变革期。党的十七届五中全会在审议“十二五”规划建议时明确要求以科学发展为主题，以加快转变经济发展方式为主线，并提出了明确的实现路径，即坚持把经济结构战略性调整作为加快转变经济发展方式的主攻方向，坚持把科技进步和创新作为加快转变经济发展方式的重要支撑，坚持把保障和改善民生作为加快转变经济发展方式的根本出发点和落脚点，坚持把建设资源节约型、环境友好型社会作为加快转变经济发展方式的重要着力点，坚持把改革开放作为加快转变经济发展方式的强大动力，提高发展的全面性、协调性、可持续性，实现经济社会又好又快发展。根据本书第一章提出的科学发展观的经济学理论分析体系，本书将选择其中的节能减排和结构调整这一线索来展开对中国工业发展方式转变的前景、路径和政策建议的详细分析。

具体而言，本书围绕节能减排促进结构调整和技术进步，从而全面提升全要素生产率并最终推动工业发展方式实现根本转变的逻辑展开，总共由十章内容构成，分别简述如下。

第一章初步勾勒出科学发展观的经济学理论分析体系，并指出本书在其中展开研究的坐标和思路。本章还描述了新中国成立特别是改革开放以来中国的经济转型和结构调整演化历程，分析了传统经济发展方式带来的种种弊端，由此可以得出新时期加快转变经济发展方式的紧迫性和极端重要性。第二章通过历史数据来分析中国工业部门发展方式转变情况。为了使得对中国工业两位数行业在整个改革开放期间发展方式进行分析成为可能，本章克服了该期间内工业行业分类标准前后不匹配、工业经济指标统计口径不一致等主要困难,构造了38个工业两位数行业1980—2008年期间的投入产出面板数据库,包括工业总产值、工业增加值、资本存量、职工人数、从业人员、能源消费总量、工业中间投入和二氧化碳排放变量,所有变量都统一调整到全部工业口径,所有价值量变量都平减为1990年为基年的可比价序列。该数据库将是后续章节分析所依赖的主要数据库。

第三章利用传统的超越对数分行业生产函数来估算中国工业全要素生产率变化并进行增长核算分析,得出了以下主要结论:能源和资本驱动了改革开放期间中国的工业增长,劳动和二氧化碳排放对工业增长的贡献较低甚至为负。本章还发现,少数以高能耗和高排放为特征的重化工业行业还处于要素投入推动的粗放型增长阶段,甚至成为工业整体生产率进步的拖累,未来要切实提高落后重工业行业的技术进步水平,把经济发展方式完完全全转到以全要素生产率作为第一驱动力的可持续发展道路上来。第四章综述了国内外研究结构调整与经济发展方式转变和可持续发展主题的最新主要文献。在对文献中量化结构效应的方法进行比较分析的基础上提出了一种能够纳入能源和环境要素并克服传统方法弊端的新的计量方法,对改革后中国工业两位数行业的结构调整效应进行了度量。实证分析显示,结构调整能够有效重置要素,推动生产要素从低效率行业向高效率行业流动,从而提高全要素生产率并实实在在地推动中国工业发展方式的转变。

第五章至第七章则利用最新的能够合理处置环境排放负外部性特征的非参数方向性距离函数方法来进行分析,在文献中,该方法又称为环境规制行为分析模型,能够准确刻画节能减排的经济学机理,是进行低碳发展分析的一个较合理的理论框架。第五章主要基于该环境方向性距离函数对改革以来中国工业分行业的环境全要素生产率进行了重新度量和分解,发现传统的不考虑或不合理考虑环境因素的度量结果往往高估了真实的全要素生产率和技术进步率,与现有主要文献的度量结果对比也佐证了这一发现。真实环境全要素生产率很低的现实说明中国低碳转型之路依然任重道远。尽管正确考虑了能源和排放因素后所估计得到的真实生产率较低,但是本章还是特别发现在20世纪90年代中前期到21世纪初这一阶段,由于中国卓有成效的节能减排政策和措施,中国能耗和排放密集型重工业的全要素生产率、效率改善和技术进步首次超过了轻工业指标,实行了中国工业的绿色生产力革命,这一时期低碳转型成效明显。尽管由于再次重化工业化,重工业的这些指标在2002年以来又重新落后于轻工业,但是基于中国对绿色经济的最新大力投入和对节能减排的高度重视,中国工业新一轮的绿色生产力革命以及由此所驱动的发展方式转变尽管前路艰难,但仍大有希望。第六章重在解决环境变量市场价格长期缺失而导致很多与环境有关的经济发展分析难以进行的困境,即度量环境污染的影子价格。本章以二氧化碳排放为例度量得出,轻工业行业的二氧化碳影子价格要高于重工业行业,而且随着时间的推移,轻重工业和工业全行业的二氧化碳影子价格绝对值都出现递增现象。本章重点讨论了所估算的排放影子价格在环境税制改革特别是碳税征收领域的应用问题,也分析了排放影子价格在其他环境政策以及传统生产率估算上的应用。第七章把方向性距离函数扩展为一个动态的行为分析模型,以便更形象刻画节能减排的动态经济学机制,并对工业部门从新中国成立60周年到100周年之际节能减排的损失和收益进行模拟分析,最终找到了通向中国工业未来双赢发展的最优节能减排路径。该预测支持了环境治理可导致双赢发展机会的Porter假说。

2009年11月国务院常务会议决定,为加快转变发展方式,到2020年我国单位国内生产总值二氧化碳排放比2005年下降40%至45%,并作为约束性指标纳入国民经济和社会发展中长期规划。本书在第八章通过对中国工业二氧化碳排放强度的减排历程进行分析,发现该约束性指标并不比已经取得的减排幅度更高,未来完全可能达到。而且在分解出影响工业碳强度减排的主要因素的基础上发现,能源生产率提高是未来碳强度减排的主要决定因素,能源结构和工业结构调整也有利于碳强度的降低。二氧化碳减排是经济发展方式转变的助推器,但是不同地区和全国的二氧化碳排放变化并不相同,第九章以上海市和全国为例,分解出它们背后的不同驱动因素,以便为实现各自碳减排提供不同的政策建议。该章基本结论是,传统的以资本驱动为特征的增长模式对二氧化碳排放的急剧增加负有主要责任,而能源结构和产业结构演化和能源强度降低则有利于减排二氧化碳,对上海市而言要切实减排二氧化碳更要特别注重第三产业中的交通运输业减排、大力发展九大高科技产业、切实进行国企改革、加快转变政府主导和投资驱动的增长模式,等等。第十章为全书的结论部分,对全书的基本内容和观点结论进行了简单的总结,并对未来进一步的理论研究和政策研究给出了一些基本思考。全书减排研究对象主要是温室气体主要成分二氧化碳的排放，对之使用的分析方法同样适用于二氧化硫排放、工业“三废”等其他环境污染排放。

本书的部分研究内容已经在国内权威期刊和 SSCI 期刊上陆续发表，并被多次转载和大量引用以及获得多项学术奖励。比如，第二章数据处理内容即将由《经济学(季刊)》发表。第三章部分内容在《经济研究》2009 年第 4 期发表，被人大书报资料中心《产业经济》2009 年第 7 期全文转载，被 *Frontier of Economics in China* 在 2009 年第 4 卷第 4 期英文转载，据中国期刊全文数据库统计已被引用 30 次之多，荣获“上海市第八届邓小平理论研究和宣传优秀成果奖”论文类三等奖。第四章部分内容收录于中国社会科学院出版的《中国社会科学学术前沿》(2010 年)，是根据作者在《经济研究》2009 年第 7 期所发表论文扩展而成，该论文荣获“上海市第十届哲学社会科学优秀成果奖”论文类二等奖，其最初英文版本曾于 2010 年 8 月在有“经济学奥林匹克”之称的第 10 届世界经济学大会上报告。第五章和第七章部分内容分别在《经济研究》2010 年第 11 期和第 3 期发表，后者被人大书报资料中心《产业经济》2010 年第 6 期全文转载。第六章部分内容在《世界经济》2010 年第 8 期发表。第八章部分内容即将由 SSCI 学术期刊 *The World Economy* 发表。而第十章全书总结性的主要观点曾在《解放日报》和《中国社会科学报》上登载。

本书得以入选 2010 年度《国家哲学社会科学成果文库》(批准号为 10KJL004)，作者在此对各位评审专家以及全国哲学社会科学规划办公室的资助和奖励表示衷心的感谢！当然，本书得以出版离不开多方面的支持，在此，作者要特别感谢导师张军教授一直以来的指引和北京大学出版社编辑朱启兵先生的热情帮助！感谢教育部“新世纪优秀人才支持计划”、教育部人文社会科学研究一般项目(09YJA790046)和重点研究基地重大项目(2009JJD790011)、上海市哲学社会科学规划一般课题(2009BJB028)、上海市重点学科建设项目(B101)、复旦大学“985 工程”对本书研究的资助！作者还要感谢《中国社会科学报》(第 144 期)对本专著的新书详解和推介！

最后，我要把这本书献给爱妻陈梅女士和儿子陈骁禹同学！献给我敬爱的爷爷陈印老先生！并以此书缅怀我的奶奶丁成训女士！

陈诗一<br>2010 年 4 月于上海

# 目 录

# CONTENTS

# 第　一　章

# 加快转变发展方式是科学发展的时代要求

走过了新中国成立后三十年的计划经济时代,特别是改革开放以来三十年的中国特色社会主义市场经济建设时期,中国经济增长取得了举世瞩目的成就,创造了世界经济发展历史的奇迹。然而,中国经济发展的重任还远远没有完成,新世纪第二个十年伊始将迎来中国全面转变经济发展方式的战略机遇期,这将是中国经济实现由总量奇迹向人均奇迹、由数量奇迹向质量奇迹飞跃的伟大时期,也是中国到本世纪中叶实现现代化伟业的关键时期。党的十七届届五中全会在审议《中共中央关于制定国民经济和社会发展第十二个五年规划的建议》时就明确要求以科学发展为主题,以加快转变经济发展方式为主线,提高发展的全面性、协调性、可持续性,实现经济社会又好又快发展。但是,我们知道,要转变传统的经济发展方式殊为不易且极具挑战,这将是一场长期艰巨的变革,也许需要利用几个五年计划去坚定不移地实现之,所幸的是我们已经站在了经济转型这个伟大征程的更新、更高起点之上。本章第一节将尝试给出科学发展观的经济学理论分析体系,从中可以引出本书展开分析的思路、逻辑和框架。第二节描述中国经济结构调整和发展转型的历程。而传统经济发展方式所导致的种种弊端则在第三节中进行分析。最后一节则揭示中国加快转变经济发展方式的必要性、紧迫性和重大意义。

## 第一节　科学发展观的经济学理论分析体系:全书导读

科学发展观涉及经济、社会、自然、文化等各个方面,体现了全面、协调、可持续的发展理念。从经济科学的视角看，科学发展则又体现为各种经济元素动态互动、各种经济政策综合推进的系统工程，而转变经济发展方式则是成功实现科学发展主题的主线，所有的经济工作都要紧紧围绕加快转变经济发展方式来展开。笔者在这里尝试给出科学发展观的经济学理论分析体系框架，从中可以找到本书展开分析的逻辑和思路（见图 1-1）[①]。

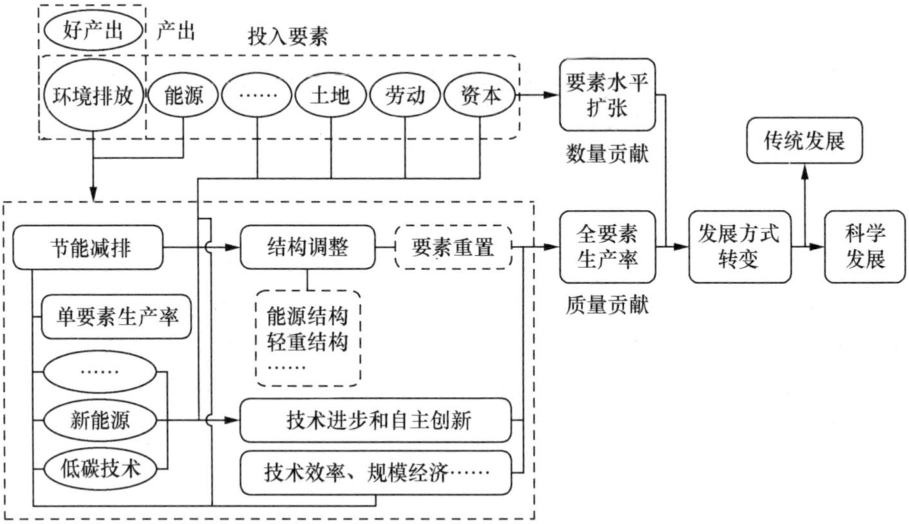


**图 1-1　科学发展观的经济学理论分析体系以及本书展开分析的逻辑**

要摒弃传统粗放式的简单发展方式，实现可持续的科学发展，就必须实现经济发展方式的真正转变。那么如何从经济学的视角来准确判断经济发展方式是否发生了转变或者说怎样推动发展方式转变呢？这里的核心变量是全要素生产率（total factor productivity，TFP），问题根源是投入要素的产出贡献方式。这种方式可以分为两种，即投入要素通过水平扩张推动产出增长的纯数量贡献以及投入要素通过要素重置、优化组合、技术进步、效率提高等来提高全要素生产率实现以较少代价最大化生产的质量贡献，后者在经济学上就表现为全要素生产率占产出的贡献份额。如果要素的数量贡献仍然大于质量贡献，那么这个经济体仍旧处于高投入、高能耗、高排放的传统发展阶段；相反，如果全要

① 全书所有图表未作特别说明的都由作者绘制，全书绘图制表所用数据以及正文中出现的数据如果未作特别说明也是由作者根据相关统计年鉴的原始数据整理后提供，且大部分数据来自本书第二章所估算的工业分行业统计数据库，此后不进行特别说明。

素生产率的产出贡献大于纯数量贡献并且仍在继续增加，则表明该经济体已经实现了经济发展方式的根本转变，并向着又好又快的方向继续发展。

可见，全要素生产率是这里的关键链接变量，加快转变经济发展方式的根本问题就是要全面提高经济发展的全要素生产率。难点是，全要素生产率不可观察，必须通过计量经济学方法来度量，因此涉及合理度量方法的选取。只有那些能够合理反映各种投入要素具体经济学特征的度量方法，才能精确度量出全要素生产率中的各种成分，为发展方式转变的客观评价以及推动全要素生产率进步的各种政策建议提供科学的依据，这也是本书研究的重要方法论目标。

要转变经济发展方式，提高全要素生产率，一种重要的方式就是调整经济结构，通过要素重置，让稀缺的要素资源流入最有效率的部门来提高经济整体的生产率；加快技术进步和自主创新步伐也是重要的路径，这需要进一步提高劳动生产率、资本生产率、能源使用效率甚至碳生产力，也需要实现包括新能源、低碳技术在内的技术革新；当然还包括提高技术效率、实现规模经济等其他方式。这涉及一系列的配套政策的改革，比如投资体制改革、就业、保障和民生改革、土地流转改革、节能减排规制改革等，也包括各种经济结构的调整和产业政策的支撑。因此，转变经济发展方式提高全要素生产率，除了要有新思路、新理念，还必须明确具体路径，选准突破点和抓手，这样才能收得实效。

正如图 1-1 所示，经济学界通常把发展方式转变研究放在经济增长核算范式内进行，但目前研究的主体仍然是从传统的资本和劳动投入要素的维度来进行分析，结构调整更多关注于三次产业结构、城乡区域结构、投资和消费结构、内外需结构等，且分析方法相对简单。与此不同的是，本书将尝试从可持续发展概念最初源起的能源和环境维度来更深层次地剖析节能减排在发展方式转变中发挥作用的经济学机制，并分析如何通过实施以能源结构和轻重工业结构调整为主的政策来重置能源要素，减排环境污染，以推动全要素生产率增长并最终实现经济发展方式由传统粗放型向科学发展方向的根本转变。在这里，节能减排可以倒逼经济结构调整，节能减排能够催生新能源和低碳技术，节能减排也将促进能效和环境效率提高，因此，节能减排、建设资源节约型、环境友好型社会已经成为了加快转变经济发展方式的重要着力点，对该主题进行研究很自然、很必要，也很迫切。在环境经济学中，如何处理环境污染变量一直是一个难题，这也是传统分析方法所不能解决的，本书将从环境污染的负外部性这个独特的经济学特征入手，来解决环境变量融入科学发展理论分析体系的问题。本书以工业作为研究对象，主要因为它是中国的主要能源消耗部门和污染排放源，节能减排在其发展方式转变中的作用尤其突出；有学者指出，发展方式的转变过程在中国现阶段就是新型工业化道路的选择过程，中国经济发展方式转变的主要载体是工业部门。

## 第二节　中国经济转型和结构调整过程

新中国成立后，中国选择了优先发展重工业以及农业为重工业提供积累的赶超战略，其主要特征是国有经济占统治地位，计划控制资源，没有充分利用自身的比较优势，尽管工业取得了很大成就，但是生产率低下，与民生相关的轻工业产品长期匮乏，经济短缺现象严重，造成了刚性的二元经济结构和严重的要素配置扭曲，再加之“文化大革命”的巨大灾难，最终使中国经济濒临崩溃的边缘，整个社会形成了变革图存的共识。1978 年改革开放以来，中国经济增长迅猛，经济结构也发生了显著的变化。如图 1-2 所示，第一产业劳动力所占份额从 1952 年的 83.5% 降到 2008 年的 39.6%，第三行业就业份额则经历了一个稳步上升的过程，这与经济转型文献中关于结构调整特征的描述相一致。作为第二产业的主要组成部分，中国工业的劳动力份额从 1952 年的 7.4% 一直持续上升到 2008 年 27.2% 的峰值，这与工业化国家驼峰形工业就业占比的变化模式不同，说明中国的工业化仍处在初级阶段，还有足够的空间吸纳更多劳动力和继续发展劳动密集型行业。与此经济结构变化相对应，在赶超战略下，中国工业增加值所占份额从 1952 年很低的 17.6% 一直上升到 1978 年很高的 44.1%，此后直到现在就基本保持在 40% 左右；而第一产业产出份额持续下降到 2008 年的 11.3%，第三产业产出份额则在改革之后急剧增长。总体而言，中国正处在紧锣密鼓的工业化进程之中，工业仍然是中国经济的核心实体部门，在三次产业中工业改革的广度和深度最高，市场化和国际化进程最快，企业竞争最充分，因此，中国工业的改革最真切地反映了迄今为止中国经济改革的主要内容，工业发展的历程也基本上可以反映现阶段中国经济转型的全貌。同中国整体经济一样，改革开放之后，中国工业也改重工业优先的发展战略为轻重工业同步发展，这释放出了巨大的生产能量，在整个改革开放分析期间（1980—2008

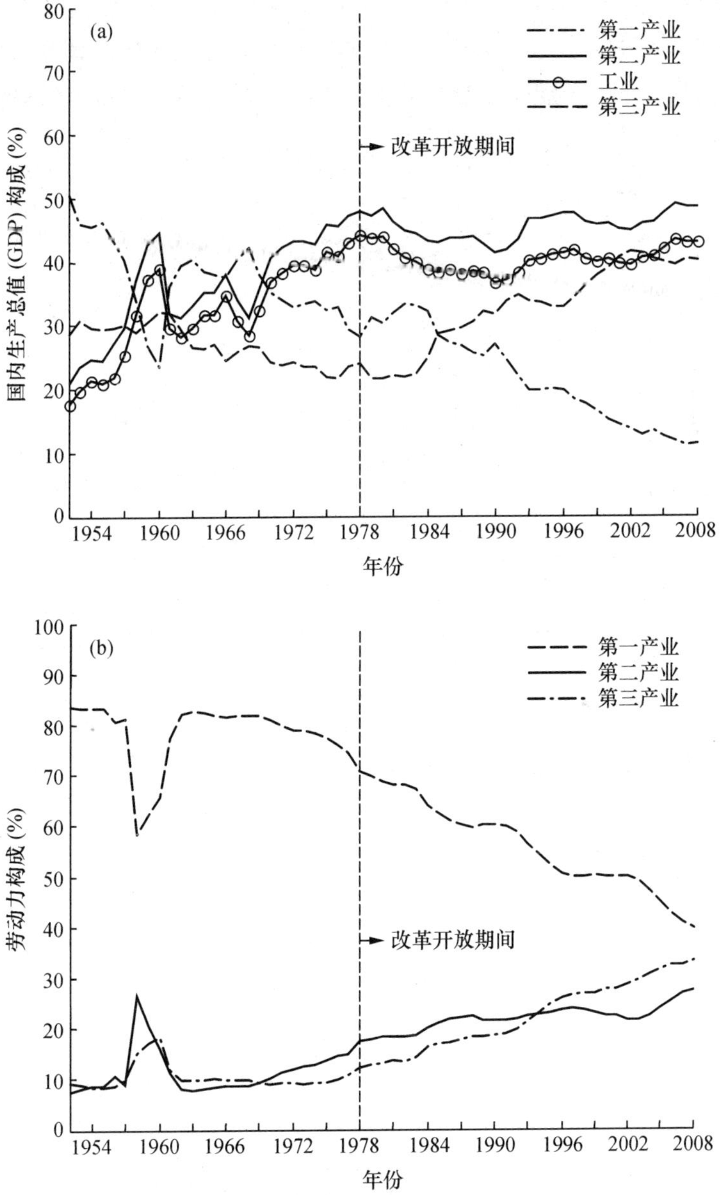


**图 1-2　中国经济发展和转型历程(1952—2008 年)**

年),工业 GDP 年均增长率达到 11.7%,不仅高于改革之前,而且更加平稳。相应的,中国工业部门的经济结构也发生了巨大变化。采用张军等(2009)的研究，这里也把改革开放后的中国工业发展粗略地分为三个时期，姑且称为1978—1992年的改革试验阶段、1992—2001年的国企改革攻坚阶段和2001年以来的反思和调整阶段。图1-3描述了中国工业发展转型中的一些主要经济结构变化。

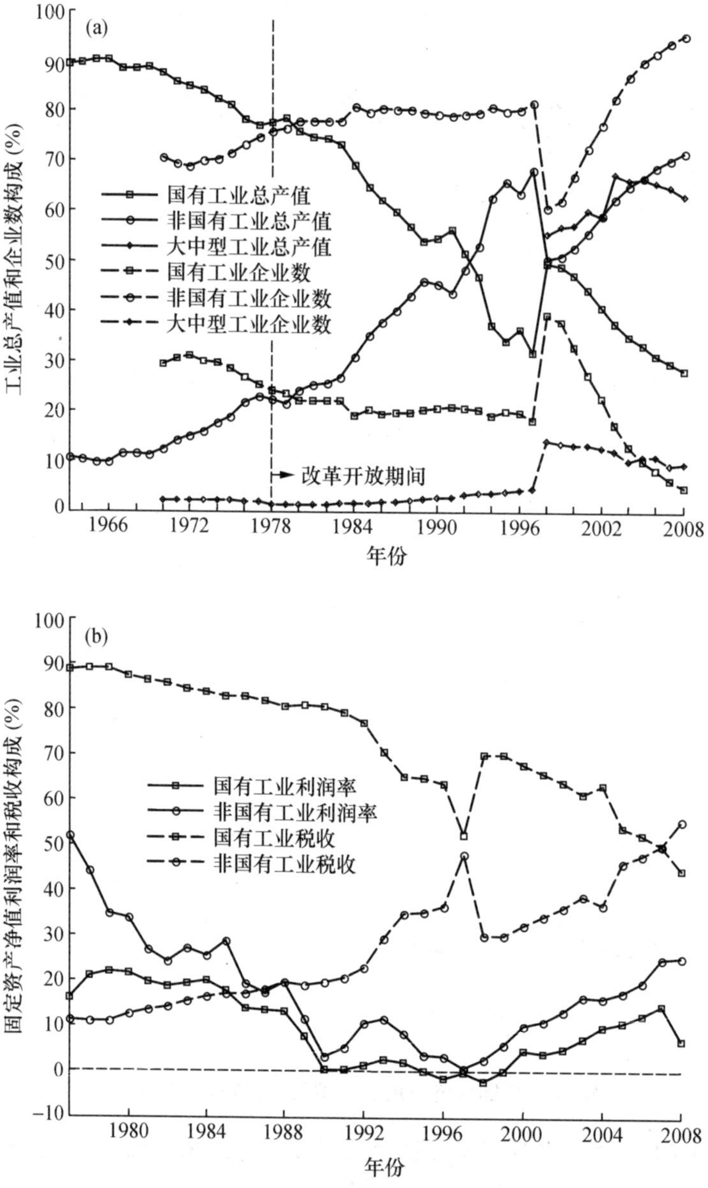


**图1-3　中国工业发展和转型历程(1963—2008年)**

1. 试验阶段(1978—1992 年)

该阶段的试验和探索特征可以用邓小平同志著名的“摸着石头过河”这句话来概括。受改革初期农村家庭联产承包责任制改革成功的巨大鼓舞,1984 年党的十二届三中全会通过的《中共中央关于经济体制改革的决定》确定中国改革从以农村为重点向以城市为重点战略转移,工业企业成为改革中心。1984 年首先推出了一项重要的国企改革措施,即“拨改贷”,试图通过国企资金从无偿使用改为有偿使用来硬化国企的预算约束。1986 年 12 月国务院发布《关于深化企业改革增强企业活力的若干规定》,对国有工业企业实行放权让利改革,扩大国有企业经营自主权,对大中型国有工业企业实行承包制,对小型国有工业企业实行租赁制等。国企改革伊始,确实调动起企业和职工的积极性,推动了国有经济的发展。

同期国家也开始允许非国有工业企业发展。20 世纪 80 年代初实行的分灶吃饭的财政包干体制调动了地方政府增收节支和发展地方经济的积极性,这直接导致了乡镇企业的发展壮大,它们比国企在经营上更加灵活,又比民营企业更容易受到地方政府的保护,这在私有产权还不能得到很好保护的那个时期十分重要,可以说,农村工业发展成为这一时期中国工业化的一个显著特色。中国经济改革从一开始就采取了以开放促改革的思路。1980 年 8 月国务院批准成立了深圳、珠海、汕头、厦门四个以市场调节为主的外向型经济特区,1986 年 10 月国务院发布《关于鼓励外商投资的规定》,有力促进了外贸增长,外国直接投资和外商企业也开始进入。可见,80 年代以来,以乡镇企业、民营企业和外资企业为代表的非国有工业主要在轻工业部门的各个行业中得到了快速发展,吸纳了大量的从农村改革中解放出来的劳动力,使得中国工业的就业份额从 1977 年的 14.8% 上升到 1992 年的 21.7%(见图 1-2),非国有工业总产值比重在改革后也增长很快,1993 年首次超过了国有工业(见图 1-3),这体现了中国工业的发展战略已经从赶超战略转向大力发展劳动密集型轻工业。

总体而言,这一时期经济改革充满了争论,理论认识模糊,政策模棱两可,改革本质上是渐近式双轨制的,即改革的实际推进以增量改革为主,对于计划经济原有的存量部分不作大的改变,改革措施着重在增量部分进行。这种双轨制改革没有触动国有产权,承包制造成了内部人控制,使企业财务状况日益恶化,而且权力寻租和腐败蔓延,使社会贫富分化加剧,再加之价格放开导致的高通货膨胀，最终造成社会严重动荡。经过20世纪80年代末和90年代初几年的曲折和辩论，人们对于经济改革目标的认识更加清晰，1992年10月党的十四大正式确定了建立社会主义市场经济的明确改革目标。

2. 攻坚阶段(1992—2001年)

这是具有决定意义的工业改革阶段，其中最具突破性和实质性的当属国企股份制改革和建立现代企业制度。1992年邓小平同志的南方讲话和十四大社会主义市场经济体制目标的确立是这个阶段工业改革的动因所在。

由于20世纪80年代以来的国企改革仅仅停留在转换经营机制层面，没有涉及产权实质，造成企业承包者行为短期化，且国家监督困难，使得国家财政收入占比下降，加上大量企业冗员的存在、十年"拨改贷"政策执行造成的企业高资产负债率，以及政府摊派和社会性功能等系列负担的长期累积等，造成了大批国企财务危机的集中爆发，以至于整个国有工业部门在1996年出现了净亏损局面(见图1-3)。于是，党的十五大号召从1997年开始大刀阔斧地实行抓大放小、减员增效、以建立现代企业制度为目标的国企改革。所谓"抓大放小"，即除极少数需要由国家垄断经营的企业外，所有国有企业都要进行股份制改革，对仍然保持国有性质的国有企业进行公司化改造，以便在股权多元化的基础上建立有效的公司治理结构，把没有必要保持国有性质的国有企业改革为非国有企业，通过改组、联合、兼并、股份合作、租赁、承包经营和出售等多种形式，把国有小企业直接推向市场。图1-3显示，1998年后国企数量骤减，其占比从1998年的39.2%下降到2001年的27.3%，大部分小型国企实现了民营化，与此同时，国有骨干企业在三年内开始盈利，摆脱了全面净亏损。到2000年底，国有及国有控股工业企业实现利润2 392亿元，比1997年增长1.97倍，全国31个省区市全部实现整体盈利。

1997年党的十五大提出了确立多种所有制经济共同发展的基本经济制度，并由1998年《中华人民共和国宪法》修正案确认，私营和外商企业被正式合法化。在国企进行所有制改革的同时，集体企业特别是乡镇企业也在进行着同样的产权改革，改制为股份公司。同时，出口导向的政策不仅吸收了大量的FDI，而且吸引来大量外商投资企业，催生了出口加工企业的快速发展，中国从1994年开始出现贸易盈余，全世界的工业生产能力大规模地向中国转移。因此，非国有工业企业在这一阶段依然迸发出勃勃生机，其总产值和上缴税收份额持续上升,利润率也一直高于国有企业(见图 1-3)。非国有工业不仅吸纳了大量的国企下岗员工,而且提供了非国有财产主体,以其资本支持了国企抓大放小的股份制改革,使得这一阶段的国企成功改革成为了可能。

为了支持国企改革,国家在这一时期对财政金融体制也进行了相应改革。比如上海和深圳证券交易所的建立就在允许非国有投资主体的国企股份制改革中发挥了关键的作用,由"拨改贷"政策执行造成的大量国企坏账在"债转股"的全新政策下一夜之间变成了国有股份,把国有银行的债权转为国有资产管理局的股权。1993 年,政策性金融机构和商业性银行分离,银行的市场化和商业化使得国有工业企业不能再轻而易举地拿到贷款。巨大的国企财务恶化也直接催生了 1994 年的分税制和增值税改革,许多研究认为该财税体制改革对经济发展有促进作用(Qian and Weingast, 1997; Qian and Roland, 1998; Chen and Zhang, 2009)。1993 年左右工业产品价格的完全放开和全国统一产品市场的形成也为这一阶段的国企改革创造了条件。20 世纪 80 年代执行的价格双轨制始终没有达到理想效果,市场定价没有得到很好培育,相反,对重要生产资料的计划控制更严,其供需也更加失衡,价格扭曲程度更大,并且通过对中下游产品的传导作用,导致整个价格体系严重扭曲。1986 年实行的价格闯关由于时机选择不当,导致通货膨胀并以 1988 年的抢购潮而告终。当 1992 年经济改革新高潮到来时,在货币紧缩的条件下放开了除石油等少数资源产品以外几乎所有工业产品的价格,统一的国内商品市场由此基本形成,计划经济所特有的商品短缺现象从此永远消失。

可以说,这一时期的工业改革开始从放权让利转向制度创新,从承包制转向以建立现代企业制度为方向,根本上解决了工业企业长期发展的动力机制问题,竞争力显著增强,并为 2001 年加入 WTO 做好了准备。

3. 调整阶段(2001 年至今)

20 世纪 90 年代无疑是工业企业竞争最为激烈的时代,短短二十多年就彻底消除了计划经济的短缺特征,使工业生产能力和规模大幅度提高,但是也付出了诸如高投资浪费、高能源消耗、高环境污染等代价。特别是 2001 年以来,以高能耗、高污染为特征的重化工业化现象在中国工业发展中再次出现,导致学术界的激烈争论。同时,正如其他国家发展经验所指出的,当转型经济体的人均 GDP 达到 1 000 美元左右时(比如中国在 21 世纪初的情形),社会矛盾会加重，有时甚至很尖锐。为此，进入21世纪以来，中央对经济改革和发展方向进行了反思和调整，如何进行结构调整、转变发展方式、保持工业可持续增长成为本世纪以来经济改革面临的主要问题。

党的十六大提出了走新型工业化道路和可持续发展的战略，即坚持以信息化带动工业化，以工业化促进信息化，走出一条技术含量高、经济效益好、资源消耗低、环境污染少、人力资源优势得到充分发挥的新型工业化道路。党的十七大正式提出科学发展观的思想和促进国民经济又好又快发展的要求。在全球金融危机日趋严峻的情况下，2008年中央又出台了促调整和保增长并举的十大应对措施，为应对金融海啸而出台的4万亿元政府投资也倾向于投资低碳项目和基础设施等，以实行产业结构调整和升级。2008年12月18日胡锦涛总书记在纪念改革开放30周年大会上强调不动摇、不懈怠、不折腾，坚定不移地推进改革开放。2010年9月16日，胡锦涛总书记在第五届亚太经合组织人力资源开发部长级会议上又首次提出了包容性增长的概念，根本目的是让经济发展成果惠及所有人群，在可持续发展中实现经济社会协调发展。党的十七届五中全会在审议《中共中央关于制定国民经济和社会发展第十二个五年规划的建议》中进一步明确要求以科学发展为主题，以加快转变经济发展方式为主线，提高发展的全面性、协调性、可持续性，实现经济社会又好又快发展。

这一阶段工业发展的特征是：持续平稳发展、效益改善、私营外资继续快速发展、产业集群兴起、规模化效益产生等。反映在图1-3上，大中型企业的数量略微下降到占总企业单位数的9.5%，但是其总产值份额却从2000年的57.2%上升到2003年的峰值67.5%，然后下降到2008年的62.9%，这基本上意味着中小型竞争企业没有得到很好的发展，中国的工业集中度依然很高。随着工业改革的深入，中国工业部门的利润率从20世纪90年代中后期出现负值或几乎为零后开始改善，到2008年，国有和非国有工业企业利润率已经分别达到了7%和25%。除了直接支持国企所有制改革之外，非国有企业还为国家的税收收入作出了重要贡献，其税收份额从2001年的1/3增加到2006年的将近一半以及2008年的55.6%。非国有工业企业的数量和产量也一直在增加，到2008年底，非国有企业工业总产值和企业数的份额分别达到了71.7%和95.1%，而国有工业企业的对应比例只有28.3%和4.9%。

## 第三节　传统经济发展方式弊端一瞥

三十年的经济改革虽然取得了举世瞩目的成就,但是传统的粗放型发展方式并没有得到根本的改变。在经过 20 世纪 80 年代双轨制价格改革的艰难探索后,90 年代初产品市场的价格开始放开,到 2006 年,社会消费品零售总额中市场调节价比重为 95.3%,生产资料销售总额中市场调节价比重为 97.1%,产品市场化程度已经极高(卢福财和秦川,2008),但是土地、劳动、资本、资源等要素市场的发展仍然严重滞后,阻滞了对经济发展方式转变起着根本作用的投入要素效率的提高。

三十年前农村实施的家庭联产承包责任制,只是否定了二元体制的极端组织形式,并没有触及二元体制实质。随着 1984 年以城市为中心的改革启动,原有的城乡二元经济结构反而得到了固化,直到十六届三中全会才把改变城乡二元结构重新提上议事日程,十七届三中全会第一次提出以工促农以城带乡,允许土地流转,完善土地要素市场,有效改善土地资源配置效率,进一步激活农业剩余劳动力的转移,以破除城乡二元结构。改革开放以来,中国充分利用充裕的劳动力和低廉工资的比较优势大力发展劳动密集型产业,加大出口,推动了经济的高增长。虽然近年来用工荒和涨薪潮现象屡屡出现,但是,这并不意味着中国经济已经走向了"刘易斯拐点",制约农村劳动力或农民工转移的主要因素仍然来自于一直以来改革滞后的户籍制度、土地制度、住房制度、教育制度和社会保障制度等(袁志刚,2010)。因此,加快户籍制度改革、规范要素资本化过程、推进城乡统筹的社会保障制度和教育制度改革就迫在眉睫,这样才能使得城市化成为继工业化之后推动中国经济发展的新的动力。但是,目前城市化的动力机制出现了问题,往往由土地财政引致地方政府的城市化冲动,土地城市化了,农村户口也许变成了城市户口,但是配套的教育医疗等公共服务和社会保障政策并没有实现城乡一体化,反而使得农民的利益受损。没有制度的合理变革,没有劳动力人力资本的根本提升,也就谈不上什么经济结构转型了。而劳动力不能够充分流动又是导致城乡和区域间的收入差距不断扩大的重要原因(陆铭和陈钊,2004;范剑勇和张雁,2009)。如果收入差距扩大趋势得不到扭转以及劳动收入占比得不到提升,就谈不上经济发展由主要依靠投资、出口拉动向依靠消费、投资、出口协调拉动转变，由主要依靠第二产业带动向依靠第一、第二、第三产业协同带动转变，由主要依靠增加物质资本消耗向主要依靠劳动者素质提高的人力资本驱动转变。

尽管进行了多年的改革，中国投资体制的计划经济特征仍然明显，如投资剧烈波动、低投资回报、产能过剩以及投资严重浪费等。国有经济仍然表现出"投资饥渴"、"过度投资"和"低效投资"，非国有经济表现出"投资不足"。如果不对这种投资体制进行根本的改革将危及中国经济的可持续增长(Rawski，2002；王曦，2005)。中国资本市场的发展滞后从以下数据可见一斑：目前直接融资占企业资金来源的比重仍不足20%，远低于发达国家50%—70%的企业直接融资比重，企业融资高度依赖于银行体系。直接融资中，债券市场严重滞后于股票市场的发展，两者的比重分别为15%和85%，而发达国家这个比例大体是30%和70%。面向中小企业和高新技术企业的中国创业板市场于2009年10月才刚刚推出，中小企业融资难的问题依然十分突出。我国的上市公司中非流通国有股一直处于绝对控股地位，导致内部人控制现象普遍。在间接融资中，中小银行的发展严重滞后于大银行的发展，也导致了中小企业贷款难和农民贷款难的问题长期得不到解决。类似于图1-2所示的结果，北京大学CCER中国经济观察研究组(2007)也发现私营企业资本回报率最高，三资企业其次，国有企业较低。以至于宋铮(2010)把不同类型企业间的这种资本收益差异和资本市场存在的这种不对称融资壁垒称为中国经济的两个"常识"，非国有企业的高效率推动了中国经济的高增长，而非国有企业融资能力较弱则导致中国的巨额贸易顺差。中国资本稀缺，美国资本富余，按照经济学原理，应该中国的资本收益率更高，但是为什么中国反而选择持有美国资产，这种全球"资源配置之谜"引起了学术界的普遍关注。事实上，樊纲(2003)就发现，中国的资本收益率实际上是低于美国的，他把这种"中国资本收益率悖论"解释为：中国资本收益率低是因为资本效率最低者使用了最大份额的资本；美国的资本收益率高则有金融一体化的原因，它的收益实际上来自全球，包括在华尔街就有不少优秀的中国上市公司在为美国的资本提供收益。

同计划经济的投资饥渴症一样，资源的计划配置、能源价格的扭曲、资源勘探资金的不足以及多头行政管理体系等因素反而造成了长期能源供应不足，严重制约着经济增长。因此，20世纪80年代初期能源领域的改革主要是解决由于长期计划经济造成的能源供应紧张,鼓励能源生产。在这一时期,煤炭、石油、电力等能源工业先后实行了承包责任制改革,其中市场化最为彻底的是煤炭产业,国家放宽煤炭企业进入壁垒,鼓励乡镇、社队、个体和外商开矿挖煤。这虽然缓解了能源紧缺,但也造成煤炭生产过剩、煤炭资源严重破坏以及环境的严重污染。由此,国家在 90 年代对能源企业发展由扶持转变成限制。1996—2000 年间中国淘汰和关闭了 8.4 万家高耗能高污染小企业,使得无序生产得到遏止。截止到 1994 年,煤炭双轨制价格在所有资源性产品中率先基本放开,煤炭市场率先形成。相对于煤炭产业市场化改革,石化和电力等能源产业的改革相对缓慢。1998 年实现了石油化工企业的战略性重组,组建了国有的中石油和中石化两大集团公司,实施上下游、内外贸、产销一体化经营,加之原先的中海油,石化行业国家垄断经营局面基本形成。电力行业与此类似,2002 年按照电力体制改革方案,电力工业实现了政企分开、厂网分开,建立了监管机构。尽管中央政府一再强调要节约利用资源,但由于资源的低价格管制,不能反映资源稀缺程度,刺激了高污染、高能耗和资源性产业的过度发展,并通过工业制成品出口,实际上对发达国家进行了补贴。本世纪以来工业的再次重型化与此关系极大。为此,2006 年政府在"十一五"规划中不得不提出节能减排的约束性指标,并开始对外贸政策进行重大调整,通过取消出口退税、提高出口关税、削减出口配额、将部分产品列入加工贸易禁止目录等措施严格控制"两高一资"产品出口。但是,到 2006 年国家还事实控制着成品油、电力等十几种资源的定价权,妨碍了市场在资源配置中充分发挥基础性的作用,资源的市场价格形成机制改革迫在眉睫。各要素市场扭曲配置的累积最终将不可避免引起要素配置效率的恶化,并最终反映到全要素生产率以至经济成长的表现上来。

## 第四节 加快转变经济发展方式的重要意义

正如上一节所述,传统经济增长方式所带来的种种弊端已经积重难返,已经成为我国未来经济发展道路上的绊脚石和拦路虎,因此加快转变经济发展方式势在必行刻不容缓。事实上,党的十四届五中全会在关于"九五"计划的建议中就曾确立了实现经济增长方式从粗放型向集约型根本转变的方针,虽然取得一定成效，但总体上并没有转变高投入、高能耗、高排放的增长方式（陈诗一等，2002）。因此，党的十七大进一步提出了加快转变经济发展方式的战略任务，把“增长方式”的提法改为了“发展方式”，以凸显科学发展的要求。2008 年爆发的金融危机带给我们的与其说是“保增长”的压力，倒不如说是从根本上转变传统发展方式的紧迫性，时不我待。这注定是一场攻坚战，更是一场持久战，必将给经济和社会领域带来深刻的变革。然而，要把说了十几年但是都一直没有做好的转变方式转好，首先需要理念革命，必须从思想上充分认识加快转变经济发展方式的重要意义。

第一，加快转变经济发展方式是以人为本和人才强国的倒逼之手。

这既涉及民生改善，也与人才队伍包括干部队伍的建设相关。只有让普通劳动者能够充分享受改革开放成果的经济发展方式才是公正的和有生命力的，必须坚持把保障和改善民生作为加快转变经济发展方式的根本出发点和落脚点，实现从追求国富到追求民富、从追求物本向追求人本的发展理念转换。人才强国是科学发展的必然选择，人才是科学发展的第一资源，提高普通劳动者的素质，并精心打造一支有能力推动发展方式转变的专业人才队伍，特别是攸关转变方式成败的干部队伍，是实现科学发展的根本保证。因此，能否引领经济发展方式转变必须成为评判干部是否合格的核心标准，要以加快转变发展方式来倒逼干部加快转变施政理念。那种以牺牲普通劳动者利益为代价，通过诸如廉价消耗资源破坏环境、推高地价虚增房地产产出以及垄断市场攫取消费者剩余等初级方式来追求简单 GDP 和个人政绩的落后观念必须彻底根除了，这与科学发展观格格不入，唯有大力培养能够创新管理理念和发展高质量 GDP 的干部队伍并配套之以事权与财权相对应的财税体制和资源价格改革，才能实现政府职能由权力型、经济型向服务型、发展型的转变，如此转变经济发展方式就有了持续的动力之源。

第二，加快转变经济发展方式是抵御风险和抢占未来全球经济发展制高点的必由之路。

金融危机已经使得全球需求市场发生变化，只有激发国内需求潜力，改变过度依赖外需的增长方式，才能增强我国经济抵抗国际风险的能力，这场危机客观上为我国加快经济发展方式转变提供了难得的战略机遇。历史经验告诉我们，大危机往往引发大调整，大变革才能带来大突破，不存在恒久不变的发展方式。18 世纪中叶,英国正是凭借蒸汽机的发明引领了第一次工业革命,成为世界头号强国。19 世纪下半叶,美国和德国后来居上,以电气设备、汽车和飞机等的发明和应用主导了第二次工业革命,迅速赶超老牌资本主义国家。二战以后,以微电子、生物工程、航天技术、信息技术等为代表的第三次技术革命风起云涌,人类开始进入信息时代。在这一时期,美国借助资本市场优势继续掌控世界经济制高点,跃居世界第一经济强国,并以不断创新巩固其超级大国地位,日本和东亚四小龙也利用这一机会迅速实现了工业化。当前,国际金融危机波澜未平,各国纷纷加快发展转型步伐,一场争夺未来发展制高点的竞赛已经启动,新材料、新能源、低碳技术成为新的科技发展重点。中国如果能够抓住这次难得的历史机遇,转变发展方式,就有可能抢得先机实现跨越式发展,中华民族将复兴有望,否则永远成不了世界头号经济强国。

第三,加快转变经济发展方式是改革开放、全面建设小康社会和实现现代化的内在需求。

“1949—2049”,这是中国实现现代化的时间表。根据邓小平设计的现代化“三步走”战略,我国已经超额完成了前两步目标,即 20 世纪末比改革开放之初国民生产总值翻两番,人民生活总体达到小康水平。党的十五大和十六大进一步丰富了邓小平“三步走”战略第三步的目标,形成了本世纪前 50 年现代化建设的“新三步走”战略,即第一个十年国民生产总值翻一番,小康生活更加宽裕;到建党一百年时国内生产总值比本世纪初翻两番,全面建设小康社会;到新中国成立一百年之际基本实现现代化。党的十七大从实际出发,适应国内外形势发展的新变化,顺应人民过上更好生活的新期待,对全面建设小康社会提出了更高要求,在经济上强调发展协调性,转变发展方式,实现经济又好又快发展,争取人均国内生产总值 2020 年比 2000 年翻两番;在生态上基本形成节约资源能源和保护生态环境的产业结构、增长方式和消费模式;另外还包括政治、文化、社会发展目标,使得“全面建设”内含更加完备。虽然“新三步走”的第一步目标已经超额完成,但是改革已经步入了深水区和关键时期,难度空前加大,不加快转变经济发展方式就不能够实现经济发展由量变到质变的化蛹成蝶,就不能够真正实现十七大要求更严的全面建设小康社会第二步目标以及成功实现现代化伟业。

第四,加快转变经济发展方式是推动科学发展和完善中国特色社会主义理论体系的时代要求。

科学发展观是党对中国特色社会主义理论关于发展重要思想的坚持和进一步深化，是从新世纪我国经济发展实际出发提出的重要指导思想，是全面建设小康社会和实现现代化的根本指针，符合我国基本国情和发展阶段性新特征。中国特色社会主义是全面进步以及个人全面发展的社会主义，科学发展观一脉相承，坚持以人为本，树立全面、协调、可持续的发展观，促进经济社会和人的全面发展。党的十六届五中全会在制定“十一五”规划时强调全面贯彻落实科学发展观，以科学发展观统领经济社会发展全局。党的十七届五中全会在制定“十二五”规划时进一步强调以科学发展为主题，以加快转变经济发展方式为主线，创新发展理念，全面提高经济发展质量，实现经济社会又好又快发展。科学发展观重在落实，而加快转变经济发展方式已然成为最重要手段，可见，加快转变经济发展方式，是党在深入探索和全面把握我国经济发展规律的基础上提出的重大方针政策，同时也给我国经济理论界提出了重要的研究课题，历史重任巨大。转变经济发展方式涉及生产关系重整、经济利益重组和新旧矛盾冲突，注定将成为我国经济社会领域的一场深刻变革，这是一项宏大而复杂的系统工程，不可能一蹴而就，将贯穿于经济社会发展的全过程和各领域，我国加快转变经济发展方式的探索、实践和理论规律必将成为与“华盛顿共识”和“孟买模式”不同的“中国模式”的关键组成部分。

# 第 二 章

# 由统计数据看中国工业发展方式演化

## 第一节 始于数据

统计数据是经济计量分析的基础。对数据的收集、处理和分析不仅工作量巨大,而且从保证数据质量的角度来看十分富有挑战性,尤其对于中国这样的发展中国家而言,获得高质量数据的困难很多时候甚至超过研究分析本身。比如在经济增长核算领域,中国在改革前一直使用的是前苏联和东欧国家的物质产品平衡表体系(MPS),直到20世纪80年代才开始逐步改用联合国的国民经济核算体系(SNA),因而,投入和产出统计数据的构造尚处在一个不断完善的过程之中,数据的质量仍然是困扰研究者的一个主要问题。我们知道,与经济增长和发展方式转变分析息息相关的生产函数估计以及全要素生产率度量的准确性在很大程度上依赖于对产出与投入数据的科学度量,特别是对诸如资本存量和二氧化碳排放这种不可直接观察变量的度量。但是现有研究大部分集中于对全国层次、工业全行业水平或者省际层级的总量统计数据进行估算,而最近研究显示,总量数据和总量生产函数并不足以刻画经济增长的全貌,经济增长在不同的部门或行业之间很不相同,必须进行分行业甚至企业水平的增长核算分析(Jorgenson and Stiroh, 2000),这显然对统计数据的科学性和准确性估算提出了更高的要求。正是基于这个原因,本书尝试对中国工业近40个两位数行业从1980年到2008年期间的投入产出面板数据进行估算,本书绝大多数章节的分析都将基于该数据库来进行,然而,与已有数据估算相比,该数据库的构建要解决不少新的技术难题,本章将对其逐一分析。之所以选择构造工业分行业统计数据主要基于工业部门本身的重要性,这一轮袭扰全球的金融危机也再次凸显出工业作为实体经济的基石作用,而且中国正处在工业化过程之中,工业仍然是中国经济增长的主要引擎,是经济发展方式转变的主要载体,对工业部门的分析可以管窥中国经济转轨的全貌。

本章接下来的结构安排如下:第二节对估算中国经济统计数据的主要文献进行综述,由此引出本书数据估算的必要性和难点;第三节给出本章数据构造的基本原则,分别行业归并、口径调整和价格平减来进行讨论;第四节具体描述投入和产出变量的构造过程,特别是构造传统投入要素(资本和劳动)之外的能源消费和工业中间投入变量以及二氧化碳排放数据的过程;第五节基于所构造的数据对中国工业发展方式的变化进行初步分析;第六节是本章的总结。此外,本书的附录部分报告了本章所构造的部分面板数据。

## 第二节　数据文献

经济增长核算和全要素生产率估计基于投入和产出数据而进行,因此,学术界针对这些数据估算的基础研究十分丰富,对估算方法和数据质量也不乏争论。比如对产出数据的研究就很多,其中相当一部分讨论了中国经济增长率的统计误差问题。Perkins(1988)首先提出了中国经济增长率可能存在上偏误差。Krugman(1994)指出数据质量极差导致解释中国的增长很困难。Maddison(1998)发现在1978—1994年间中国GDP增长率高估了2.4个百分点。胡永泰(1998)认为中国GDP增长率和工业增加值都被官方夸大(1985—1993年中国GDP年均增长率应从官方的9.7%下降到9.4%,同期官方工业增加值年均增长率也多了1.9个百分点)。孟连和王小鲁(2000)也认为我国经济增长统计数据存在失真,并估计出了不同时期工业增长率和全国GDP增长率的虚增百分点。对这个问题的争论因Rawski(2001)在*China Economic Review*上发表的一篇论文而达到高潮,该文估计金融危机后的1998年中国GDP增长率比官方7.8%要低得多,2.2%是上限,负增长也有可能。为此,《经济学(季刊)》在2002年10月专门就此问题开辟特刊展开讨论,其中,任若恩(2002)系统地反驳了Rawski(2001)使用的方法和结论。就此问题展开讨论的还包括王小鲁

(2002)、Young (2003)、Holz(2006)、Zheng *et al*. (2009)。

如图 1-1 所示,投入要素是经济发展方式转变研究的主要对象,很多文献对重要的投入要素变量进行估算和研究。其中,对资本存量估算的文献最多,对劳动力和人力资本存量讨论的次之,对中间投入和能源消耗讨论的文献较少。与其他变量不同,资本存量不能直接观察获得,只能估算,因此引起了研究者最广泛的研究兴趣。贺菊煌(1992) 较早依据当时还在公布的积累指数对中国的生产性和非生产性资产进行了估算。Chow(1993) 基于国民收入核算原理根据 GDP 支出法估算了中国的实际净投资。张军和章元(2003)估算了全国1952—2000 年的固定资本存量。张军等(2003)以及王玲和 Szirmai(2008)则分别对中国乡镇企业以及高新技术产业的固定资本存量进行了估算。王玲和 Szirmai(2008)以及吴延兵(2008)还对研发资本存量进行了估算。还有一类研究对分行业、分省市的资本存量进行了更细致的估算。黄勇峰等(2002)估算了1978—1995 年制造业 15 个行业的资本存量。王益煊和吴优(2003)估算了1981—1998 年 16 个行业(含采掘业、制造业和水电煤生产供应业三类工业大类行业)的资本存量。张军等(2004)则估算了各省 1952—2000 年的固定资本存量。任若恩和孙琳琳(2009)为估计行业层次 TFP 首先计算了 1981—2000 年33 个行业(含工业 23 个分行业)的资本存量。陈勇和李小平(2006)估算了1985—2003 年中国 39 个工业行业的投入产出面板数据,这与本章所估算数据比较相似,后面将对之进行比较分析。上述绝大部分研究在估算资本存量时使用的都是由 Goldsmith (1951)开创并在国际上通行的永续盘存法。孙琳琳和任若恩(2005)曾经对资本存量估算作了很好的综述。估算人力资本存量的文献有 Wang and Yao(2003)、吴延瑞(2008)以及 Zheng *et al*. (2009)。少数涉及中间投入估计的文献可参见郑玉歆(1998b)、李小平和朱仲棣(2005)。

对于投入要素的处理方法在学界也爆发了一场争吵。Jefferson 等(Chen *et al*., 1988; Jefferson *et al*., 1992; 谢千里等,1994)研究发现中国国有工业企业的 TFP 在改革以来有显著增长的趋势。但是,胡永泰等(Woo *et al*., 1994; 胡永泰等,1994)对该乐观结果提出异议,他们认为,Jefferson 等在剔除资本和劳动数据中的非生产性成分时“矫枉过正”且高估了中间投入品的价格指数,导致真实投入被低估,因而生产率增长被高估,实际上生产率增长没有这么高,充其量为零。当然,对产出缩减不够导致最终产出被夸大也是国有工业 TFP 增长被夸大的部分原因。对该争论继续进行探讨的后续文献还包括谢千里等(1995)、Jefferson *et al.* (1996)、Sachs and Woo (1997)等。

另一个和资本存量一样不能直接观察必须估算的变量就是二氧化碳排放，本章将对其专门估算。同对产出和投入数据的争论一样，国内外对中国能源消耗和二氧化碳排放的数据大小也存在争论。比如，国际能源署 2010 年 7 月宣布中国在 2009 年已超过美国成为全球最大的能源消费国，而中国国家能源局也在第一时间作出回应，称国际能源署高估了中国能耗量，其数据只能作为参考。对中国经济数据之争背后有着深刻的政治含义，因为这些数据可以被利用为“中国崩溃论”和“中国威胁论”的依据，也关乎中国在国际上的减排责任之辩，由此可见对基础数据研究的重要性无论怎样强调都不过分。诚如张军等(2003)指出的，虽然一些人总是认为中国统计数据质量靠不住，但是认真的研究者却始终对官方的统计数据保持着谨慎的乐观态度，这是因为中国的统计报告系统和统计手段都在不断改善之中，至少可以满足研究的需要。Holz (2006) 在他的最新研究中也舍弃了 Maddison 在 1998 年为 OECD 所做研究的结果，转而支持采用中国官方统计数据。Zheng *et al.* (2009) 指出，虽然一些作者批评了中国的 GDP 估计，但他们仍然选择使用了最近更新的 1993—2005 年间名义 GDP 及其指数的官方数字。因此，本章对工业分行业统计数据的估算也以中国统计局出版的各种统计年鉴①所提供的统计数据作为工作基础，笔者认为基于这样的原始数据得到的结果更具有权威性，并不对之作随意和没有根据的调整。② 胡永泰等人认为对非生产性投入即使要做剔除，也只能小心翼翼地做部分的剔除，鉴于剔除本身争议很大，笔者认为，如果没有确凿的非生产性投入信息，还不如不做任何剔除，正如本章即将做的一样。这也与任若恩(2002)要求的科学态度一样，在数据处理与方法应用上应该具有严谨的态度，应该追求在目前知识条件下的尽可能准确。

---

① 详见参考文献。

② 郑京海和胡鞍钢(2005)指出，长期以来中国 GDP 增长率存在分省增长率平均高于全国增长率 2—3 个百分点的问题，这是由于各省 GDP 统计存在“水分”，而国家统计局只对全国增长率进行了调整，并未相应调整各省的增长率。笔者不对本章工业分行业产出数据进行调整也部分基于这样的假定，即没有理由认为工业分行业产出增长也存在与各行政省份同样的高估冲动。

当然，为了创建尽可能准确的中国工业分行业面板数据库，必须克服原始数据中存在的各种问题，有些问题文献中已经指出了处理方法，但是还有不少问题文献中并没有涉及，本研究必须提出创新性的处理方法，这个时候不作为就不是科学的方法了。比如不同时期工业统计口径不一致的问题，1997 年前工业数据按隶属关系口径报告，而 1998 年后又按工业企业规模大小来披露，这些口径不同的原始数据不能拿来直接进行分析，本章将对之进行口径调整，据笔者了解目前还没有文献处理这个问题。[①] 再比如由于工业行业划分的标准前后不一，导致行业数据前后不能相互匹配，由于本章构建的数据库始于 20 世纪 80 年代初，这个问题更需要解决。还有，为了与 1994 年财税制度根本性改革相衔接，工业统计指标体系和指标含义从 1995 年开始都有了较大的调整，工业总产值、工业中间投入、产品销售收入、产品成本等指标均按不含增值税的价格计算，工业净产值改为工业增加值，应交增值税单独加到工业增加值中，这也带来了数据前后不一致的问题，目前也鲜有文献考虑这些细微问题。对上述问题的尝试处理可以视为本章数据估算的主要创新。现在所能获得的几十万家工业企业数据库虽然截面单位众多，满足了个体差异性的分析，但是时期跨度太短，只能获得 1998 年后的数据，这对于分析整个改革开放时期的工业增长变化模式无能为力。而 2004 年和 2009 年两次全国经济普查的数据也只能提供两位数、三位数和四位数工业行业的截面信息。由此也更可以看出本章构造横跨整个改革开放时期工业两位数行业统计数据的必要性和重要性了。

## 第三节 工业统计数据构造原则

### 一、行业归并与缺失数据处理原则

《国民经济行业分类标准》（GB/T4754）于 1984 年首次发布实施，1994 年进行第一次修订，2002 年第二次修订。现在工业统计中运用的行业分类标准就是最新的 2002 版（GB/T4754-2002），其中工业这一门类，分为 3 个大类（采矿

---

① 现有文献要么通过刻意选择研究区间来规避这个问题，要么就是忽略之。

业、制造业以及电力、煤气及水的生产和供应业)、39 个中类和 191 个小类。本章构造的工业分行业数据就是针对这 39 个中类而言,有时也称为两位数行业。由于数值很小或者序列较短,其中的其他采矿业(行业代码为 11)、废弃资源和废旧材料回收加工业(43)(2003 年后才公布)与工艺品及其他制造业(42)三个行业一起合并形成一个新的"其他工业"项目。另外,木材及竹材采运业在新标准中改属农、林、牧、渔业(新代码为 022),但此前一直隶属工业,有时候把它和采矿业合称为采掘业,本章仍旧把其作为工业行业处理。① 因此,本章实际上估算了 38 个工业中类分行业投入产出数据(见表 2-1)。

总体上,各种统计年鉴对 1993 年后工业分中类行业的数据报告比较完整,而 1992 年前数据与新行业分类的对应就不是很好了,这主要是较早时统计年鉴沿袭了更早的国民经济行业划分标准的原因,这给对比研究带来一定困难。其中,1984 年到 1992 年(包括 1980 年)期间各行业数据对应又相对好些,只有少数行业出现了变化,比如使用了较为笼统的食品工业和机械工业的分类,比较难处理的是 1981—1983 年期间,完全是以比较粗的工业部门分类来报告相应的数据。② 为了与新行业分类标准相对应,本章对于 1992 年前数据的调整遵循了以下原则:1984—1992 年(包括 1980 年)期间的食品工业主要涵盖了农副食品加工业和食品制造业两个中类,机械工业则包括通用设备制造业和专用设备制造业两个行业,本章以 1993 年的构成比例把食品工业和机械工业的数据劈分到各个相应的分行业中。而 1981—1983 年的数据则根据 1988 年《中国工业经济统计年鉴》第 373 页附录四的工业部门分类对应目录,把主要工业部门的数据按照 1980 年和 1984 年细分行业构成比例的变化趋势劈分至各自的细分类之中。③ 由于如此处理的数据区间比较短,而且以工业部门合计数据和较近年份细分类比例为依据,因此有理由认为劈分构建的 80 年代中前期的工业分行业数据还是比较可靠的,这应该是在现有统计数据条件下的尽可能准确的

① 2003—2008 年的木材及竹材采运业数据摘自统计年鉴的"农业"章节。

② 工业行业分类目录演化可参见 1988 年《中国工业经济统计年鉴》的附录四(373 页)和附录五(380 页)以及《中国工业交通能源 50 年统计资料汇编:1949—1999》的工业行业分类目录。也可以参见北大 CCER 研究报告(2002)。

③ 比如冶金工业部门对应的中类行业为黑色与有色金属矿采选业、黑色与有色金属冶炼及压延加工业。

估算了。①

**表 2-1　中国工业两位数行业代码、名称及按 2004 年能耗由低到高排序**

| 序号 | 两位数代码 | 工业分行业全称 | 排序 | 序号 | 两位数代码 | 工业分行业全称 | 排序 |
|---|---|---|---|---|---|---|---|
| 1 | 06 | 煤炭采选业 | 32 | 20 | 26 | 化学原料及化学制品制造业 | 37 |
| 2 | 07 | 石油和天然气开采业 | 30 | 21 | 27 | 医药制造业 | 18 |
| 3 | 08 | 黑色金属矿采选业 | 13 | 22 | 28 | 化学纤维制造业 | 24 |
| 4 | 09 | 有色金属矿采选业 | 11 | 23 | 29 | 橡胶制品业 | 16 |
| 5 | 10 | 非金属矿采选业 | 15 | 24 | 30 | 塑料制品业 | 20 |
| 6 |  | 木材及竹材采运业 | 2 | 25 | 31 | 非金属矿物制品业 | 36 |
| 7 | 13 | 农副食品加工业 | 26 | 26 | 32 | 黑色金属冶炼及压延加工业 | 38 |
| 8 | 14 | 食品制造业 | 17 | 27 | 33 | 有色金属冶炼及压延加工业 | 33 |
| 9 | 15 | 饮料制造业 | 14 | 28 | 34 | 金属制品业 | 27 |
| 10 | 16 | 烟草加工业 | 5 | 29 | 35 | 通用设备制造业 | 25 |
| 11 | 17 | 纺织业 | 31 | 30 | 36 | 专用设备制造业 | 21 |
| 12 | 18 | 服装业 | 8 | 31 | 37 | 交通运输设备制造业 | 28 |
| 13 | 19 | 皮羽制品业 | 6 | 32 | 39 | 电气机械及器材制造业 | 19 |
| 14 | 20 | 木材加工业 | 10 | 33 | 40 | 计算机、电子与通信设备制造业 | 22 |
| 15 | 21 | 家具制造业 | 1 | 34 | 41 | 仪器仪表制造业 | 3 |
| 16 | 22 | 造纸及纸制品业 | 29 | 35 | 44 | 电力热力生产和供应业 | 35 |
| 17 | 23 | 印刷业 | 7 | 36 | 45 | 燃气生产和供应业 | 9 |
| 18 | 24 | 文教体育用品制造业 | 4 | 37 | 46 | 水的生产和供应业 | 12 |
| 19 | 25 | 石油加工及炼焦业 | 34 | 38 | 11,42,43 | 其他工业 | 23 |

当然,本章还对其他一些旧的分类项目进行了统一的归并处理,比如把采盐业统一并入非金属矿采选业,把饲料工业并入农副食品加工业,把工艺美术品制造业(或工艺品及其他制造业)并入最后一项其他工业中。由于 1992 年前《中国统计年鉴》和《中国工业经济统计年鉴》的炼焦、煤气及煤制品业数据是合在一起报告的,而 1993 年后才分开报告,本章根据 1993 年的构成比例把炼焦与煤气数据分解,然后分别放进石油加工和炼焦业与燃气生产和供应业中。②本章还假定统计年鉴上工业分行业的一些名称是前后对应的,比如建筑材料及其他非金属矿采选业与非金属矿采选业的对应、建筑材料及非金属矿制品业与

① 没有提及的少量缺失数据补充一般都采用均值或线性插值方法。

② 北大 CCER 研究报告(2002)在行业分类时对 1993 年前后煤焦业的不同归属并没有进行分开处理,并认为影响不大。

非金属矿制品业的对应、印刷业与印刷业和记录媒介的复制的对应、普通机械制造业与通用设备制造业的对应、1993 年前的石油加工业、炼焦煤气及煤制品业与 1993—2002 年的石油加工及炼焦业、煤气的生产与供应业以及 2003 年后的石油加工炼焦及核燃料加工业和燃气生产和供应业的对应、自来水的生产与供应业与水的生产与供应业的对应、电力蒸汽热水的生产和供应业与电力热力的生产和供应业的对应等。

## 二、工业统计口径调整原则

构造工业分行业面板数据的另一个困难是统计口径的前后不一致,即 1997 年前统计年鉴主要报告的是乡及乡以上工业企业数据,而 1998 年后则报告的是规模以上工业企业数据,这些数据的口径前后不匹配,无法直接比较,尤其是数量指标(比如单位数和职工人数)相差较大,使得跨期分析变得困难。有些研究不得不把样本区间局限在有统一口径的时期内,比如黄勇峰等(2002)制造业资本存量估算区间仅限于 1978—1995 年;李小平等(2008)把工业分行业研究区间限定在 1998—2003 年;涂正革(2008)各省工业研究期间为 1998—2005 年,这虽然避免了口径不一致的问题,但也使得分析的广度不够,无法揭示较长时期内经济的变化模式。涂正革和肖耿(2005)虽然研究区间横跨 1995—2002 年,由于研究对象仅限于大中型工业企业,不存在该统计口径问题。陈勇和李小平(2006)工业数据的研究跨度为 1985—2003 年,但他们似乎忽略了这个统计口径的调整问题。那么,如何能够解决这个统计口径问题呢?

《中国工业交通能源 50 年统计资料汇编(1949—1999)》第 293 页的统计指标解释以及 2007 年和 2009 年《中国统计年鉴》"工业"章节简要说明指出:目前工业统计是以独立核算法人工业企业作为调查单位。1997 年以前,工业统计调查口径按隶属关系划分为两部分,一部分是全部乡及乡以上独立核算工业企业和非独立核算生产单位,实行填表调查;另一部分是村及村以下的工业企业和个体生产单位,包括村办工业、城乡合作和个体工业,只调查总量。1984 年以前,村办工业划归农业,1984 年以后,村办工业由农业划归到工业统计。1998 年后,工业统计的调查口径改为按规模划分,1998 年至 2006 年分为全部国有及规模以上非国有工业和规模以下非国有工业两部分,2007 至 2008 年则直接称为规模以上工业企业和规模以下工业企业。前者发统计表进行全面调查,而后者实行抽样调查。这里的规模以上指年主营业务收入在500万元以上的工业企业。本章分别两个时期尝试按照上述统计调查的口径构成把工业分行业的数据调整到统一的全部工业口径。

对于1997年前的工业分行业数据,本研究发现,《中国统计年鉴》和《中国工业经济统计年鉴》在提供乡及乡以上独立核算工业企业指标时,也提供了1983—1997年独立核算村办工业的单位数、工业总产值和职工人数数据,而在1998年以后再也没有提供。其中,1984年的数据出现在"农业"章节,由于为分部门数据,根据工业分部门与分行业的对应关系和1985年的比例把它们劈分到各所属分行业。1980—1983年的村办工业指标利用三年移动平均求解而得。因此,本章首先把1980—1997年分行业的乡及乡以上独立核算指标与对应的村办工业指标相加[①],由于还存在其他经济类型,但是缺乏分行业数据,本章则根据一个整体的比例将它们调整至全部工业口径。比如,1988年全部工业的总产值为18 224.58亿元,其中乡及乡以上独立核算工业为14 586.45亿元,占80%,而村办工业总产值为1 703.63亿元,占全部工业的9.3%,则把乡及乡以上和村办工业分行业加和数据调整到全部工业口径的统一比例就是89.3%,其他年份同此。

再讨论1998年后工业分行业口径的调整。该期间规模以上工业分行业的数据比较完整。而且2004年《中国经济普查年鉴》和2006年《中国统计年鉴》的表14-2提供了2004年工业分行业主要经济指标的全部工业口径数据,因此,可以获得2004年全部国有及规模以上非国有工业占全部工业口径的不同细分行业的比例数据,使得利用它们把其他年份规模以上工业分行业数据调整到全部工业口径成为了可能。但是仅仅利用2004年的比例对1998—2006年整个区间进行口径调整还不太合理,因为规模以上工业指标占比在该时期并不是一

① 这里假定非独立核算工业单位的数值较小不予考虑。比如,1988年《中国统计年鉴》的表6-9提供了1986年、1987年两年乡及乡以上独立核算和非独立核算工业分行业的总产值,它们与对应的独立核算口径的总产值十分相近。

成不变的。[①] 因此,本章尝试再构建一组 1998 年规模以上工业占全部工业的分行业比例调整数据。首先假定 1998 年各分行业的增长率与 1997 年相同,根据 1997 年已经构造出来的全部工业分行业指标,就可以求得 1998 年的全部工业口径分行业指标,构造该指标的假定是合理的,而且从技术上也保证了前后两组序列的衔接。然后利用 1998 年已有的国有及规模以上非国有工业分行业数据就可以得到这一组调整比例。根据 1998 年和 2004 年两组调整比例以及线性函数的假定就可以构造出其他年份的口径调整比例,这样就可以把 1998—2006 年的工业分行业指标也调整为全部工业口径了。

当然,上述所讨论的口径调整主要针对工业总产值和职工人数而言,其他变量(比如资本存量)的口径调整更难,因为所能获得的信息更少,本章一般利用工业总产值调整前后的比例关系来对这些变量进行口径调整。

### 三、价值量数据的价格平减问题

#### 1. 对产出的平减

在计算工业产出时,为了能够在不同产品间进行对比,往往通过产品价格计算出价值量指标,如工业总产值、工业增加值等。但是这种价值量指标在不同年份之间进行对比时,由于包含了各年份价格变动的因素,并不能确切地反映实物量的增减变动,必须消除价格变动的影响,这样才能真实地反映工业产出的增长状况,这就是所谓工业产出的价格平减问题。

长期以来,我国一直采用不变价格来计算工业产出,这种不变价格又称固定价格,采用某一时点的产品出厂价格作为某一段时期内计算工业总产值的固定价格,由于价格固定,进行纵向对比时就可以看出工业产品的实物量变动情况了。2003 年前的统计年鉴常常会提供这些不变价的工业总产值和发展指

---

① 比如,1999 年《中国统计年鉴》表 13-5 提供了 1998 年全部工业和其中的全部国有及规模以上非国有工业的全国总的企业单位数和工业总产值。全部工业的企业单位数为 7 974 565 个,其中全部国有及规模以上非国有工业为 165 080 个,占 2.07%;全部工业的当年价工业总产值为 119 048.15 亿元,其中全部国有及规模以上非国有工业为 67 737.14 亿元,占 56.90%。再看 2004 年的数据,全部工业的企业单位数为 137 5263 个,其中全部国有及规模以上非国有工业为 276 474 个,占 20.1%;全部工业的当年价工业总产值为 222 315.93 亿元,其中全部国有及规模以上非国有工业为 201 722.19 亿元,占 90.74%。由此可见,全部国有及规模以上非国有工业在全部工业中所占的分量越来越大,这个比例的变化是很大的。

数。[①] 在以往的研究中也经常出现利用当年价和不变价工业总产值发展指数计算隐含的产出价格平减指数。在计划经济时代，同一产品的价格在一定时期或不同地区之间变化很小，因此使用不变价具有合理性。然而，近30年的改革开放已使我国的经济面貌发生了深刻的变化，产品的市场化价格机制已经形成，同一产品的价格在不同时期和不同地区间变化很大，而且新产品不断涌现，产品更新换代很快，如果还以不变价来计算工业产出显然不合时宜。因此，国家统计局从2004年开始采用价格指数缩减法来计算工业发展速度，取消不变价格法，即采用工业品出厂价格指数缩减当年价工业总产值得到消除价格波动影响后的可比价产出指标。[②] 由于工业增加值主要是由总产值减去工业中间投入来构成，按道理，应该用工业品出厂价格指数和原材料、燃料、动力购进价格指数同时消除产品和原材料的价格变动因素，计算出与基期价格可比的工业增加值，即所谓"双缩法"。但是现行的工业价格指数缩减法仍然采用与工业总产值缩减类似的"单缩法"方式来缩减增加值，即也用工业品出厂价格直接缩减工业增加值，而不考虑原材料等购进价格因素。[③]

本章所使用的产出价格平减指数为《2009年中国城市(镇)生活与价格年鉴》提供的1985—2008年工业分行业的工业品出厂价格指数(上年=100)，以此构建了1990年=100的1980—2008年工业产出的价格平减指数，其中的一些缺失数据是这样处理的：1992年前的农副食品加工业、印刷业和普通设备制造业缺失，分别用食品制造业、造纸及纸制品业和专用设备制造业的同期指数代替；1980—1984年分行业指数则使用全国水平的工业品出厂价格指数代替。

2. 工业中间投入价格平减指数

《2009年中国城市(镇)生活与价格年鉴》提供了1986—2008年的原材料、燃料、动力购进价格分类指数(上年=100)，本章利用该价格指数来对工业中间投入进行平减。这些价格指数除了总指数外，还包括燃料动力类、黑色金属材

---

① 比如《中国统计年鉴》提供的1983—1986年分行业1980年不变价的总产值及对应的发展指数，《中国工业经济统计年鉴》提供的1993—2003年分行业1990年不变价的总产值(1995和1998两年缺失)。

② 任若恩(2002)把我国2003年前长期施行的不变价格法看做中国经济增长率有可能被高估的主要原因，认为2004年后改用价格指数缩减法会减少这种产出被高估的现象(正如本章使用的产出平减方法一样)。

③ 胡永泰等(1994)仍然认为国家统计局没有通过双重缩减来获得实际增加值序列，这种官方数字还是不准确。不过本章仍然选择使用官方的单缩法来平减工业增加值。

料类、有色金属材料类、化工原料类、木材及纸浆类、建材类、农副产品类、纺织原料类和其他工业原料类等 9 个分类的指数。本章所研究的各个中类行业的工业中间投入将分别利用各自所属类别的价格指数来进行平减[①],基年同样选择 1990 年。由于没有提供 1985 年前的原材料、燃料、动力购进价格分类指数,本章假定 1980—1985 年期间原材料的价格水平没有变化,价格指数都取 100%。其他缺失的 1997 年前的其他工业原料分类指数采用总指数代替。

3. 对资本存量的平减

准确地说,应该是对估算资本存量所用的现价投资额进行价格平减,平减指数就是固定资产投资价格指数。固定资产投资价格指数反映了一定时期内固定资产投资品的价格变动趋势和变动幅度,可以用来消除按现价计算的固定资产投资指标中的价格变动因素,从而真实地反映固定资产投资的规模、速度、结构和效益。由于统计年鉴没有提供工业分行业的固定资产投资价格指数,只能使用工业全行业的固定资产投资价格指数来对工业分行业现价投资额进行平减,基年仍为 1990 年。这里 1990 年后固定资产投资价格指数由历年《中国统计年鉴》提供,而 1989 年前的指数摘自张军等(2003)。[②]

## 第四节　工业投入产出数据具体构造

### 一、产出变量

1. 工业总产值

历年《中国统计年鉴》和《中国工业经济统计年鉴》都提供了比较一致的

---

① 比如燃料动力类分类指数适用于煤炭开采和洗选业、石油和天然气开采业、石油加工炼焦及核燃料加工业、电力热力的生产和供应业、燃气生产和供应业 5 个行业。在此不一一列举。

② 1993 年出版的《中国统计年鉴》才开始提供 1990 年以后的固定资产投资价格指数,缺乏 1990 年以前的序列。贺菊煌(1992) 通过积累指数避开了平减问题。Chow(1993)采用国民经济核算方法也回避了这个问题。孟连和王小鲁(2000) 则是采用其他价格指数(如 GDP 平减指数)来进行代替。李治国和唐国兴(2003)以及张军和章元(2003)利用 1991 年前上海市固定资产投资价格指数来推导或代替全国指数序列。Jefferson *et al*. (1996)曾经估算了 1979—1992 年中国固定资产的价格指数,由于他们和国家统计局一样都是采用建筑安装平减指数和设备购置平减指数的加权平均来计算,因此,与《中国统计年鉴》的固定资产投资价格指数具有一致性;张军等(2003)就借用了这组 1989 年前的固定资产投资价格指数;因此,本章决定也采用该组序列。

1980年、1984—2008年工业分行业当年价工业总产值数据，其中1997年前为乡及乡以上独立核算工业口径，而1998年后为规模以上工业范围。按照上述行业归并、口径调整和价格平减的原则，可以利用这些数据构造出1980—2008年分行业全部工业口径的可比价工业总产值序列（1990 = 100；单位：亿元；其所有行业加总数据绘制在图2-1）。[①] 需要注意的是，为了与1994年我国财税制度改革相衔接，从1995年开始，工业统计指标体系和含义都有了较大的调整，这相应体现在1995年第三次全国工业普查对工业总产值（原规定）内容、计算原则和方法所做的某些修订上，即从1995年往后按新规定计算工业总产值，两者区别之一就是计算价格不同：新规定按不含增值税的价格计算；原规定计算的价格则包含了增值税。我们观察分行业工业总产值的变化趋势，发现工业总产值基本上从1992年开始都有快速的增长，而在1995年后这种向上的趋势戛然而止，普遍出现下降或停滞，这显然是由新规定所致。从图2-1陈勇和李小平（2006）的估算结果中似乎还可以看出这种口径的变化。本章根据《1995年第

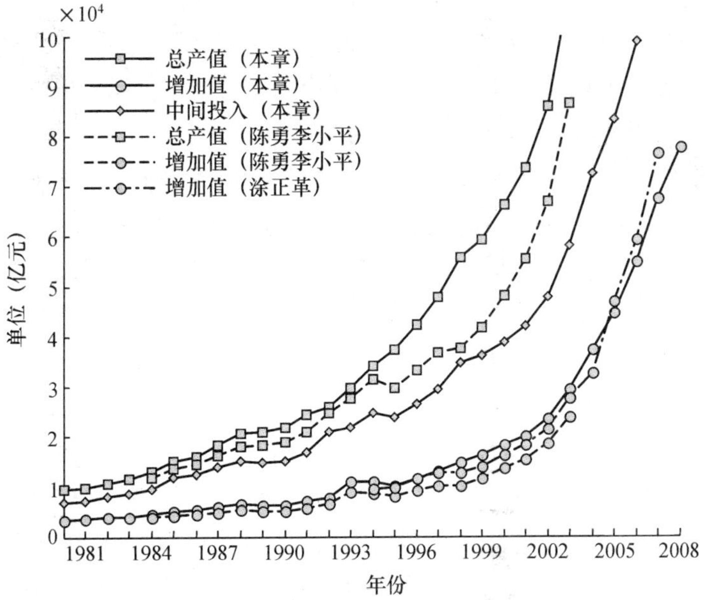


**图2-1　工业总产值、增加值、中间投入估算与比较**

① 图2-1至图2-4都是根据相应分行业面板数据加总绘制而得。

三次全国工业普查资料摘要》第 12 页所提供的 1995 年分行业工业总产值的原规定和新规定数值计算出一个调整比例，把 1992—1994 年的工业总产值压缩成和新规定相匹配的数值。[①] 由于 1991 年前各行业的总产值普遍低太多，没有对它们按新规定进行调整。

2. 工业增加值

工业增加值指工业企业在报告期内以货币表现的工业生产活动的最终成果。按照《中国统计年鉴》或《中国工业交通能源 50 年统计资料汇编》的解释，工业增加值有两种计算方法——生产法和收入法。前者的计算公式为：工业增加值 = 工业总产值 - 工业中间投入 + 应交增值税，后者的计算公式为：工业增加值 = 固定资产折旧 + 劳动者报酬 + 生产税净额 + 营业盈余。目前工业统计主要采用生产法计算工业增加值。历年《中国统计年鉴》和《中国工业经济统计年鉴》从 1992 年之后开始报告工业分行业当年价工业增加值序列，但是 1992 年前报告的则是工业净产值数据。1993 年前的《中国统计年鉴》“工业”章节基本上都有对工业净产值的解释，即工业企业在一定时期内工业生产活动新创造的价值，其计算方法也有两种，即生产法和分配法，与工业增加值的计算方法基本对应。这种从工业净产值到工业增加值的变化与 1995 年后工业统计指标由于财税制度改革所发生的变化是相对应的。当然，统计年鉴中，1992 年工业增加值和工业净产值是同时提供的，1986 年第二次工业普查《中国工业经济统计资料》也同时提供了 1985 年的工业净产值和增加值序列。这些数据的口径与工业总产值一样，1997 年及以前为乡及乡以上工业，1998 年及以后为全部国有及规模以上非国有工业数据。

这里的主要工作是基于对应的工业净产值来构造 1991 年前分行业工业增加值序列。根据统计年鉴的定义，工业增加值中包括工业净产值中没有的折旧、大修理基金和非物质生产部门的劳务费，而工业净产值中包括增加值中没有的企业对非物质生产部门的支付如利息支出等，即：工业增加值 = 工业净产值 - 支付给非物质生产的费用 - 利息支出 + 固定资产折旧 + 大修理基金。其中，各行业支付给非物质生产的费用、利息支出和大修理基金难以获得，但是统计年鉴基本上提供了我们所需要的 1991 年前的分行业本年折旧数据，从而不需要

① 北大 CCER 研究报告(2002)则是按照 1995 年新旧规定工业总产值的比例把 1997 年新规定工业总产值前向调整为按旧规定计算的工业总产值以与前面的工业总产值数据匹配。

另外去进行估算。[1] 因此，本章计算 1991 年前当年价工业增加值的公式为：

工业增加值 = 工业净产值 + 提取的折旧基金

1986 年第二次全国工业普查《中国工业经济统计资料》第 21 页提供了 1985 年分行业工业净产值、提取的折旧基金和工业增加值数据，完全满足上述计算公式。北大 CCER 研究报告（2002）也是这样把净产值统一折算为增加值的，这种计算分行业工业增加值的方法比陈勇和李小平（2006）把工业增加值与工业净产值简单等同的处理要精确。

2004 年《经济普查年鉴》并没有提供全部工业口径和规模以上工业口径的分行业工业增加值数据，所以无法获得 1998 年后规模以上工业占全部工业的调整比例数据。1986 年工业普查年鉴只提供了 1985 年分行业乡（社）办工业口径的工业净产值，1995 年工业普查摘要提供的也是当年分行业独立核算乡办工业的工业增加值，都没有进行口径调整所需要的村办工业数据，因此无法像工业总产值那样来进行口径调整。基于此，本章利用此前已经估算出来的乡及乡以上（或规模以上）工业占全部工业口径的工业总产值之比来把此前得到的 1980—2008 年部分口径当年价工业增加值序列[2]扩展到全部工业口径。最后，利用上述的工业分行业工业品出厂价格指数进行单缩平减，由此获得 1990 年为基年的 1980—2008 年的可比价分行业工业增加值序列。图 2-1 也同时绘制了分行业加总的工业增加值简单趋势图，粗略看来，本章的估计与涂正革（2010）的估计还是相似的，而陈勇和李小平（2006）估算的增加值则要小些。

## 二、投入要素

1973 年以来，三次国际石油危机相继爆发，导致了世界经济的严重衰退。2005 年以来国际石油价格的持续上涨也对各国经济造成了广泛而深远的影响。可见，能源越来越成为推动经济增长的重要投入要素，而且开始被许多研究纳入增长核算分析。比如 Jorgenson *et al*.（1987）提出的著名 KLEM 模型就把投入分解为资本、劳动、能源和中间投入品，以对美国二战后的经济增长和生产率进

① 1980 年、1985—1987 年分行业折旧数据由 1990 年《中国工业经济统计年鉴》提供，1988—1991 年折旧由 1989—1992 年《中国统计年鉴》提供，这些数据是匹配的，而且这两组本年折旧序列也都是乡及乡以上独立核算工业口径。1985 年数据就使用了现成的增加值。缺失数据采用线性插值得出。

② 2004 年工业分行业的工业增加值序列缺失，按 2003 和 2005 年的数据进行均值插值，2008 年工业增加值数据也缺失，同样采用插值处理。

行分析。就中国工业增长而言,粗放型增长模式所体现的高增长、高投资、高能耗、高排放特征更加明显。陈诗一(2009)的研究显示,改革开放期间只占全国40.1%的工业 GDP 的取得消耗了全国67.9%的能源,排放出全国二氧化碳的83.1%。因此,本章接下来也仿照 KLEM 模型来分别构造工业分行业的四种投入变量(资本存量、劳动、能源消耗、工业中间投入)以及二氧化碳排放序列。

1. 资本存量

资本存量数据不像产出、劳动和能源数据一样可以直接获得,必须进行估算。在现有文献中,物质资本存量估算往往都是根据固定资产的价值通过永续盘存(PIM)的方法来计算,其中黄勇峰等(2002)的研究具有代表性,本章也遵循这样的思路来估算中国工业分行业的物质资本存量。不能简单地使用统计年鉴中提供的固定资产原值或者净值的数据来代替资本存量,因为它们仅仅是公司财务会计的概念,净值是原值扣减历年累计折旧后的数值,两者都是由不同年份不同当年价水平的投资品价值简单加总得到,利用某一年的价格指数去平减这些由不同现价混合在一起的数据显然不合理,正确的方法是用当年的价格指数去平减当年新增的投资额(具体可参见黄勇峰等,2002;张军等,2003;孙琳琳和任若恩,2005)。下面具体说明本章估算资本存量的步骤。

(1) 计算工业分行业折旧率

现有文献通常估算一个不变的折旧率数值用于不同年份不同行业(或地区)的资本存量估算,这种方法过于粗糙。[①] 事实上,1992 年《中国工业经济统

---

① 大部分研究估计一个固定的折旧率来对历年投资进行平减,但是折旧率取值各不相同。Perkins(1998)、胡永泰(1998)、孟连和王小鲁(2000)、Wang and Yao (2003)均假定折旧率为5%。Young(2003)假定6%的折旧率。张军等(2004)估计的各省折旧率为9.6%。黄永峰等(2002)采用几何相对效率下降模式,这时折旧率和重置率相同,他们把固定资本分为设备和建筑两部分,并假定折旧率分别为17%和8%。王益煊和吴优(2003)假定城镇住宅折旧率为8%、非住宅建筑折旧率为9%、机器设备折旧率为3.6%—13.8%、市政建设为3.6%、役畜产品为11%、农村住宅和其他折旧率为1.5%。王玲和 Szirmai(2008)假定建筑类年折旧率为2.44 %,设备类折旧稍有不同(医药制造业设备年折旧率为8.11 %,电子和通信设备制造业设备年折旧为9.45 %,其他设备类年折旧率均为8.99%)。任若恩和孙琳琳(2009)在几何效率下降模式下分别假定建筑折旧率为8%、设备的折旧率为17%、汽车折旧率为26%。还有一部分研究使用了变化的折旧率。Chow(1993)则利用国民收入关系式(折旧额 = GDP - 国民收入 + 补贴 - 间接税)间接计算出折旧额,而李治国和唐国兴(2003)则直接借用了1993年前的这个序列并利用其后各省折旧额加总将该序列延伸至2000年。吴延瑞(2008)在中国地区资本存量估算中第一次尝试使用了各个地区不同的折旧率。陈勇和李小平(2009)认为,工业分行业的资产结构不同,难以准确确定每个行业建筑类和设备类资产的权重,因而不适宜像黄勇峰等(2002)那样把固定资产分为建筑类和设备类两类来分别进行折旧。本章也认同这样的观点。

计年鉴》已经提供了1980年、1985—1991年的独立核算工业分行业固定资产折旧率数据。2002—2009年的《中国工业经济统计年鉴》则提供了2001—2008年的规模以上工业分行业的本年折旧和固定资产原值,利用当年折旧与上年固定资产原值的比例可以构造出该区间的固定资产折旧率。剩下要做的就是估算1992—2000年的折旧率,既然统计年鉴提供了这些年份分行业完整的固定资产原值和净值的数据,完全可以根据这些变量之间的内在关系来推断出其所隐含的折旧率。[①] 具体计算公式如下:

$$累计折旧_t = 固定资产原值_t - 固定资产净值_t$$

$$本年折旧_t = 累计折旧_t - 累计折旧_{t-1}$$

$$折旧率_t = 本年折旧_t / 固定资产原值_{t-1}$$

这里,下标字母$t$和$t-1$分别代表当期和前期(以下同)。1981年和1982年的缺失折旧率采用1980年的数据,1983年和1984年的折旧率采用1985年的数值。由此就构造出1980—2008年工业分行业完整的固定资产折旧率数据,据笔者的了解,这是文献中首次尝试使用随行业和时期不同而不同的可变折旧率。

(2)计算全部工业口径的分行业每年新增实际投资额

本章构造了两组投资额序列,即分别由固定资产原值之差以及基本建设、更新改造投资的新增固定资产之和构造的1981—2008年当年价投资额,不妨称为投资额1和投资额2。[②] 两组投资额序列相比基本上趋势相同,但是1996年之后投资额1的波动比投资额2要大。这里涉及两种统计口径的调整。第一种情况是,自1997年起,除房地产开发投资、非农户投资、农户投资及城镇和工矿区私人建房投资外,固定资产投资的统计起点由5万元提高到50万元。为便于比较,统计年鉴上对1996年的相应数据作了全面调整,括号内的数为原

---

① 北大CCER研究报告(2002)也是根据这种固定资产原值和净值之间的关系来计算1992年前的折旧额以把净产值换算为增加值的。

② 文献中对投资额进行估计的方法也不尽相同。贺菊煌(1992)使用生产性积累和非生产性积累作为投资数据。Chow(1993)则根据GDP支出法原理(GDP=消费+投资+政府购买+净出口)推算出投资数。谢千里等(1995)使用新增固定资产扣除住房投资和非生产性资产作为投资数据。孟连和王小鲁(2000)对1980年前使用全社会固定资产投资乘以投资交付使用率来计算当年的固定资本形成,对1980年后直接使用固定资本形成数据。张军等(2004)使用了固定资本形成数据。黄勇峰等(2002)以及王益煊和吴优(2003)使用了分行业分资产类型的固定资产投资数据,不过陈勇和李小平(2009)认为这种方法估计环节太多,误差无法测算。陈勇和李小平(2009)则是将相邻两年的固定资产净增加值作为投资额。

口径数。按道理要对这种口径变化进行调整,但是我们从2007年《中国统计年鉴》表6-2发现,原统计起点计算的1996年全社会固定资产投资为22 974亿元,而根据新的统计起点计算的数值为22 913.5亿元,占原数值的99.7%,差距太小,所以最终并没有对该口径进行调整。另一种口径调整同产出一样,也要把1997年前的乡及乡以上投资额和1998年后的规模以上工业投资额调整到全部工业口径。本章找不到比工业总产值占比更好的口径调整比例①,所以仍然使用工业总产值的调整比例把所有分行业投资额调整到全部工业口径。最后对所得到的全部工业口径的投资额当年价数据按下列公式进行平减(1990年=100):

$$\text{可比价投资额}_t = \text{当年价投资额}_t / \text{固定资产投资价格指数}_t$$

下面具体介绍两种投资额序列的构造:

① 利用固定资产原值之差构造的投资额序列

历年《中国统计年鉴》和《中国工业经济统计年鉴》提供了比较一致的工业分行业1980—2008年的固定资产原值(或原价)和固定资产净值序列。② 其中1980—1992年为固定资产原值和净值的年底数③,而1993—2008年固定资产原值为年底数,固定资产净值年平均余额序列比较完整,而净值年底数序列不全。④ 考虑到变量的一致性,本章把1992年前的固定资产净值都换算成了年平均余额。从工业统计口径角度来看,这里所得到的工业分行业固定资产原值和净值数据在1981—1984年为全民所有制独立核算工业数据,1980年及1985—1997年为乡及乡以上独立核算工业数据,1998年及以后为全部国有及规模以上非国有工业的数据。根据固定资产原值数据并利用下列公式可以计算得到

---

① 比如,一种尝试方法是以固定资产原值占比来进行口径调整,这是最有可能得到的数据。但是检查所有年鉴发现,可以从2004年《中国经济普查》得到2004年固定资产原值的规模以上、规模以下和全部工业口径的分行业数值,但是规模以上加上规模以下并不等于全部工业的原值,这种占比的计算就没有意义了;而1997年前只能够从两次工业普查资料得到1985年和1995年乡办工业的分行业原值数值,没有村办工业的数据,而且1985年还不全。所以这种口径调整尝试无法为继。

② 《中国工业交通能源50年统计资料汇编:1949—1999》第293页指出,固定资产原值即为固定资产原价。

③ 其中,1983—1985年《中国统计年鉴》提供的是1981—1984年工业分部门全民所有制工业企业的固定资产原值和净值,本章用这个数据根据分行业与分部门的对应关系和1985年的比例来劈分求得1981—1984年工业分行业的固定资产原值和净值序列。

④ 实际上,1994《中国统计年鉴》既提供了分行业1993年的固定资产净值年底数,也有年平均余额。

当年价投资额 1 序列。

$$当年价投资_t = 固定资产原值_t - 固定资产原值_{t-1}$$

当然,这里得到的固定资产净值年平均余额序列进行价格平减后可以作为工业分行业资本存量的另一种近似估算,不少研究是这样处理的,如李胜文和李大胜(2008)、李小平等(2008)、涂正革(2008)。基于企业数据的研究也通常直接使用固定资产净值作为资本存量的代理变量,如涂正革和肖耿(2005)、李玉红等(2008)、Jefferson *et al.* (2008)。

② 利用基本建设、更新改造投资的新增固定资产之和构造的投资额序列

《中国统计年鉴》对全社会固定资产投资的分类方法经历了三次主要的变化。1992 年前把基本建设投资、更新改造投资和其他固定资产投资一起归属在按所有制分的全民所有制单位中,此外还有集体所有制单位和城乡个人。[①] 从 1993 年开始固定资产投资按经济类型分为国有经济、集体经济(对应于此前的全民和集体所有制单位)等,按管理渠道分为基本建设投资、更新改造投资、房地产开发投资和其他投资四个类别(前两类不再隶属于国有经济,四个类别加总等于总投资额)。[②] 从 2004 年开始,按管理渠道的分类不再存在,基本建设和更新改造投资没有了,代之以按城乡分为城镇固定资产投资和农村固定资产投资(房地产开发隶属于城镇固定资产投资)。这里主要根据基本建设和更新改造投资总额中新增部分数据来核算每年新增固定资产投资[③],具体如下:

历年《中国统计年鉴》和《中国工业经济统计年鉴》以及《中国固定资产投资统计年鉴 1950—1995》提供了 1985—2003 年工业分行业基本建设和更新改造投资总额及其新增数以及 1981—1995 年国有经济(或全民所有制单位)工业

---

① 1989 年前的年鉴在提供 1988 年前的基本建设投资和更新改造投资数据时明确标注属于全民所有制工业企业数据,此后的年鉴虽然没有这个标注了,但是从每年固定资产投资章节开头对全社会固定资产投资的分类来看仍然属于这种情况。

② 其中,1993 年和 1994 年年鉴的分类结构仍然同 1992 年以前一样,但是把全民和集体所有制单位改成了国有单位和集体单位。从 1995 年年鉴的 1994 年数据开始,固定资产投资的分类结构才完全发生了这种改变。

③ 如上所述,口径调整的基本原则就是把 1992 年前的基本建设投资、更新改造投资和其他固定资产投资看作国有经济固定资产投资的三个组成部分。而 1993 年后则把基本建设、更新改造投资、房地产开发投资和其他投资按管理渠道归属在一起,与国有经济无关。

分行业的固定资产总投资。[①] 根据已有的国有经济固定资产投资总额以及基本建设和更新改造投资总额计算的占比可以把 1985—1992 年基本建设和更新改造投资中的新增数额调整到国有经济全部固定资产投资口径的新增数额。而 1981—1984 年数据则直接利用国有经济全部固定资产总投资乘以一个估算的资产交付使用率(以 1985 年基本建设和更新改造投资交付使用率的加权平均来代理,权重为各自投资份额)来得到。把得到的这个 1981—1992 年国有工业口径新增固定资产投资每年再按一个统一的比例调整到全部工业口径,该比例在 0.61—0.69 之间,由相应《中国统计年鉴》固定资产投资章节开始的全社会固定资产投资分类的相关数据计算而得。从这里可以同样计算出 1993—2003 年基本建设和更新改造投资总额占全部固定资产总投资的比例,利用该比例把同期分行业基本建设和更新改造投资中的新增固定资产直接调整至全部工业口径。[②] 2004—2008 年则直接使用城镇固定资产投资中的新增数额。[③] 由此构建出 1981—2008 年全部工业口径分行业当年价新增固定资产投资额序列 2。[④]

(3) 确定 1980 年初始资本存量

现有研究一般把基期定在 1952 年、1978 年和 1980 年,本章基期选取 1980 年。现有 1980 年工业分行业乡及乡以上独立核算固定资产净值数据,首先利用该年工业总产值中乡及乡以上部分占全部口径的比例,换算成全部工业口径的固定资产净值;其次,根据固定资产投资价格指数,再进一步换算成以 1990 年为基年的可比价固定资产净值,以此数据作为 1980 年的起始资本存量。

---

① 比较 1995 年前的国有经济固定资产投资数据与由基本建设投资和更新改造投资相加得到的数据可以发现,1992 年之前前者基本上大于后者,这是由于前者还包含有其他固定资产投资;而 1993—1995 年则后者大于前者,可以理解为从 1993 年后基本建设投资和更新改造投资的数据不再是国有经济的口径了,这与前面《中国统计年鉴》的分类变化是一致的。

② 如前所述,自 1997 年起,基本建设、更新改造和其他固定资产投资的统计起点由 5 万元提高到 50 万元。比如 1996 年的基本建设投资和更新改造投资调整前的数据分别为 8 610.84 亿元和 3 622.74 亿元,而统计起点调整后的数据为 8 570.79 亿元和 3 615 亿元,差额不到 1%,因此不对这个口径进行调整。

③ 2004—2008 年城镇固定资产投资中报告了工业分行业的新增固定资产数据,它与 2003 年前全行业数据衔接很好。

④ 全民所有制企业的投资数据是最为完整的,黄勇峰等(2002)利用全民所有制企业投资中的基本建设、更新改造和其他投资数据首先对全民所有制制造业分行业固定资本存量进行估计,然后把结果推算到全民所有制和集体所有制企业中以获得工业全行业的资本存量估计,因为全民和集体这两部分一直是我国工业企业的主要构成部分。

(4) 按照永续盘存法估算资本存量

利用前三步估算的数据可以基于如下公式来估算出中国工业分行业的资本存量(单位为亿元)序列:

$$资本存量_t = 可比价全部口径投资额_t + (1 - 折旧率_t) \times 资本存量_{t-1}$$

仿照黄勇峰等(2002)报告的制造业各行业的数据,图 2-2 绘制了本章所估算的制造业行业的两套资本存量序列、用固定资产投资价格指数平减的固定资产净值序列以及陈勇和李小平(2006)、黄勇峰等(2002)估算的结果。本章所估算的第 1 套资本存量数据往往大于第 2 套数据(烟草加工和石油化工除外),但是没有第 2 套数据平滑,正如前述,这是由于投资额 1 序列波动更大的原因。除纺织服装和皮革毛羽外,固定资产净值所代理的资本存量往往较小,而黄勇峰等(2002)的结果更多与此相似。陈勇和李小平(2006)的资本存量更多的介于本章所估算的两套数据之间。

2. *劳动*

本章也构造了两套工业分行业劳动数据。① 第 1 套数据直接根据全部工业口径的职工人数数据构建。历年《中国统计年鉴》提供了 1985—2002 年、2005—2008 年工业细行业分职工人数,这是现成的全部工业口径数据。② 而 2004—2006 年的《中国劳动统计年鉴》提供了 2003—2005 年分行业的职工人数年末数、年平均数和就业人员数据,其中 2005 年的职工人数年末数与《中国统计年鉴》2005 年的职工人数数据完全相同,因此,本章利用《中国劳动统计年鉴》2003 年、2004 年两年的职工人数年末数来补缺序列。1983—1985 年《中国统计年鉴》只提供了 1981—1984 年工业分部门的全民所有制工业企业的职工人数年底数,但是可以从《中国统计年鉴》获得 1985—1990 年工业分行业中全部工业和全民所有制工业的职工人数,根据工业分部门和分行业的对应归并原

① 北京大学 CCER 研究报告(2002)也分别基于职工人数和从业人数两套数据来计算技术选择指数。

② 比如,《中国统计年鉴》中 1985 年、1989—1992 年工业分行业职工人数标注是全部工业口径,1986—1988 年职工人数标注为全民所有制和集体所有制(含乡办工业、村办工业)数据。而《中国统计年鉴》1993 年后所报告的职工人数一则没有像工业总产值和固定资产原值等表格抬头专门标乡及乡以上或规模以上字样,二则职工人数数据摘录的是国有单位、城镇集体单位和其他单位之前的合计中的数据,显然可以看做全部工业口径来处理,这与第二套从业人员数据清楚标明了统计口径是不一样的。其中,2005 年后的数据不再像此前一样在《中国统计年鉴》“工业”章节报告,而改在“就业与工资”章节中报告。

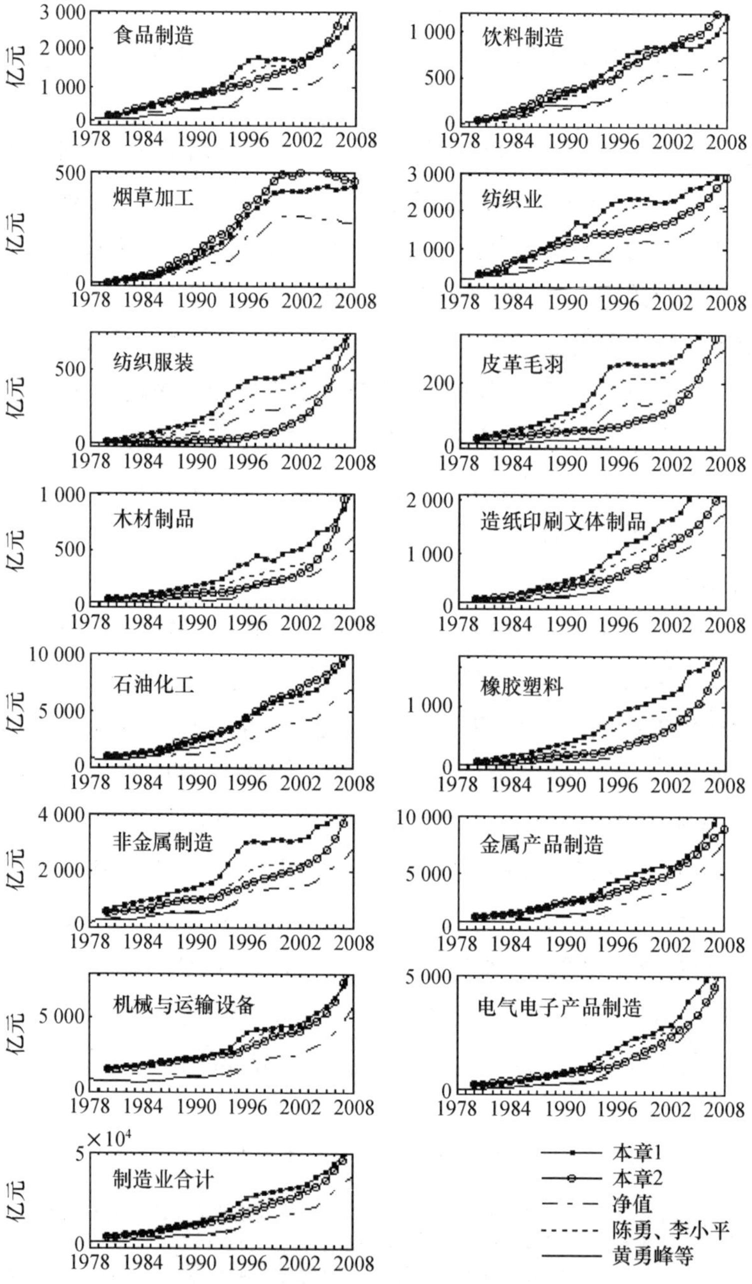


**图 2-2　制造业行业资本存量估算与比较**

则,可以求得1985—1990年各个细分行业全民所有制职工占所属工业部门的平均比例,利用该比例数据可以线性回归外推求得1981—1984年的口径调整比例并根据上述劈分原则求得同期细分行业全部工业口径的职工人数。1980年的职工人数数据摘自1990年《中国工业经济统计年鉴》。由此就构建完成了第1套分行业全部工业口径的劳动数据(单位:万人)。

第2套分行业劳动数据则根据部分工业口径的从业人员数据[①]构建而得。历年《中国工业经济统计年鉴》提供了1980年、1984—2002年的工业分行业劳动力的数据(缺1995年、1998年),其中,1997年前为乡及乡以上独立核算工业口径,1998年后为全部国有及规模以上非国有工业口径。1992年前称为职工人数年末数,1993—1997年称为职工人数年平均人数,1998年之后称为从业人员年平均人数。2004—2009年《中国统计年鉴》也提供了与之完全配套的2003—2008年分行业全部从业人员年平均人数的数据,也属于规模以上工业口径。这种劳动数据统计名称的变化可以由《中国工业交通能源50年统计资料汇编》第293页统计指标解释来进行说明,"1997年以前的人数统计一般使用企业全部职工人数。随着经济改革的深入和结构调整的加快,国有企业出现了下岗职工,用职工平均人数来表示劳动力已不能反映实际情况,因此,工业统计从1998年开始统计全部从业人员平均人数。从业人员包括长期职工和临时工,能够实际反映企业的就业状况"。事实上,这两个概念虽然在不同的时期定义不同,但是都反映了当时的实际劳动力状况,因此可以把职工人数和从业人员前后这两组部分口径的序列组合成一个完整的从业人员年平均数序列。[②] 根据前述统计口径调整原则再把这套数据进一步调整为全部工业口径的从业人员(职工人数)年均数(单位:万人)。其中,1983年利用乡办工业的职工人数来代替村办工业数据,因为从其他年份的数据看两者数值相差不大。另外,由于村办工业的从业人员都是年末数,为了与乡及乡以上职工人数年均数对应,也都换算成了从业人员年平均人数。

图2-3通过把分行业劳动数据加总来简单看一下两套劳动数据的构造状况,同时以陈勇和李小平(2006)的对应劳动数据作为对比。显然第2套劳动数

① 有时候也称为按行业分就业人员数。

② 利用线性插值补充1995年、1998年两年数据,1986年的部分残缺数值和1981—1983年原始数据。1981—1992年的分行业职工人数年平均人数根据上年和当年职工人数年末数的平均值来求得。

据的值远大于第 1 套劳动数据的值，正如前述，这主要是由于第 1 套劳动数据主要反映的是长期正式职工情况，而第 2 套劳动数据还包括了长期职工以外的其他用工状况，因而更能够反映工业的实际就业状况。《中国经济普查年鉴(2004)》显示，全部工业从业人员年均数为 9 303.94 万人，这与本章第 2 套劳动数据的对应数值相同，其中规模以上工业从业人员年均数为 6 622.09 万人，这与陈勇和李小平(2006)估计的数据相似。王小鲁(2000)曾发现由于中国从业人员统计的系统性偏差，1990 年前后全社会及工业就业人员发生了巨大跳跃。[①] 如图 2-3 所示，从工业分行业劳动力加总的视角来看，没有发现 1990 年前后劳动数据出现较大异常，而是同工业产出一样，异常仍然发生在 1997 年和 1998 年工业统计口径变化之际，笔者主要对后者进行了口径调整。图 2-3 显示，20 世纪 90 年代中后期到 21 世纪初，工业劳动力出现了显著下降，这与同期国有企业“抓大放小”、实行“减员增效”的下岗政策紧密相关。

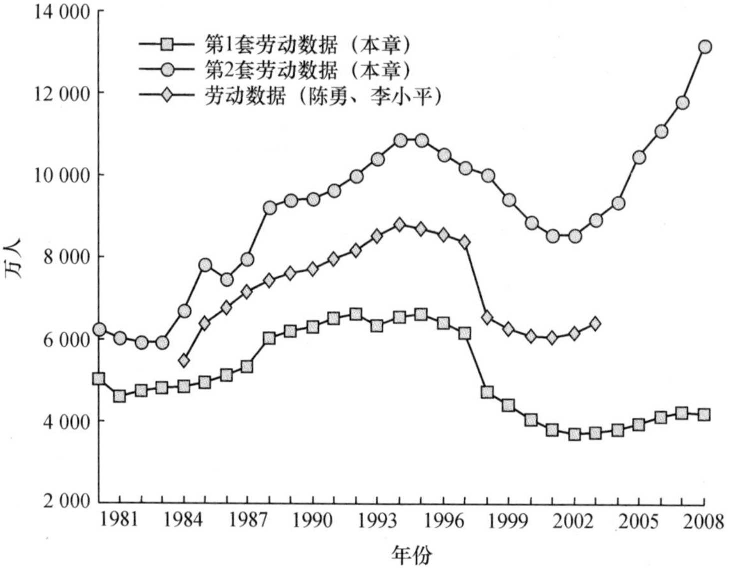


**图 2-3　工业职工人数和从业人员估算与比较**

① Holz(2006)严格地思考过这一问题，他指出在 1997 年的统计年鉴及此后的版本中，国家统计局对 1990 年总体就业向上修正了 14.12%，此后的数据也作了类似的修正，然而却没有将增加的就业量分配到各个产业部门(农业、工业、建筑业等)。但是，在 2005 年中国统计年鉴中，1990 年增加的就业已经被分配到不同的部门。

3. 能源消费

如前所述,能源变量已经成为了增长核算分析不可或缺的重要要素了,因此,本章也构造了工业分行业的能源消费面板数据(行业加总见图 2-4),原始数据摘自历年《中国统计年鉴》和《中国能源统计年鉴》所提供的 1980—2008 年工业分行业能源消费总量(单位:万吨标准煤)以及煤炭、原油、天然气和电力的消费量数据。其中,2009 年《中国统计年鉴》表 6-9 按行业分能源消费总量提供的还是 2008 年《中国统计年鉴》表 6-9 的 2007 年能源消费数据,所以 2008 年分行业能源消费数据只能通过线性插值获得。1994 年及以后其他年份的数据很完整,1993 年前数据相对粗糙,比如,1993 年数据缺失,1980 年和 1984 年的数据完全是 15 个分部门的数据,1985—1992 年在分部门的基础上又多了一些细分行业的数据,又以 1985 年和 1986 年更完整些。[①] 对这类数据的归并和补充同样遵循前面提及的原则。《中国统计年鉴》能源统计部分已经指出,历年工业分行业能源消费数据已经包含了村办工业,可以看做全部工业口径数据,不需要再作调整。以上劳动和能源消费为实物量而非价值量数据,无须平减。

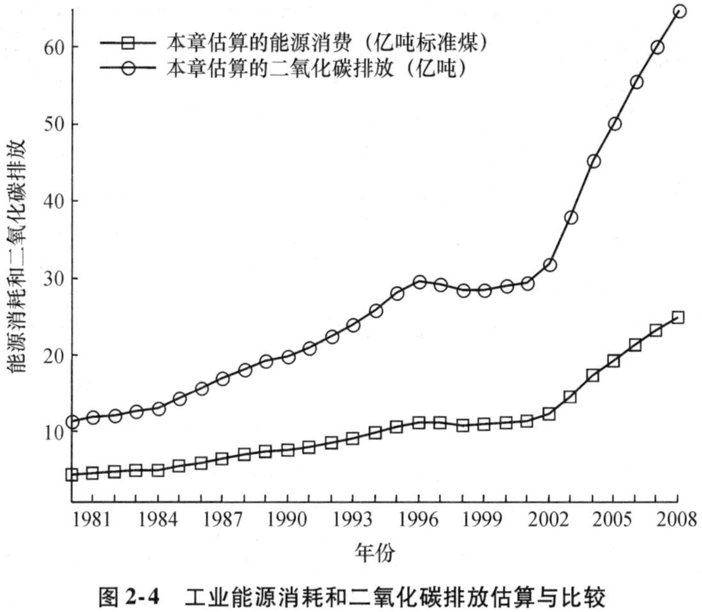


**图 2-4 工业能源消耗和二氧化碳排放估算与比较**

① 两种年鉴提供的数据并不一致,以《中国统计年鉴》为准,但是 1989 年后两种年鉴提供的能源数据完全一致了。

能源消费总量包括终端能源消费量、能源加工转换损失量和能源损失量三部分，本章使用的是总量概念的能源消费数据。根据工业中间投入必须从外部购入、当期投入、一次性消耗掉等原则，能源消费具有明显的中间投入品属性，归属外购物质产品或直接材料费用部分。由于能源消费量单位为标准煤，本章利用原煤、原油和天然气的市场价格并根据其与标准煤的折算关系[①]来推算出每吨标准煤的市场价格，进而估算出能源消费投入的大致数字（单位：亿元），以为下一小节计算能源以外的工业中间投入作准备。能源投入成本也以 1990 年作为基年，并用燃料、动力购进价格分类指数来进行价格平减。

4. 中间投入

根据《中国统计年鉴》的统计指标解释，工业中间投入指工业企业在工业生产活动中消耗的外购物质产品和对外支付的服务费用。工业中间投入的确定须遵循以下原则：必须从外部购入的，并已计入工业总产出的产品和服务价值；必须是本期投入生产，并一次性消耗掉（包括本期摊销的低值易耗品等）的产品和服务价值。因此，工业中间投入包括直接材料费用、制造费用中的工业中间投入、管理费用中的工业中间投入、销售费用中的工业中间投入和利息支出五部分。

一般统计年鉴并不报告工业中间投入的数据，那么如何估算工业中间投入呢？这可以通过生产法计算工业增加值所揭示的变量间的关系来进行求解，但是这不可避免要解决 1994 年中国财税制度改革导致许多工业经济指标含义发生变化的问题。比如工业总产值在 1995 年后按照新规定来计算，新规定相对于原规定的一个主要差别就是其计算价格里不再包含增值税，而代之以在工业增加值中计入增值税项。而且，从 1995 年开始，《中国统计年鉴》开始报告工业分行业的应交增值税数据，这使得核算工业中间投入就变得可能。本章根据生产法计算工业增加值所推导的计算工业中间投入的简便公式如下：

1994 年及以前　工业中间投入 = 工业总产值（原规定） - 工业增加值

1995 年及以后　工业中间投入 = 工业总产值（新规定） + 应交增值税 - 工业增加值

---

① 1 吨原煤 = 0.7143 吨标准煤；1 吨原油 = 1.4286 吨标准煤；1 000 立方米天然气 = 1.33 吨标准煤。

由于工业中间投入是通过工业总产值、工业增加值和应交增值税来计算的,因此,这四个指标间的计算口径应该一致。本章都是首先按照各指标的乡及乡以上或规模以上的部分口径来计算得出工业中间投入的数据,然后再按照工业总产值中部分口径占全部工业口径的比例把工业中间投入扩展成全部工业口径的数据。最后,根据上述讨论的工业中间投入价格指数平减获得1990年为基年的工业中间投入数据,再扣除上一小节估算得到的能源支出就可以得出不包括能源消费成本的1980—2008年的可比价工业中间投入分行业数据(单位:亿元,其简单加总序列可见图2-1)。

## 三、二氧化碳排放

20世纪70年代以来的能源危机和环境灾害催生了可持续发展思想,对环境污染与经济发展关系的研究文献与能源文献一样也大量涌现。环境污染排放的种类很多,涉及废气、废水和固体废物等,这些数据可以在统计年鉴上获得。本章估算的是大气污染物中的二氧化碳($CO_2$)排放,因为温室气体排放主要由二氧化碳构成,而碳排放数据和资本存量一样不能像产出、劳动和能源数据那样可以直接获得,必须进行估算。二氧化碳排放又主要来自化石燃料燃烧和水泥、石灰、钢铁等工业生产过程,根据世界银行报告,前者占到70%以上,而中国由于主要使用污染严重的煤炭燃料,该比例更高达85%以上。因此,世界上温室气体排放量多是通过化石能源消费量推算得来,比如二氧化碳排放总量可以用各种能源消费导致的二氧化碳排放量加总得到。《中国能源统计年鉴》将能源消费种类划分为9类(煤炭、焦炭、原油、汽油、煤油、柴油、燃料油、天然气和电力),其中,煤炭、原油和天然气是主要的化石燃料排放源,本章主要以这三种一次能源为基准来核算中国工业分行业的二氧化碳排放量。

根据2006年联合国政府间气候变化专门委员会(Intergovernmental Panel on Climate Change, IPCC)为《联合国气候变化框架公约》(United Nations Framework Convention on Climate Change, UNFCCC)及《京都议定书》所制定的国家温室气体清单指南(Guidelines for National Greenhouse Gas Inventories)第二卷(能源)第六章提供的参考方法(reference approach),二氧化碳排放总

量可以用各种能源消费导致的二氧化碳排放量通过估算加和得到。具体公式如下：

$$C_t = \sum_{i=1}^{3} C_{i,t} = \sum_{i=1}^{3} E_{i,t} \times \mathrm{NCV}_i \times \mathrm{CEF}_i \times \mathrm{COF}_i \times (44/12)$$

公式中的变量意义如下：$C$ 代表估算的 $CO_2$ 排放量(单位为万吨)，$i=1,2,3$ 分别代表三种一次能源(煤炭、原油和天然气)，$E$ 代表它们的消耗量(前两者单位为万吨，后者为亿立方米)。NCV 为 2007 年《中国能源统计年鉴》附录 4 提供的中国三种一次能源的平均低位发热量(IPCC 也称为净发热值)。CEF 为 IPCC(2006)温室气体清单提供的碳排放系数。由于没有直接提供煤炭的排放系数，而我国原煤产量分煤类比重多年来变化不大，一直以烟煤为主，占 75%—80%，无烟煤占 20% 左右，因此，本章根据 IPPC(2006)提供的烟煤和无烟煤碳排放系数的加权平均值(80% 和 20%)来计算煤炭的碳排放系数。COF 是碳氧化因子(本章煤炭设定为 0.99，原油和天然气为 1)。44 和 12 分别为二氧化碳和碳的分子量。由于能源消耗单位的不统一，必须换算成我国能源度量的统一热量单位标准煤，各种能源折算标准煤系数也由同期《中国能源统计年鉴》提供。本章二氧化碳估算所用的参考系数以及中国煤炭、原油和天然气的二氧化碳排放系数估算量见表 2-2。

**表 2-2 各种能源的二氧化碳排放系数估算**

<table>
<tr><th colspan="2" rowspan="2">能源</th><th colspan="2">中国能源平均低位发热量</th><th colspan="2">IPCC(2006)碳排放系数</th><th rowspan="2">碳氧化因子</th><th colspan="2">中国各种能源折标准煤参考系数</th><th colspan="2">本章估算的中国二氧化碳排放系数</th></tr>
<tr><th>数值</th><th>单位</th><th>数值</th><th>单位</th><th>数值</th><th>单位</th><th>数值</th><th>单位</th></tr>
<tr><td rowspan="3">原煤</td><td>烟煤</td><td rowspan="3">20 908</td><td rowspan="4">千焦/千克</td><td>25.8</td><td rowspan="5">千克/1 000 000 千焦</td><td rowspan="3">0.99</td><td rowspan="3">0.7143</td><td rowspan="4">千克标准煤/千克</td><td rowspan="3">2.763</td><td rowspan="5">千克/千克标准煤</td></tr>
<tr><td>无烟煤</td><td>26.8</td></tr>
<tr><td>加权平均</td><td>26.0</td></tr>
<tr><td colspan="2">原油</td><td>41 816</td><td>20.0</td><td>1</td><td>1.4286</td><td>2.145</td></tr>
<tr><td colspan="2">天然气</td><td>38 931</td><td>千焦/立方米</td><td>15.3</td><td>1</td><td>1.3300</td><td>千克标准煤/立方米</td><td>1.642</td></tr>
</table>

从图 2-4 可以看出，能源消耗和二氧化碳排放在 1996 年之后都一改此前的上升趋势开始有所下降，这与该时期中国大量关停转并中小能耗和排放密集型企业相关，而 2001 年之后，两个序列再次回升，而且上述幅度越来越陡，显示出明显的工业再次重型化趋势。虽然二氧化碳排放的估算源自能源消耗，两者具有一定的相关性，但是碳排放是分别不同单位的三种一次能源消费量及其不

同二氧化碳排放系数计算并加总而得，而能源消耗总量使用的则是统一的热量单位，而且除了三种一次能源外还包含了二氧化碳排放计算中没有的二次电力能源的消耗量，因此，能源消耗和二氧化碳排放是两个完全独立的变量。当然，它们也是完全不同的两个概念。任若恩(2002)在反驳 Rawski(2002)有关中国经济增长数据被夸大的观点时指出，如果接受 Rawski 经济增长和能源增长应该一致的观点，就相当于认为中国的能源消耗系数没有下降，因此二氧化碳排放也没有减少。而利用官方数据可以估计出中国的二氧化碳排放在 1996—1999 年间下降了 6%—14%[①]，而同期美国的二氧化碳排放每年增加 7 000 万吨，即中国对改善全球温室效应的贡献要大于美国，这实际上是关于中国 GDP 数字争论的另一层意义，即中国对全球环境恶化的责任。8 年前的这个观点在 2009 年哥本哈根气候峰会结束以及 2010 年年底坎昆气候会议召开之际其意义更加明了了。

## 第五节　由统计数据看工业发展方式转变

表 2-3 报告了所构造工业分行业投入产出变量的描述性统计指标。为了方便看出不同行业指标之间的差异，这里按照 2004 年各行业能源消费总量由低到高的排序(见表 2-1)把所有行业分为低能耗和高能耗两个行业组别(每组 19 个工业分行业)，以作为轻重工业的代理，因为通常认为重工业与高能耗更相关。[②]

① 基于本章图 2-4 背后数据计算的同期二氧化碳减排了 4.2 个百分点。

② 如此分组只是为了更加一目了然看出轻重工业变量的不同变化模式，几十个行业的数值放在一起会让人不得要领。由于我国轻重工业的定义不够清晰，某些行业出现轻重工业重叠的现象，在两位数的水平上难以加以区分，因此，文献中往往根据轻重工业的特征来划分轻重工业组别。比如，重工业通常是资本、能源和排放密集型的，而轻工业正好相反。因此，这里按能源消耗水平来分组，后面章节还将按二氧化碳排放水平来分组。其他划分轻重工业的标准可见张军等(2009)的资本劳动比、王德文等(2004)的劳动生产率和资本生产率。Kander and Schön (2007)则利用能源资本比和能源产出比(即能源强度)划分了瑞典的轻重工业。

**表 2-3 轻重工业投入产出变量的描述性统计**

| 变量 | 轻工业组 | | | | 重工业组 | | | |
|---|---|---|---|---|---|---|---|---|
| | 均值 | 标准误 | 最小值 | 最大值 | 均值 | 标准误 | 最小值 | 最大值 |
| 工业总产值(亿元) | 838 | 1 813 | 17 | 23 183 | 2 657 | 5 918 | 44 | 74 467 |
| 工业增加值(亿元) | 264 | 498 | 1 | 5 706 | 699 | 1 286 | 18 | 14 867 |
| 资本存量 1(亿元) | 299 | 292 | 13 | 2 461 | 1 481 | 1 940 | 43 | 20 236 |
| 资本存量 2(亿元) | 270 | 285 | 13 | 1 956 | 1 450 | 2 049 | 43 | 17 360 |
| 职工人数(万人) | 67 | 47 | 7 | 244 | 201 | 145 | 18 | 756 |
| 从业人员(万人) | 128 | 106 | 10 | 802 | 352 | 261 | 18 | 1 279 |
| 工业中间投入(亿元) | 449 | 793 | 6 | 9 690 | 1 473 | 1 944 | 38 | 14 429 |
| 能源消费(万吨标准煤) | 406 | 316 | 37 | 1 801 | 4 353 | 6 177 | 113 | 53 312 |
| 二氧化碳排放(万吨) | 539 | 584 | 16 | 3 195 | 14 088 | 30 812 | 158 | 285 850 |

表2-3 带给我们的显著印象是,轻重工业组别的资本存量、能源消耗和二氧化碳排放的平均水平差异悬殊,重工业组分别是轻工业组的 5.0(5.4)、10.7 和 26.1 倍,而它们的工业总产值、工业增加值、工业中间投入和吸纳的劳动力差异却小得多,重工业组的工业总产值和增加值只有轻工业组的 3.2 和 2.6 倍,工业中间投入为 3.3 倍,劳动力也只有 3(或 2.8)倍。显然,高投资、高能耗和高排放并没有带来同样高的增长,也没有吸纳足够多的劳动力。最大的工业总产值 74 467 亿元和工业增加值 14 867 亿元为近年快速发展的高技术行业——计算机、电子与通信设备制造业的 2008 年数值,它隶属于高能耗组,但是碳排放却不高,主要原因是由于该制造业消耗的主要是电能,而这没有包括在排放的计算中。① 最低的职工人数 7 万人(从业人员 10 万人)为 1980 年的炼焦、煤气及煤制品业(即表 2-1 所示的第 36 个分行业)数据。从标准差来看,一般而言都是重工业组变量的变化程度远大于轻工业组,尤其是能耗和碳排放变化的差异最悬殊,达到了 20 倍和 53 倍。根据这些统计信息,可以看出重化工业行业的资本投入、能耗和二氧化碳排放不仅水平高,而且波动也大,但是相应的增长却没有那么高,这隐含着它们的生产率水平应该不会很高,更多呈现出要素驱动的粗放型发展特征。

① 如果以单位增加值能耗和排放来计算的话,该行业排名在所有分行业中基本上是最低的。以 2004 年为例,该行业每万元工业增加值只消耗 0.18 吨标准煤和排放 0.05 吨 $CO_2$,远低于全国平均水平的 5.6 吨标准煤和 21 吨 $CO_2$。

基于所构造的投入产出面板数据,本章计算了工业分行业的一些主要的经济指标,图 2-5 绘制了这些指标在轻工业、重工业和工业全行业中的加权平均值趋势图,各行业隶属于轻工业还是重工业的划分标准同表 2-3,权重为各行业的工业总产值份额。图 2-5(a)绘制的是人均增加值序列,即所谓劳动生产率,该指标是国际上衡量工业化水平的通用指标,同时也能够度量新型工业化过程中的经济效益和生产效率的变化。显然,20 世纪 90 年代中后期以来,中国的劳动生产率得到了极大的增长,工业化水平快速提升,而且与该时期的再次重化工业化相对应,重工业的人均产出一度超过了轻工业,重化工业化冲动依然存在。张军(2002)与李治国和唐国兴(2003)利用资本产出比指标来描述中国工业化过程中的资本深化现象,他们把 1994 年后该指标一反长期下降趋势转而持续上升的现象解释为,资本的形成速度最终要受制于递减的边际报酬规律而使得要素驱动型的增长方式在长期不能维持,这种上升的资本产出比可以看做经济粗放增长的重要总量特征。Young(1994)认为这种推动东亚经济区域增长的过度资本深化不具有持续的动态改进机制。但是本章图 2-5(b)显示的资本产出比变化却正好相反,如果去除 1993 年来看,中国工业的资本产出比在 1995 年前变化并不大,1995 年后反而持续下降。李小平和朱仲棣(2005)与陈勇和李小平(2006)发现了同样的现象,他们指出,资本产出比其实并不是很好的度量资本深化的指标,更可取的指标应该是资本劳动比,因为资本深化意味着在以要素组合为特征的生产过程中更多地使用资本而不是劳动。与劳动生产率一样,资本产出比实际上是资本生产率的倒数,本章图 2-5(b)的结果表示中国工业的资本生产率从 1995 年后提高了,而且轻工业的资本生产率相对于重工业提升更快,这与表 2-3 的隐含结论一致,轻工业具有更高的全要素生产率增长以及更快的发展方式转变进程。Fisher-Vanden and Jefferson (2008)也发现工业资本生产率经过长期的下降后在 20 世纪 90 年代后期呈现上升趋势,但他们指出,这并不能治好投资饥渴症,相反,至今还存在的过度投资趋势进一步恶化了要素配置效率。

而如果用资本劳动比来度量资本深化,正如图 2-5(c)所显示的,中国工业部门经历着一个持续的资本深化过程,而且重工业的资本劳动比远高于轻工业,21 世纪以来这种差距有加大趋势。这与张军等(2009)所指出的相一致,工业化的标准路径应该是从轻工业相对重要向重工业相对重要的转移过程,轻工

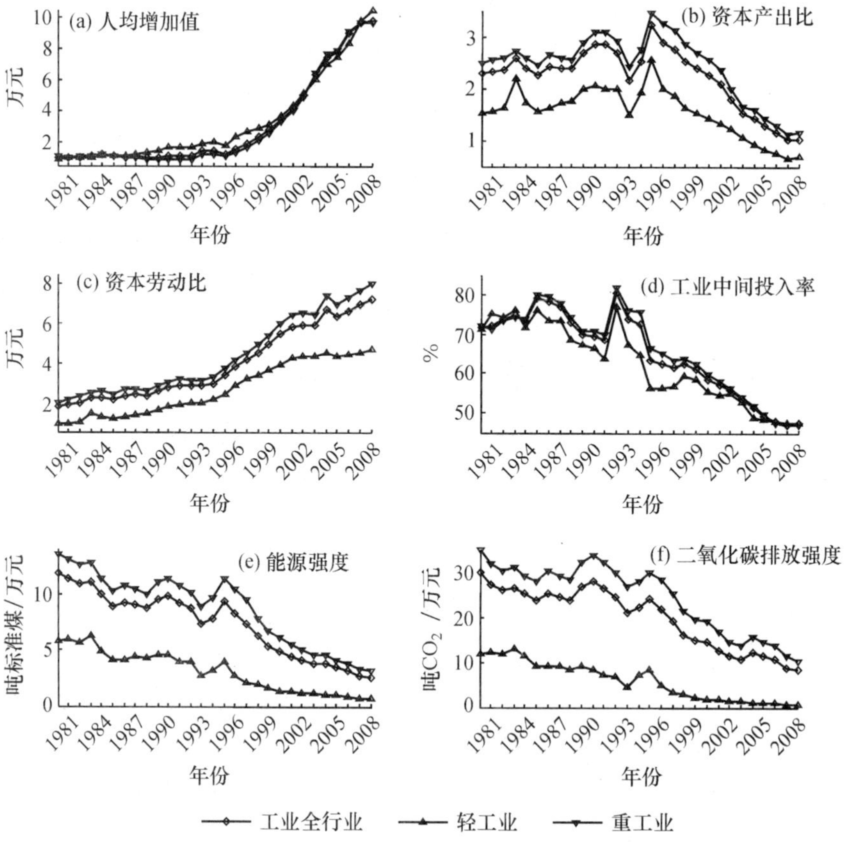


**图 2-5 工业全行业、轻重工业主要经济指标趋势图**

业在工业化早期阶段比较重要,其本质是劳动密集型的,具有较低的资本劳动比,而重工业的发展主要在工业化的中后期,它是资本密集型的,具有较高的资本劳动比。Zheng *et al*. (2009)也指出,相对于西方经济体,中国的资本劳动比率仍然较低。可见,中国目前正处于工业化的中期阶段,资本、能源和污染密集型的钢铁、水泥和化工等重化工行业仍将在经济中发挥不可替代的基础作用。作为资本有机构成的资本劳动比还反映着工业各行业的要素禀赋,其上升趋势也说明了工业结构从劳动密集型向资本密集型转化的客观工业化进程。Solow (1957)曾推导得到,人均产出增长率由资本劳动比增长率和全要素生产率增长率(即 Solow 残差)两部分组成,比较图 2-5(a)和(c),人均增加值的增长率高于资本劳动比的增长率,这说明中国工业整体上获得了一个正的全要素生产率改善；而由轻重工业相似的人均产出增长率以及轻工业的较低的资本劳动比增长率，可见轻工业的全要素生产率要高于重工业，这与表2-3的隐含的结论是相一致的。

图2-5(d)绘制了工业中间投入占工业总产值的比率变化，从20世纪90年代初以来，工业中间投入率一直下降，这就意味着工业增加值率一直在上升，说明了工业生产效率一直在改善。而重工业的工业中间投入率一直高于轻工业，这又说明轻工业的工业增加值率要高于重工业，其生产更为有效，其发展方式相对重工业更为高端。工业中间投入率是衡量资源消耗与利用水平的指标，它与图2-5(e)的单位工业增加值能耗(能源强度)指标和图2-5(f)中反映环境保护能力的单位工业增加值碳排放(排放强度)指标一起，都属于可持续发展指标，可以用来判断经济发展方式是否发生了转变以及具体转变情形，可以与传统工业化过程的显著特征进行区别，是判断中国特色新型工业化道路的重要指标。

图2-4揭示，21世纪以来，中国工业能源消耗和二氧化碳排放急剧增加，目前中国已经成为第一大二氧化碳排放国和仅次于美国的第二大能源消耗国。但是从图2-5(e)和(f)可以看到，中国工业的能源强度和二氧化碳排放强度其实是一直下降的，特别从1995年后降幅明显，可见，中国能源使用效率和减排效率在不断提高之中，当然，轻工业的能源强度和碳排放强度要远远低于重工业。[①] 然而，我们更要看到，虽然节能和碳减排效率在不断提高，但是与其他国家相比，中国工业的这些强度数值还是太高。以2004年的能源强度(单位：千克标准油/1美元GDP)为例，中国为0.99，美国为0.23，德国为0.19，日本为0.11，印度也只为0.65。以2004年的二氧化碳排放强度(单位：吨$CO_2$/百万美元GDP)为例，中国的数值为2 755，而美国只有549[②]，由此可见，中国节能减排任重道远、低碳转型前路依然漫长。

## 第六节　传统增长模式依赖依旧

为了能够对改革开放后整个时期中国工业分两位数行业的可持续增长和

① 能源强度也就是能源生产率的倒数。

② 这些国别数据为作者根据2007年《世界能源统计年鉴》相关数据计算而得。

发展模式进行分析,本章构造了1980—2008年近30年跨度的38个工业分行业的投入产出面板数据库。显然,投入产出数据的质量,特别是不可直接观察到的资本存量和二氧化碳排放变量的正确核算,对于在新古典增长理论框架内合理分析中国工业分行业的全要素生产率变化、判断增长方式转变和可持续发展分析至关重要。然而,要获得工业分行业投入产出变量的正确估算殊非易事,我们必须解决这样一些难题:由于国家行业分类标准的变化而导致的30年跨度期间内工业分行业的不匹配,20世纪80年代期间数据的较多缺省或者说缺少细分行业的数据,80年代初、1997年前和1998年后工业数据统计口径的变化,由于诸如1994年财税制度改革等原因所导致的工业统计指标体系和指标含义发生变化,等等。为此,本研究收集了所有可得的主要统计年鉴的工业分行业数据,在对这些数据的定义和统计解释进行仔细分析、辨别和确认的基础上,确定了合理的行业归并、缺省数据补充、统计口径调整和价值量变量价格平减的基本原则,构造了工业分行业工业总产值、工业增加值、资本存量、劳动、工业中间投入、能源消费和二氧化碳排放的面板数据库,为本书后续研究打下了很好的基础。

本章所核算的投入产出数据清楚地描述了中国工业改革开放以来的快速发展状况,可以看出,虽然中国工业已经一改新中国成立后到改革前的重工业优先的赶超战略,轻工业部门迅速发展壮大,但是中国工业的高增长仍然没有摆脱一直以来由高投资、高能耗和高排放所驱动的模式,在重工业组别,这种资本深化、能耗和排放密集型的粗放型增长特征更加明显,投入产出的波动性也更强,本世纪以来的工业再次重型化又进一步加重了这种趋势,可见,中国经济对传统增长模式的依赖依然十分严重。本章还把所估算的一些主要变量与可能得到的其他研究的一些估算进行了对比和分析。本章所估算的两套资本存量数据基本相似,要优于由固定资产净值所代理的资本存量;从业人员变量相对于职工人数变量还包括了长期职工以外的其他用工情况,更能够反映工业部门的就业状况。本章对一些主要统计指标的分析得出,轻工业的资本生产率高于重工业。由轻工业相对于重工业更低的资本劳动比变化和轻重工业组相似的人均产出变化率,可以推导得出轻工业拥有比重工业更高的全要素生产率增长,这主要是由于轻工业的工业中间投入率更低、工业增加值率较高以及能源生产率和减排效率相对于重工业组别更高的缘故。该结果与表2-3投入产出变量的描述性统计信息所隐含的结论相一致,即轻工业相对于重工业的发展方式转变要更快、发展结构也更为高端。本研究还基于相同的原则构造了轻工业、重工业和工业全行业相同投入产出变量的时间序列,在此不再一一赘述。读者还可以参考笔者即将发表于《经济学(季刊)》的有关该数据库构造的部分研究(见陈诗一,2011b)。

# 第三章

# 高能耗、高排放与中国工业发展方式转变

## 第一节　能源、环境和经济(3E)问题由来

新中国成立近60年来,中国经济取得了令世界瞩目的高速增长,年均增长率达到7.97%[①],特别是1978年改革开放以来,GDP年均增长更是高达9.76%,相对于前30年的大起大落和剧烈波动,新的经济增长更加平稳有序。众所周知,中国增长具有浓厚的二元经济色彩,是以农业补贴工业取得的,正如图3-1(a)所示,以农业为代表的第一产业的GDP份额从解放初期的超过50%持续下降到2006年的11.7%,年均增长远低于全国水平,只有3.37%,而工业则保持了高达11.5%的年均增长,其GDP份额从1952年的17.6%稳步提高到2006年的43.3%。中国工业的这种高增长依赖重要要素的大量倾斜投入,以改革开放期间为例,工业总产值年均增长达11.15%,工业资本存量年均增长达9.15%,工业能源消耗和二氧化碳排放年均增长分别达到5.95%和6.31%,而工业部门吸纳的劳动力的增长率只有1.85%。从图3-1(b)也可以看出,改革开放期间只占全国40.1%的工业GDP的取得却消耗了全国67.89%的能源,排放出全国二氧化碳的83.08%。显然,中国工业的高增长带有明显的高投资、高能耗和高排放的粗放型特征,在这个相对漫长的工业化初期阶段,固然农业和

① 这里增长率都按几何均值计算而得,其中GDP、工业总产值和资本存量增长按1990年可比价水平计算。

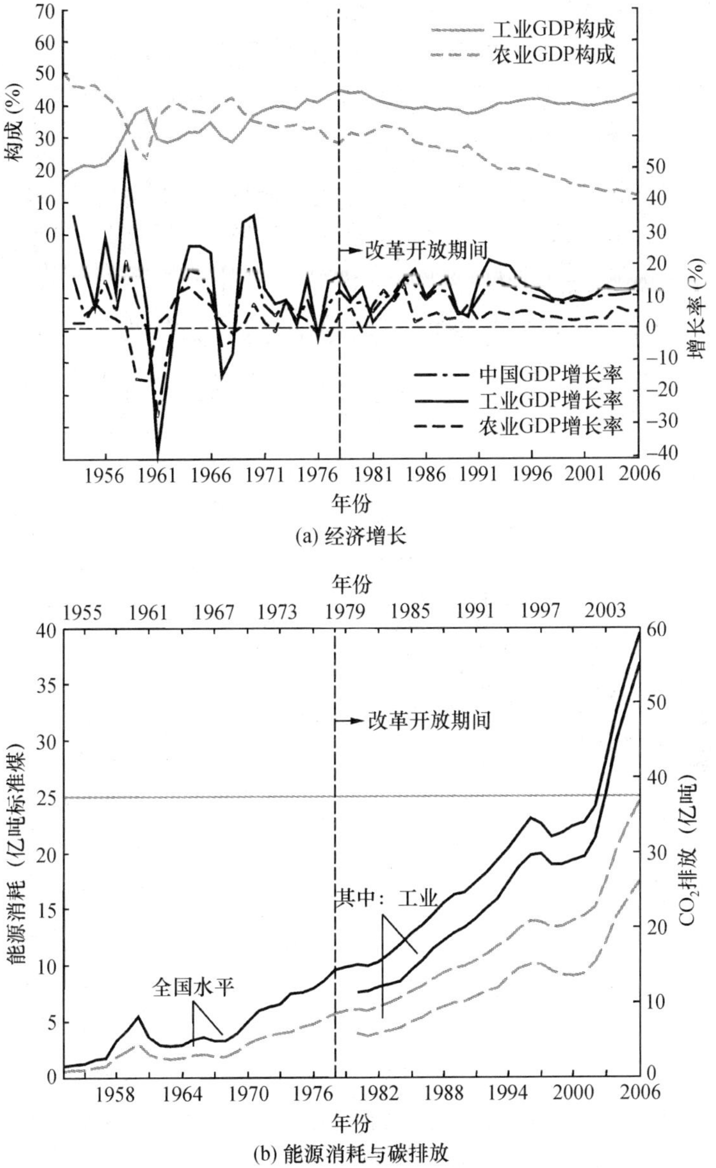


**图 3-1　中国经济增长与能源消耗和二氧化碳排放(1953—2006 年)**

工业之间的发展是失衡的，但是本章更关心的是严重依赖资源投入的中国工业增长的可持续性发展问题，这在金融危机彰显实体经济重要性的今天以及十七届三中全会全力推动工业反哺农业的时代背景下更具有重要的现实意义，也是最终实现中国经济又好又快发展的根本保证。

可持续发展思想是在20世纪70年代以来能源危机和环境灾害频发基础上发展起来的,1987年联合国环境与发展委员会首次采纳可持续发展概念,并被国际社会广泛接受(WCED, 1987;United Nations, 1993)。当然,基于不同领域的具体运用,可持续发展的定义多种多样,其中较多是从经济、环境和社会这三个维度来进行定义,并使用不同模型来度量可持续性,涉及资源配置、节能减排、收入分配、福利、公平和制度等众多指标。比如,世界银行发展报告(World Bank, 2001)指出评估各国可持续发展战略是否成功时仍然离不开GDP增长指标。林毅夫(Lin, 2004)则认为技术进步是判断经济增长是否可持续的重要指标,基于中国可以利用后发优势从发达国家引进技术的判断,他断言中国经济在未来二三十年仍然可以保持年均8%的高增长。Brock and Talor(2005)认为通过结构升级,从稀缺资源消耗型产业转移出来,提高生产过程和节能减排过程中的技术进步,同时增加人均收入可以达到可持续发展。Islama *et al.* (2003)评估了经济、环境和社会元素中的各种成本和收益指标,通过最大化净收益来分析发展方式向可持续性方向转变的长期前景。正如图1-1所示,更多的文献基于现代增长理论框架,根据经济发展方式的改变来判断经济发展的可持续性,认为要素扩张型为主的粗放型发展方式不可持续,只有全要素生产率不断得到改善的集约型发展方式才是可持续的(Solow, 1957, 1993; Krugman, 1994; Young, 1995, 2003; Irmen, 2005; Zheng *et al.*, 2009; 易纲等,2003)。其中比较著名的是Krugman(1994)和Young(1995)根据全要素生产率核算结果得出东亚增长主要由要素投入推动,全要素生产率的产出贡献较低,在长期是不可持续的结论,当然不乏对此结论提出批评的研究(Chen, 1997; Hsieh, 2002; 张军等,2003;林毅夫和任若恩,2007;郑玉歆,2007;王小鲁等,2009)。然而,这些基于增长理论的发展方式转变和可持续性研究长期以来很少考虑资源和环境因素,无视能源和污染对增长的影响,这背离了可持续发展概念恰恰是由对能源和环境问题的担忧所催生这样一个现实。

1973年以来,三次国际能源危机相继爆发,每一次都导致世界经济的严重衰退,2005年以来国际石油价格的持续上涨也对各国经济造成了广泛而深远的影响。而对资源的过度开发和滥用又带来了环境污染和全球气候变暖等一系列环境问题。在此背景下,人们开始认识到能源和环境问题对经济发展的重要性,相关研究文献也开始大量涌现。正如前面所述,中国工业的高增长恰恰是以高能耗和高污染排放为代价的,在经济发展高度全球化的今天,中国也不可能独善其身,能源成本的大幅提高和环境质量的急剧恶化必将对中国经济的可持续发展带来深远的影响,而如何影响以及程度如何则离不开深入的研究和分析。图 3-2 清楚显示,伴随着中国的初步工业化,能源消耗和二氧化碳排放急剧增加,2006 年已经成为仅次于美国的全球第二大能源消耗国和二氧化碳排放国,其中又以碳排放增长更快,这与中国一次能源结构中不洁净的煤炭所占的比例很高相关。事实上,中国政府已经意识到节能减排对经济持续健康发展的重要意义,20 世纪 90 年代中后期就开始着手关闭大量的小煤矿、小火电等企业,淘汰水泥、钢铁等行业的落后产能。现代企业制度的改革又促使企业引进节能减排技术,节约能耗降低生产成本。资源价格的市场化改革和投资主体的多元化也使得稀缺资源在行业间的配置更加富有效率,行业结构进一步优化。这些努力初见成效,从图 3-1(b)和图 3-2 可以看出,从 20 世纪 90 年代中期到 21 世纪初,中国的能耗和排放增长得到了显著抑制,单位 GDP 的能耗和碳排放也持续下降。然而,2003 年后,中国的重化工业化趋势再度显现,房地产和汽车工业的快速发展,基础设施投资的持续加大,机电和化工等产品出口份额的增加,所有这些都带动了采掘业、石油和金属加工业、建材及非金属矿物制品业、化工和设备制造等重化工业行业的急剧膨胀,中国的能源消耗和排放再次大幅增长,为此,国家不得不在"十一五"规划中首次提出在 2005 年基础上降低单位 GDP 能耗 20% 的约束性指标,学术界也就中国应该走何种工业化道路展开了激烈争论。

不管怎样,中国的工业化和城市化进程不会停止,能源和污染密集型的钢铁、水泥和化工等行业在可以预见的将来仍然会在经济中发挥不可替代的基础作用,因此,研究和考察能源消耗和污染排放对中国工业发展方式转变的影响就十分必要和紧迫。本章尝试把生态资源维度引入可持续发展分析,通过一个扩展的新古典增长模型来进行增长核算和全要素生产率分析,从高能耗、高碳排放对中国工业的产出和技术进步的影响这两个方面来考察中国工业发展方式转变问题,尽管这没有涵盖可持续发展概念的全部。正如 Jorgenson *et al.*(1990, 2000)指出的,总量数据和总量生产函数并不足以刻化经济增长的全貌,本章使用第二章所估算中国工业分行业面板数据库和分行业增长方程来揭

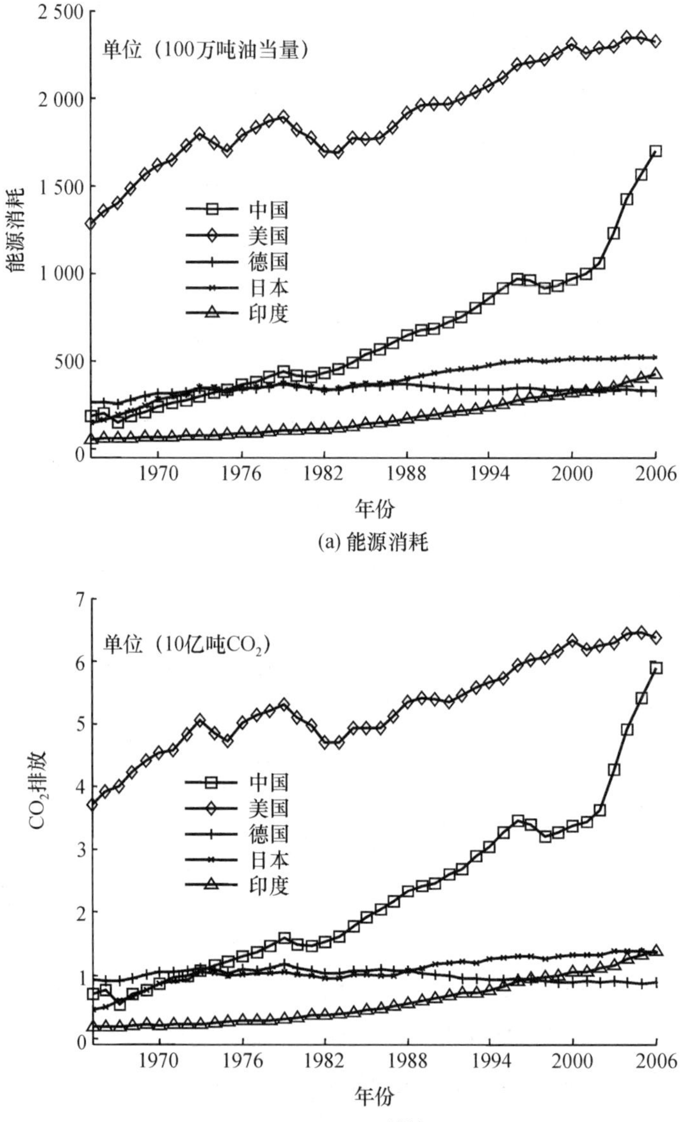


**图 3-2　主要经济体能源消耗和二氧化碳排放比较(1965—2006 年)**

示中国工业 38 个分行业在改革期间的发展模式,并回答以下两个主要问题:(1) 高能耗和高碳排放能够驱动中国工业的高增长吗? 中国工业的发展方式可持续吗?(2) 不同特征的工业行业对中国工业全要素生产率的影响有何不同？高能耗和高污染水平的重化工业行业一定低效率和低技术吗？为了加快转变工业发展方式，中国应该主要发展何种技术进步类型的行业？

本章接下来的结构安排如下：第二节综述研究能源和排放的文献，特别阐明能源和排放要素在经济发展中的作用机理；第三节给出本章使用的新古典增长模型以及相应的增长核算和全要素生产率计算方法；第四节是对实证结果的讨论，并回答上文提到的两个主要问题。最后一节给出本章研究观点的总结。

## 第二节　能源和排放在经济发展中的作用

关于能源和环境问题的研究文献可以分为两大类。一类集中于考察影响能源或环境变化的因素，比如中国 20 世纪 90 年代中后期以及 21 世纪前期能源和污染排放为什么出现停滞或下降的情形（Zhang，2003；Fisher-Vanden *et al.*，2004，2006）。这类文献通常利用各种分解技术把能源消费（或排放）变化（或强度，或弹性）拆分成几个部分，比如从重工业向轻工业转移的结构变动效应、技术进步或生产效率变化效应等，或者利用回归进行因素分析，最终找出主要的解释原因。另一类文献则反方向研究能源或环境对产出的影响，比如收入与环境关系的 Kuznets 曲线研究以及把能源或污染排放纳入增长理论模型的研究。本章将遵循第二类文献中的增长理论模型框架，把能源消耗和二氧化碳排放作为与传统要素资本和劳动并列的投入要素引入超越对数生产函数，来估算中国工业分行业的全要素生产率，并进行增长核算，以分析能源和环境对中国工业发展方式转变的影响。下面我们简述该类文献对能源和排放变量的处理方法及其在经济发展中的作用机理。

基于对能源问题的大量研究，人们已经普遍承认能源因素对经济发展的表现至关重要，文献中对能源变量的处理比较简单，通常比较一致地把能源消耗看做新的投入要素并在经济增长和发展方式转变中发挥其作用。具体而言，能源不仅可以被看做生产过程的中间投入品，以其市场价格构成最终产品的部分价值，而且也和传统的资本和劳动要素一样，在生产过程中发挥价值创造的功能。Jorgenson *et al.*（1987）就首先提出了著名的 KLEM 模型，即把能源和其他原材料作为中间投入品，与资本和劳动一起引入生产函数，对美国二战后的经济增长和生产率进行分析，该模型被广泛运用至今。把能源消耗作为投入要素引入生产函数进行分析的最新理论和实证文献还包括 Kummel *et al.*（2002）、Pokrovski（2003）、Ayres *et al.*（2003）、Murillo-Zamorano（2005）、Thompson（2006）、Kander and Schön（2007）、Kasahara and Rodrigue（2008）等。

对环境污染排放变量在经济发展方式转变和可持续性分析中的处理有些复杂，由于缺乏污染的市场定价或者与污染排放税相关的环境政策，把污染排放计入生产成本比较困难，因此，长期以来往往被研究所忽视。目前，文献中通常有两类处理排放的方法，一种方法也把污染排放作为投入要素，不过是未支付的投入，与资本和劳动投入一起引入生产函数，代表文献有 Tahvonen and Kuluvainen（1993）、Nielsen *et al.*（1995）、Palmer *et al.*（1995）、Mohtadi（1996）、Brock and Taylor（2005）、Tzouvelekas *et al.*（2006）等；把排放和能源一起作为投入的代表文献有 Carter（1974）、Bovenberg and Smulders（1995）、Ramanathan（2005）、Considine and Larson（2006）、Chen（2009）等；另一种方法则把污染看做非期望的坏产出，和期望的好产出（比如 GDP）一起引入生产过程，利用参数化或非参数化的（方向性）距离函数来对其进行分析，比如 Färe *et al.*（1993，2001）、Chambers *et al.*（1996）、Coggins and Swinton（1996）、Chung *et al.*（1997）、Boyd *et al.*（2002）、Jeon and Sickles（2004）、Brummer *et al.*（2006）、Kumar（2006）、涂正革（2008）、王兵等（2008）等。

本研究采取把污染排放看做投入要素的第一类处理方法，这是基于以下思路：自然环境吸纳和沉积废弃物的功能可以为经济提供某种形式的社会资本服务，经济活动单位通过这种社会资本服务或者说对自然环境的消耗可以在给定其他投入要素的前提下增加它的产出水平；然而，虽然个别经济单位可以通过增加污染排放来提高其净产出，但是累积的污染排放物会通过降低整体环境所提供的社会资本服务的质量而最终给各个经济单位带来负的外部性。也就是说，无管制的污染排放作为投入会通过两种方式作用于经济发展，一种是以自然环境面目发挥社会资本的作用，对经济发展影响为正，此时，污染的排放就类似于生态形式社会资本的投入使用；另一种则是因持续的环境资本消耗导致总的社会资本的下降，进而降低自然环境的质量，这时排放对发展可持续性的影响则是负面的。这种无管制排放对经济发展方式转变的最终影响取决于两种效应的相对变化。如果存在环境管制，那么减排也会消耗或占用本来用于生产好产出的某些投入，因而会相应降低期望产出的数量。当然，参数化生产函数的单一产出特性也要求我们把污染排放处理为投入要素。

## 第三节 纳入能源和环境的生产函数分析框架

本章分析的对象是1980—2006年期间中国工业38个分行业，工业分行业生产函数设定如下：

$$Y_{it} = f(K_{it}, L_{it}, E_{it}, C_{it}, t) \tag{3-1}$$

其中，下标 $i$ 代表工业分行业（$i = 1, 2, \cdots, 38$）；$t$ 为时间趋势变量（$t = 1, 2, \cdots, 27$），用来刻画技术进步。$Y$ 为工业总产值，$K, L, E, C$ 分别代表资本存量、劳动、能源消耗和 $CO_2$ 排放四个投入要素。

根据 Solow（1957）的经典方法，对（3-1）式两端同时微分并除以 $Y$，可以得到计算工业分行业全要素生产率（TFP）的索罗残差表达式

$$\dot{\mathrm{TFP}}_i = \dot{Y}_i - \alpha_{K_i}\dot{K}_i - \alpha_{L_i}\dot{L}_i - \alpha_{E_i}\dot{E}_i - \alpha_{C_i}\dot{C}_i \tag{3-2}$$

这里，我们通过在变量上标注上端点来表示该变量的增长率。$\alpha_K, \alpha_L, \alpha_E, \alpha_C$ 代表四种要素的产出弹性，在新古典假定下，这些产出弹性就等于各自的产出份额，全要素生产率的增长率 $\dot{\mathrm{TFP}}$ 则近似于技术进步率。公式（3-2）同时也可以用来进行本章所需的增长核算分析。对计算得到的工业分行业的生产率进行加权平均，可以求得工业全行业的全要素生产率，这比利用总量生产函数来求解更能够准确反映工业生产率变化的全貌，在此基础上，还可以进一步识别全行业生产率变化的源泉，找到驱动工业生产率变化的引擎。

为了估算出投入要素的产出弹性，生产函数（3-1）式将采用不施加强假定的更一般的参数化超越对数形式。一方面这是为了克服传统C-D生产函数希克斯技术中性假定的缺陷，另一方面也是为了获得随时期以及个体单位而变化的要素产出弹性系数。本章采用的超越对数生产函数具体设定为

$$\begin{aligned}\ln Y_{it} = {} & \beta_1 + \beta_i + \beta_t t + \frac{1}{2}\beta_{tt}t^2 + \sum_{j=1}^{4}\beta_j \ln X_{itj} \\ & + \frac{1}{2}\sum_{j=1}^{4}\sum_{k=1}^{4}\beta_{jk}\ln X_{itj}\ln X_{itk} + \sum_{j=1}^{4}\beta_{tj}t\ln X_{itj} + \varepsilon_{it}\end{aligned} \tag{3-3}$$

除了公式（3-1）已经定义的变量外，这里 $X$ 为四种投入要素的简化表示，下标 $j, k = 1, 2, 3, 4$ 分别对应资本、劳动、能耗和排放。$\beta$ 为要求估计的回归系数，其

中,$\beta_i$ 代表每个分行业的个体效应。$t\ln X$ 交互项的引入用来捕捉投入要素是否技术中性。

由于使用的是工业分行业投入产出的面板数据,在对模型(3-3)估计前,首先必须通过 $F$ 统计量检验个体效应是否存在;如果存在,还要通过 Hausman 设定检验来选择估计面板数据模型的方法(固定效应还是随机效应)。当然还有其他一些估计问题需要考虑,比如本章所使用的面板数据时期较长,可能导致自相关出现,分行业之间也可能存在异方差,但是我们认为时间趋势项和个体效应项的引入将会有效地吸纳随机干扰项中的这种自相关和异方差成分,对变量的自然对数转换也能减轻该类假定被违背的程度,因此,模型(3-3)的误差项 $\varepsilon$ 可以合理地认为是满足古典假定的。另外,超越对数生产函数估计普遍存在共线性,这是由于较多平方项和乘积项进入模型的原因,但是从估计量统计特性的角度看,共线性问题对估计的影响相对较轻,并不影响系数估计的无偏性和有效性,所以和大多数文献一样,本章也不校正共线性。

估计之后,就可以利用回归系数的估计量计算得到我们感兴趣的一些统计量。比如估算全要素生产率以及增长核算所需的投入要素的产出弹性就可以通过下式来计算:

$$\alpha_j = \frac{\partial \ln Y_{it}}{\partial \ln X_{itj}} = \beta_j + \sum_{k=1}^{4} \beta_{jk} \ln X_{itk} + \beta_{tj} t \tag{3-4}$$

另外一个我们感兴趣的统计量是技术进步的偏度。希克斯最初定义有偏的技术进步是基于传统的资本和劳动两投入的,在多投入下,该定义可以推广为任意两个投入边际技术替代率(rate of technological substitution, RTS)的相对变化率。通过代数推导和整理可知,它就等价于两个要素的产出弹性变化率之差。因此,希克斯意义上的要素 $j$ 和 $k$ 的技术进步偏度 $B_{jk}$ 定义为

$$B_{jk} = \frac{\partial}{\partial t}(\mathrm{RTS}_{jk})/\mathrm{RTS}_{jk} = \frac{\partial \alpha_j / \partial t}{\alpha_j} - \frac{\partial \alpha_k / \partial t}{\alpha_k} = B_j - B_k \tag{3-5}$$

正的 $B_{jk}$ 意味着技术进步是 $j$ 要素密集型的,负的 $B_{jk}$ 值代表技术进步类型是 $k$ 要素密集型的,$B_{jk}$ 为 0 意味着中性技术进步。该定义的计算量比较大,因为每种要素都要计算三次,因此,本章实际上采用简化的希克斯有偏技术定义,即

$$B_j = \frac{\partial \alpha_j / \partial t}{\alpha_j} = \frac{\beta_{tj}}{\alpha_j} \tag{3-6}$$

$B_j<0$、$B_j=0$ 和 $B_j>0$ 分别代表技术进步是 $j$ 要素节约型、中性和密集型的。希克斯中性技术进步要求所有的 $B_j$ 都要等于 0，否则技术进步就是有偏的。基于该定义，每种要素只要计算一次，更为方便。

最后，我们通过假设检验来验证模型(3-3)设定的合理性。首先对超越对数和 C-D 形式生产函数进行比较，零假设为 C-D 生产函数优于超越对数，即 $H_0:\beta_{jk}=\beta_{tj}=0$；其次检验技术进步是否存在，零假设为无技术进步，即 $H_0:\beta_t=\beta_{tt}=\beta_{tj}=0$；最后检验技术进步的类型，零假设为希克斯中性技术进步，即 $H_0:\beta_{tj}=0$。这里，$j,k=1,2,3,4$。如果面板数据模型是通过固定效应方法来估计的话，这三个零假设都可以通过一般 $F$ 检验来完成，因为固定效应方法本质上就是对组内转换的离差模型的混合最小二乘估计。

## 第四节　基于能源和环境的增长核算分析与有偏技术进步

本章工业分行业增长核算分析选取第二章所构造数据库中的工业总产值、由基本建设和更新改造新增固定资产所构造的资本存量、第 1 套职工人数、能源消耗和二氧化碳排放。产出指标使用包含了中间投入成本的工业总产值而非工业增加值是由于本章分行业增长方程包含了中间投入品性质的能源要素。为了检验不同能源消耗和碳排放水平对可持续发展的不同影响，仿照第二章第五节的分类方法，既根据 2004 年能源消耗由低到高的排序，也根据 2004 年二氧化碳排放由低到高的排序，把 38 个工业分行业分别分成了低能耗组和高能耗组①、低排放组和高排放组（每组 19 个工业分行业）。不同分组数据的描述性统计分析同样揭示，这里由高能耗和高排放定义的重化工业行业的资本投入、能耗和排放水平高、波动大，但是相应的产出增长却不高，这也意味着它们的全要素生产率水平可能要低于低能耗、低排放的轻工业行业，发展方式的粗放型色彩更为浓厚。

表 3-1 的估计结果显示本章所设定的中国工业分行业超越对数生产函数模型的表现良好。个体效应 $F$ 检验统计量高达 99.86，意味着应该使用面板数据模型而非混合最小二乘来进行估计。Hausman 设定检验的卡方统计量也十

---

① 第二章中称之为轻工业和重工业组。

分显著，支持使用固定效应（组内转换）估计方法。组内拟合优度和方差分析显示，该回归方程的总体显著性确实很高。由个别参数估计量的真实概率水平可知，21 个主要回归系数的估计量中只有两个在 10% 的显著性水平下不显著（未加粗），其他解释变量的说明能力都极强。复合误差项方差中个体效应的变化占到了 94%，也说明了工业分行业异质性的存在以及分行业面板数据分析的必要性。

### 一、增长核算分析

表 3-2 报告了中国工业分行业生产函数模型设定的假设检验结果。第一个假设检验的零假设是 C-D 生产函数形式优于超越对数生产函数设定，该假设在 1% 的显著性水平上被拒绝，意味着本章设定的中国工业分行业超越对数生产函数形式是合理的。第二个假设检验的零假设是不存在技术进步，显然该假设也被一般 F 检验所拒绝，显示改革开放后中国工业分行业的技术进步是存在的。表 3-3 报告了基于所估计超越对数生产函数计算的中国工业 38 个分行业改革开放期间增长核算和要素贡献的平均结果。这里，代理技术进步的全要素生产率增长率根据公式（3-2）计算而得，要素投入的贡献为要素增长率和所估计的该要素的产出弹性之积，它们与 TFP 增长率加总就等于总的工业总产值增长率，因此该表格隐含了技术进步和四种要素对产出的贡献份额，由此可以判断驱动中国工业增长的真实源泉，特别是本章所关心的能源消耗和二氧化碳排放的产出效应，以分析中国工业分行业的发展方式转变及其可持续发展问题。

**表 3-1 超越对数生产函数固定效应模型估计结果**

| 解释变量 | 系数 | 标准差 | 真实概率 $p$ 值 | 解释变量 | 系数 | 标准差 | 真实概率 $p$ 值 |
|---|---|---|---|---|---|---|---|
| 常数项 | 5.9396 | 0.6563 | 0.000 | $\ln L\ln C$ | −0.0805 | 0.0464 | 0.083 |
| $t$ | 0.1194 | 0.0171 | 0.000 | $\ln E\ln C$ | −0.3189 | 0.0677 | 0.000 |
| $(1/2)t2$ | 0.0059 | 0.0007 | 0.000 | $(1/2)\ln K2$ | 0.2496 | 0.0776 | 0.001 |
| $\ln K$ | −0.4119 | 0.1894 | 0.030 | $(1/2)\ln L2$ | 0.6614 | 0.0649 | 0.000 |
| $\ln L$ | −1.5114 | 0.1976 | 0.000 | $(1/2)\ln E2$ | 0.1216 | 0.1102 | 0.270 |
| $\ln E$ | −0.1755 | 0.2505 | 0.484 | $(1/2)\ln C2$ | 0.5029 | 0.0544 | 0.000 |
| $\ln C$ | 0.7409 | 0.1637 | 0.000 | $t\ln K$ | −0.0517 | 0.0052 | 0.000 |

（续表）

| 解释变量 | 系数 | 标准差 | 真实概率 p 值 | 解释变量 | 系数 | 标准差 | 真实概率 p 值 |
|---|---|---|---|---|---|---|---|
| $\ln K\ln L$ | -0.0930 | 0.0501 | 0.064 | $t\ln L$ | 0.0306 | 0.0042 | 0.000 |
| $\ln K\ln E$ | 0.5199 | 0.0734 | 0.000 | $t\ln E$ | -0.0312 | 0.0051 | 0.000 |
| $\ln K\ln C$ | -0.4378 | 0.0512 | 0.000 | $t\ln C$ | 0.0336 | 0.0042 | 0.000 |
| $\ln L\ln E$ | -0.1211 | 0.0661 | 0.067 | | | | |
| 个体效应标准差 | | 1.1360 | | 样本容量 | | | 1 026 |
| 随机干扰项标准差 | | 0.2762 | | 组数 | | | 38 |
| rho 值 | | 0.9442 | | 每组观察值数目 | | | 27 |

1. 拟合优度：组内 $R^2=0.9094$；总体显著性检验：$F(20\ 968)=485.96$，Prob > $F$ = 0.0000。
2. 个体效应检验（零假设：所有个体效应同时等于 0）：$F(37\ 968)=99.86$，Prob > $F$ = 0.0000。
3. 固定效应与随机效应模型设定的 Hausman 检验：Chi2（20）= 283.26，Prob > chi2 = 0.0000。

**表 3-2　中国工业分行业生产函数形式假设检验**

| 假设检验（零假设） | F 统计量 | 自由度 | 真实概率水平 |
|---|---|---|---|
| C-D 生产函数更优 | 38.7 | （14 967） | 0.0000 |
| 无技术进步 | 100.4 | （6 967） | 0.0000 |
| 技术进步存在，但是为希克斯中性 | 40.1 | （4 967） | 0.0000 |

表 3-3 显示了高新技术行业诸如计算机、电子与通信设备制造业、仪器仪表制造业、交通运输设备制造业和医药制造业，以及一些轻工行业比如化学纤维制造业、文教体育用品制造业和木材加工业的重要性，这些行业不仅平均产出增长快，而且由 TFP 所近似的技术进步率也很快。低增长的行业则几乎是一些高能耗和高碳排放为特征的重化工业行业，比如石油和天然气开采业、有色金属矿采选业、非金属矿采选业、木材及竹材采运业、水的生产及供应业、化学原料及化学制品制造业等，它们的产出增长低于平均水平，TFP 增长甚至为负。该表也凸显出工业增长的行业异质性和不同变化。比如，工业总产值增长率的分布从石油和天然气开采业的最低值 1.3% 到计算机、电子与通信设备制造业的最高值 30.7% 不等，同样，全要素生产率的增长率也广泛分布在石油和天然气开采业的 -8.6% 到化学纤维制造业的 14.6% 这一较宽区间内。虽然，这些差异很自然，因为不同行业生产的产品不一样，对各自产品的需求、面对的消费

者以及对技术演进的反应程度等状况都不一样,但是这也进一步说明了在分析工业增长源泉时使用分行业面板数据的必要性,仅仅基于总量生产函数将无法刻化出行业内不同变化趋势这种重大增长差异。

**表 3-3　中国工业分行业增长核算分析**

| 工业分行业 | 工业总产值增长率 | TFP增长率 | 要素投入的贡献 | | | |
|---|---|---|---|---|---|---|
| | | | 资本 | 劳动 | 能源 | 排放 |
| 煤炭采选 | 0.080 | 0.055 | 0.022 | -0.003 | 0.017 | -0.012 |
| 石油开采 | 0.013 | -0.086 | 0.100 | -0.023 | 0.055 | -0.032 |
| 黑色金属采选 | 0.141 | 0.029 | 0.070 | 0.007 | 0.052 | -0.016 |
| 有色金属采选 | 0.102 | 0.023 | 0.041 | 0.003 | 0.033 | 0.001 |
| 非金属矿采选 | 0.086 | 0.042 | 0.008 | 0.015 | 0.025 | -0.005 |
| 木材采运 | 0.033 | 0.036 | 0.009 | -0.010 | -0.003 | 0.001 |
| 农副加工 | 0.100 | 0.047 | 0.043 | 0.000 | 0.025 | -0.014 |
| 食品制造 | 0.104 | 0.081 | 0.014 | -0.003 | 0.011 | 0.001 |
| 饮料制造 | 0.127 | 0.085 | 0.029 | -0.006 | 0.022 | -0.003 |
| 烟草加工 | 0.116 | 0.074 | 0.025 | -0.013 | 0.020 | 0.010 |
| 纺织业 | 0.086 | 0.027 | 0.058 | -0.013 | 0.031 | -0.017 |
| 服装业 | 0.128 | 0.138 | -0.017 | 0.019 | -0.012 | 0.000 |
| 皮羽制品 | 0.131 | 0.121 | -0.011 | 0.010 | 0.002 | 0.008 |
| 木材加工 | 0.160 | 0.134 | 0.000 | 0.010 | 0.012 | 0.003 |
| 家具制造 | 0.138 | 0.137 | -0.019 | 0.013 | 0.002 | 0.006 |
| 造纸业 | 0.122 | 0.075 | 0.019 | 0.005 | 0.014 | 0.009 |
| 印刷业 | 0.118 | 0.046 | 0.016 | 0.001 | 0.044 | 0.010 |
| 文体用品 | 0.158 | 0.117 | 0.004 | 0.009 | 0.011 | 0.018 |
| 石油加工 | 0.065 | 0.087 | -0.042 | -0.018 | -0.024 | 0.062 |
| 化学原料及制品 | 0.110 | 0.035 | 0.064 | 0.001 | 0.031 | -0.022 |
| 医药制造 | 0.162 | 0.128 | 0.027 | -0.006 | 0.013 | 0.000 |
| 化纤制造 | 0.185 | 0.146 | 0.022 | -0.015 | 0.026 | 0.005 |
| 橡胶制品 | 0.113 | 0.083 | 0.012 | 0.002 | 0.012 | 0.003 |
| 塑料制品 | 0.154 | 0.089 | 0.039 | 0.003 | 0.040 | -0.019 |
| 非金属制品 | 0.109 | 0.068 | 0.037 | -0.001 | 0.023 | -0.018 |
| 黑色金属加工 | 0.112 | 0.033 | 0.063 | -0.001 | 0.048 | -0.030 |
| 有色金属加工 | 0.123 | 0.041 | 0.058 | -0.005 | 0.069 | -0.041 |

（续表）

| 工业分行业 | 工业总产值增长率 | TFP增长率 | 要素投入的贡献 | | | |
|---|---|---|---|---|---|---|
| | | | 资本 | 劳动 | 能源 | 排放 |
| 金属制品 | 0.124 | 0.051 | 0.045 | -0.005 | 0.038 | -0.005 |
| 通用设备制造 | 0.109 | 0.044 | 0.030 | -0.015 | 0.027 | 0.022 |
| 专用设备制造 | 0.113 | 0.081 | 0.020 | -0.011 | 0.024 | -0.001 |
| 交通设备制造 | 0.177 | 0.110 | 0.031 | 0.000 | 0.039 | -0.003 |
| 电气机械制造 | 0.167 | 0.072 | 0.031 | 0.002 | 0.050 | 0.012 |
| 计算机通信设备 | 0.307 | 0.122 | 0.060 | 0.021 | 0.125 | -0.022 |
| 仪器仪表制造 | 0.169 | 0.115 | 0.019 | 0.001 | 0.027 | 0.009 |
| 电力生产供应 | 0.133 | 0.086 | 0.008 | -0.016 | 0.053 | 0.002 |
| 燃气生产供应 | 0.077 | 0.117 | -0.030 | -0.048 | 0.008 | 0.030 |
| 水的生产供应 | 0.071 | -0.064 | 0.170 | -0.027 | 0.098 | -0.107 |
| 其他工业 | 0.145 | 0.069 | 0.047 | 0.015 | 0.010 | 0.003 |

按照本节一开始的组别分类，可以看出低能耗组和低排放组工业增长的第一驱动力基本上都是全要素生产率，经济发展方式转变的特征明显，但是劳动的贡献份额没有预期的高；而高能耗组和高排放组增长的第一驱动引擎并不总是全要素生产率，资本和能耗的贡献份额也很高，仍然较多维持传统的发展方式，且碳排放在高能耗组和高排放组总体上也表现为增长的最大阻力。

下面以具体行业统计来进行分析：主要由资本、其次能源而非生产率驱动的行业为石油和天然气开采业、水的生产和供应业、黑色和有色金属矿采选业、黑色金属冶炼及压延加工业和纺织业，这是典型的还在维持要素扩张型传统增长模式的行业；化学原料及化学制品制造业的第一增长引擎也是资本，也没有逃脱资本驱动的增长模式，不过生产率排位第二，能源排位第三；以能源作为第一增长源泉或者说以能源驱动增长的行业是计算机、电子与通信设备制造业和有色金属冶炼及压延加工业，其中前一个行业技术进步率为第二增长源泉，资本排位第三，后一个行业则资本排位第二，技术进步排位第三。上面列示的是为数不多的不以生产率作为第一增长动力的展示传统增长模式特征的行业，其中石油和天然气开采业和水的生产和供应业是仅有的 TFP 增长率为负的两个行业，它们的粗放型增长特征也最为明显，其中，前一个行业生产率作用最低，后一个行业生产率贡献也仅高于排放。碳排放在生产率之后在其他要素之前发挥增长促进作用的只有两个行业,即石油加工及炼焦业和燃气的生产和供应业,这是合理的,这两个行业的生产过程离不开高排放。而劳动要素发挥仅次于技术进步作用的行业有三个,为劳动密集型的服装业、皮羽制造业和家具制造业,发挥第三位增长推动作用的行业仅有石油和天然气开采业、非金属矿采选业、石油加工及炼焦业和木材加工业,这些也与预期相符。有6个行业的资本贡献份额最低,即服装业、皮羽制品业、家具制造业、木材加工业、文教体育用品制造业和石油加工及炼焦业,但是它们的技术进步作用都是最大的,劳动和排放的影响次之,能源要素的作用也不大。石油和天然气开采业、有色金属矿采选业和水的生产和供应业等虽然资本和能源的增长贡献很高,但是由于较低甚至负的劳动和排放贡献,特别是技术进步率极低甚或为负,因而导致低增长,发展方式依然没有得到有效转变。高增长的计算机、电子与通信设备制造业和交通运输设备制造业等行业对资本的需求不是太高,能够吸纳一定的劳动力,虽然能源作用较大,污染排放的影响为负,但是单位增加值能耗很低,技术水平很高,经济成长很快,这对未来走中国特色新型工业化道路以及加快转变工业发展方式非常富有启发意义。

浏览表3-3的增长核算结果也会发现,38个工业分行业中绝大多数行业的全要素生产率以及能源和资本要素的增长效应是正的(分别达到36个、35个和33个分行业之多),而劳动和$CO_2$排放的产出影响很多为负,表现出增长阻碍力的作用(分别有19个和18个分行业中劳动和排放对增长的影响为负,而且其中大多数为重化工业行业)。再结合上述行业分组以及分具体行业增长贡献的统计分析,38个工业分行业中有29个行业以全要素生产率作为第一增长引擎,意味着发展方式已经实现了有效转变(有2个和5个行业分列第二和第三),有7个行业以资本要素作为第一增长驱动力,表现为投资驱动型增长模式(作为第二和第三驱动因子的行业则分别有13和10个,不过也有6个行业的资本表现最差),有两个行业以能源消费作为第一增长因子,属于典型的能源驱动型增长(排到第二和第三位的行业也分别有17个和13个之多,而且没有能源表现最糟糕的行业)。而劳动和二氧化碳排放的增长贡献在诸多因子中表现最差,其中有15个行业劳动的贡献份额最低(14个倒数第二),有16个行业污染排放的增长贡献也最差(15个行业倒数第二)。由此我们完全可以回答本章提出的第一个问题,即改革开放以来中国工业的全要素生产率确实得到了显著的改善，大多数行业中技术进步发挥着第一增长引擎的作用，这也说明了中国工业的发展方式从总体上来看已经由 1978 年前的粗放型转变成现在以质量提高为特征的集约型，这里的结论显然与 Krugman（1994）和 Young（1995）不同。从投入要素的增长贡献来看，能源消费和资本存量是仅次于技术进步的推动中国工业增长的源泉，而劳动要素和 $CO_2$ 排放只在少数行业发挥增长促进作用，总体上它们对中国工业增长的影响力不大，甚至在很多行业阻碍了经济增长。但在少数以高能耗和高碳排放为特征的行业（以重化工业行业为主），能源或资本要素的增长贡献甚至超过了技术进步，需要进一步加快转变其发展方式，而高碳排放对工业成长的影响仍然还是负面的。

## 二、全要素生产率与技术进步

正如表 3-2 第二个假设检验所指出的，改革开放期间中国工业的技术进步确实存在，表 3-3 基于能源和环境制约的增长核算给出了近似技术进步的各个行业全要素生产率的平均增长率。根据第三节方法论中介绍的方法并利用分行业工业总产值占全行业的份额作为权重，把这些增长率加权平均，我们求得中国工业全行业 1980—2006 年期间 TFP 的平均增长率为 6.36%，这比文献中通常利用总量生产函数估算的结果要高一些。我们认为本章根据各个行业技术进步具体特征估算的数值更可靠，因为它充分考虑了行业增长的异质性，既涵盖了对生产率影响为正和为负的行业，同时又考虑了各自的规模大小因素，这也是本章使用分行业面板数据和分行业生产函数进行分析的目的所在。技术进步无疑是判断工业发展方式是否转变的重要指标，为了进一步识别隐含在中国工业全行业技术进步背后的源泉，图 3-3 按照由低到高的顺序绘制出改革开放期间各个分行业对全行业 TFP 增长的平均贡献份额，即各行业 TFP 增长率与其工业总产值份额乘积的年平均值，以水平柱形的长度表示。

图 3-3 揭示出了各个行业对工业全行业 TFP 增长贡献份额的巨大差异，这些差异是由分行业 TFP 增长及其工业总产值份额两个因素综合影响所致。比如，化学纤维制造业虽然拥有最快的 TFP 年均增长率 14.6%，但是由于其产出份额较低，因此，该行业对全行业 TFP 增长的最终贡献实际上并不大，只贡献了 0.17 个百分点，排在居中的第 22 位。相反，通用设备制造业、非金属矿物制品业和电气机械及器材制造业虽然 TFP 的增长率不是很高，只有低于平均水平的

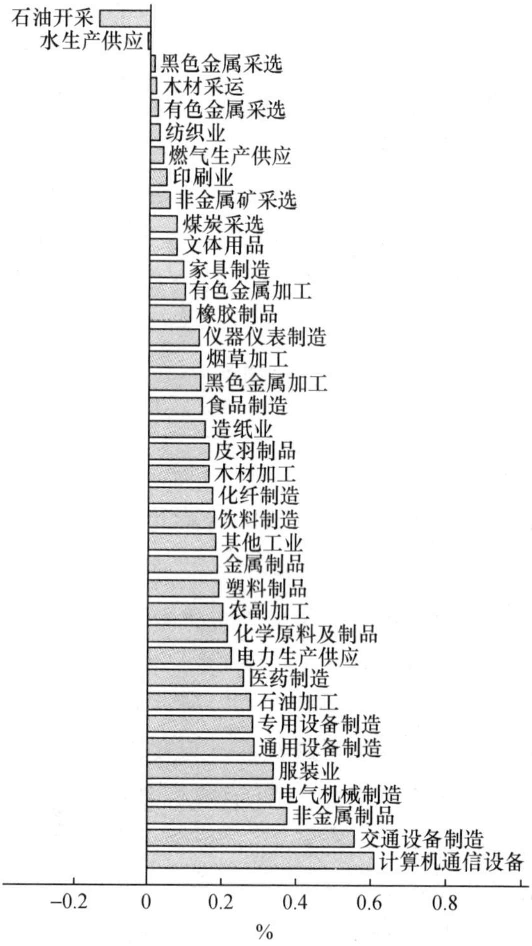


**图 3-3　中国工业全行业 TFP 增长的分行业贡献**

4—7 个百分点，但是它们对全行业全要素生产率增长的贡献却排在前 6 位，这自然是其行业规模很大的缘故。具有负的 TFP 增长率的行业对总量全要素生产率的贡献自然也为负。本章只有石油和天然气开采业与水的生产与供应业两个行业的生产率平均增长为负数，分别为 -8.6% 和 -6.4%，它们也就成为了全行业全要素生产率提高的最大拖累，分别落后全行业平均 TFP 增长率 14.97 和 12.73 个百分点。表 3-3 中的增长核算已经表明，较快的全要素生产率增长是驱动中国工业发展方式转变的重要源泉，而图 3-3 更进一步揭示了对中国工业全要素生产率增长作出最大贡献的主要是计算机、电子与通信设备制造业与交通运输设备制造业等高新技术行业，特别是计算机、电子与通信设备制造业，不仅产出增长率在所有分行业中最快，而且在改革开放期间对工业技术进步的贡献也最大。江泽民（2008b）已经指出，以计算机互联网为代表的信息技术产业是科技创新的前沿领域和可持续发展的重要促进力量，引发了全球第三次工业革命，也已经成为新时期中国经济增长的重要引擎，未来中国应当进一步发挥单位增加值能耗极低的信息技术产业的经济增长倍增器、发展方式转换器和产业升级助推器作用，以信息化带动工业化，有力促进经济的可持续发展。从图 3-3 还可以看出以高能耗和高排放为特征的石油和天然气开采业、水的生产和供应业、黑色和有色金属矿采选业和木材及竹材采运业等重化工业行业对中国工业全要素生产率增长的贡献最低。因此，引进节能减排技术，用高新技术改造这些传统行业，提高能源和资本的配置和利用效率，彻底改变这些行业高能耗、高污染、高投资、低效率的状况是中国未来新型工业化道路的必由之路。

表 3-3 和图 3-3 侧重于表现工业分行业可持续发展的异质性，忽略了其时变特征，作为补充，图 3-4 绘制出中国工业全行业以及分组别累积全要素生产率水平在整个改革开放期间的变化趋势图（以 1980 年为 1）。高低能耗和排放组别的区分旨在提炼行业异质性的时变模式。该图显示，两个组别的变化模式总体趋势相似，即无论能耗和碳排放水平高低，中国工业的全要素生产率水平确实经历着一个持续且实实在在的提高过程，而且大体上看可以分为四个阶段，即 20 世纪 80 年代的缓慢改善、90 年代中前期的快速提高、20 世纪末至 21 世纪初的增速放缓甚或停滞、2003 年后的再次大幅上升过程。由全要素生产率所近似的技术进步的这个模式与现有文献对中国全要素生产率变化的研究结论比较一致，而且 2003 年前后全要素生产率水平的不同变化表现与现实也能够对应起来，这似乎说明对高能耗、高污染行业的整治在短期可能会降低工业的技术进步水平，但是长期而言对全要素生产率和技术进步的影响却是积极的。近几年工业再次重型化的影响尚需时日才能看出，尽管高能耗组全要素生产率增长再次放缓（图 3-4（a）），但是高排放组全要素生产率增长依然强劲（图 3-4（b））。这样一个技术进步的四阶段变化模式恰恰反映出中国工业发展方式的渐近转变过程，中国工业的可持续发展能力事实上是在不断增强的，虽然不同时期提高程度并不一样。然而，能源消耗和二氧化碳排放水平对全要素生

产率改善的影响还是不同的。正如图 3-4 所展示的，虽然都有持续提高，但是高能耗组和高排放组全要素生产率水平的改善始终低于低水平组，而且从能耗组别可见这种差距还在不断扩大。这进一步强化了图 3-3 的结论，要加快转变经济发展方式，进一步提高中国工业的可持续发展能力，必须大力提高能耗和排放水平高的行业的技术进步水平，不断缩短它们与高新技术行业的生产率差距。

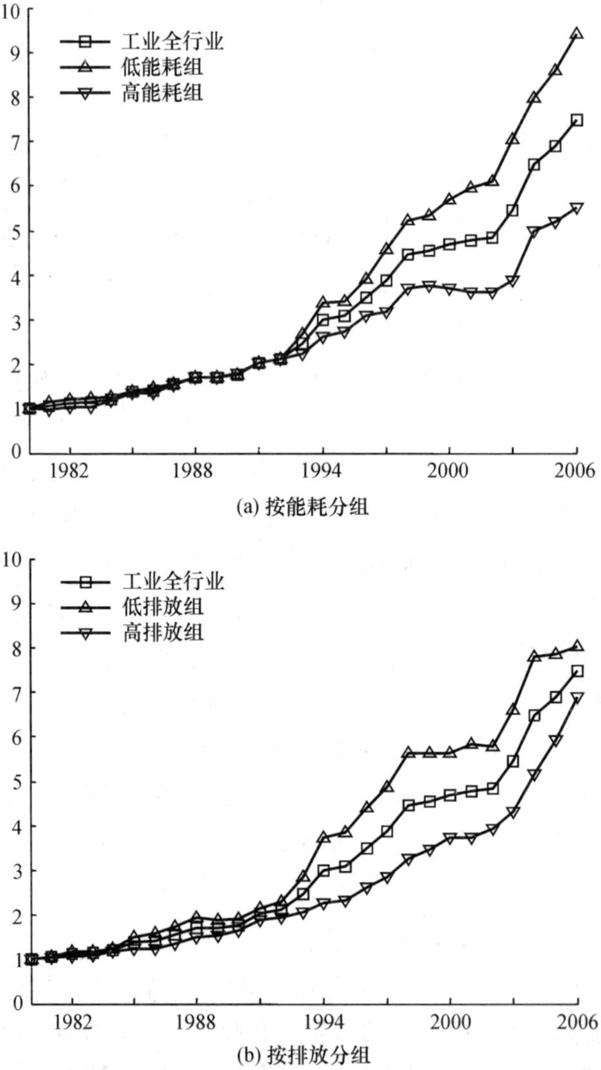


**图 3-4　中国工业全行业以及分组别 TFP 水平变化趋势图(1980—2006 年)**

表3-2最后一个假设检验显著拒绝技术进步为希克斯中性的零假设，这与许多文献认为中国的技术进步类型是希克斯中性的不同。图3-5绘制出本章所估算的中国工业四种投入要素有偏技术进步在改革开放期间的路径变化图，该图侧重于识别技术的有偏改变在高低能耗和排放组别的差异。图3-5也确证了表3-2假设检验的结论，即中国工业的技术进步路径是有偏的，因为不可能所有投入要素都表现为中性技术进步，也就不能得出中国工业整体技术进步是希克斯中性的结论。为了清楚地进行比较，该图所有序列都经过了两次五年移动平均平滑处理。不妨以低能耗组（图3-5(a)）和低排放组（图3-5(c)）作为轻工业的代理，而以高能耗组（图3-5(b)）和高排放组（图3-5(d)）代表重化工业行业，可以看出两个组别有偏技术变化总体上比较相似。具体而言，能源缺乏和排放较低的轻工行业在1994年以前发展的还是能源追求型技术，此后才转变成更合理的能源节约型技术进步类型，而重化工业行业的技术进步类型在20世纪后20年反而是能源节约型的，20世纪末、21世纪初经过轻微扩张或中性能源技术的改变后依然保持了能源节约型技术进步的趋势。这种节能型技术进步显然有利于中国工业特别是重化工业发展方式的质量型转变。中国工业在20世纪90年代基本上都采用过污染扩张型技术，所喜的是，20世纪末、21世纪初以来已经逐步转变成中性或者减排型技术进步，特别是轻工行业。最近一两年重化工业行业又出现了污染扩张型技术改变的势头，虽然这种趋势还有待进一步观察，这应该与工业再次重型化相关，也意味着减排努力仍然任重道远。与常识有所不同，资本相对富裕的重化工业行业在改革开放期间其实并非是资本挥霍型的，至少在技术层面是这样，而且这种资本节约型技术在20世纪90年代还持续提高，只是到了最近一两年才出现资本挥霍型的技术进步，这与重工业排放要素比较相似。而轻工行业在20世纪80年代末就曾出现过资本密集型技术进步，此后有所减缓，但是在21世纪初这种扩张型资本技术进步又再度出现，而且势头比重工业行业还早还猛。资本要素的技术进步趋势与可持续发展似乎背道而驰，硬化投资约束，提高资本使用效率，发展资本节约型技术才是工业发展方式转变的方向所在。重化工业行业的技术进步一直是劳动要素排斥型的，在90年代中前期达到极致，但是现今的发展趋势显示重工业行业劳动使用型技术进步开始出现，这是有利于可持续发展的变化。而轻工业行业所发展的也一直是劳动节约型技术，20世纪末以来有所好转，对劳动的排斥力

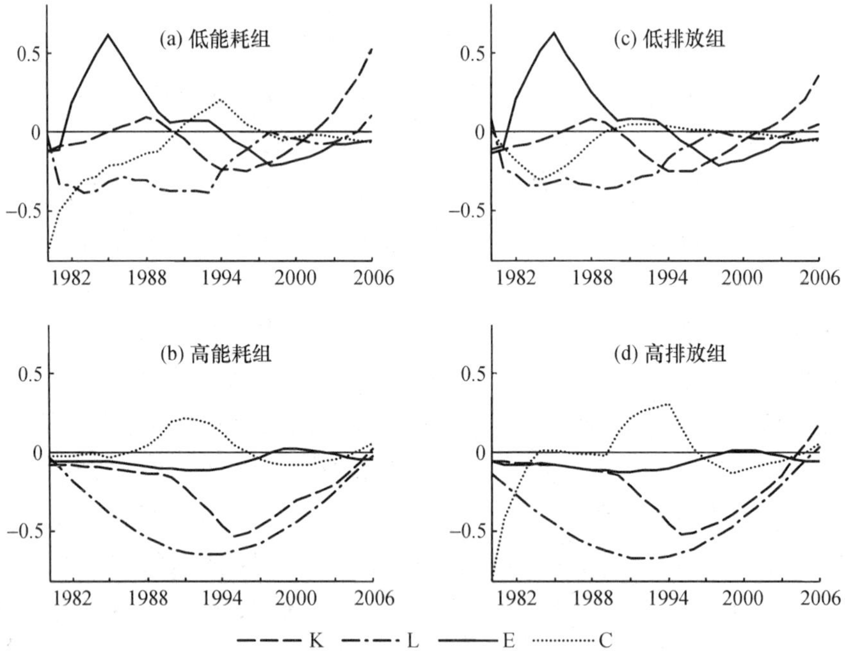


**图 3-5 有偏的技术进步路径(1980—2006 年)**

度减弱,但是从来都没有出现过劳动推动型的技术进步,尽管很多轻工行业一直被认为是劳动密集型的。中国工业要增加就业能力的话,最终还得取决于劳动要素的技术进步类型。正如林毅夫(2004)根据比较优势理论所指出,中国经济要保持可持续发展必须大力发展劳动密集型技术以及重化工业行业中的劳动密集型成分。如果把四种要素投入综合起来分析,轻工行业的技术进步在 20 世纪 90 年代中前期以前主要是能源促进型和劳动节约型的,近年则转变成资本使用型和能源节约型。重化工业行业在 1996 年以前一直为污染密集型技术所主导,1997—2003 年转变成能源扩张型技术占先,最近似乎又出现了污染或资本扩张型技术的抬头,而且一直以来技术改变路径都是资本在挤压劳动,可见,中国重化工业行业始终表现出高投资、高能耗和高排放的粗放型发展特征也就不足为怪了。虽然增长核算表明技术进步从总体上已经成为中国工业发展的主要动力,但是,中国工业特别是重工业行业的技术进步路径离理想的能源、排放和资本节约型、劳动要素推动型技术进步模式还相差甚远,后者应该成为进一步转变中国工业发展方式、提高中国工业可持续发展能力的技术进步指南。至此，本章提出的两个问题都有了答案。

## 第五节　转变工业发展方式空间巨大

本章主要讨论了以高能耗和高排放为特征的中国工业的发展方式转变和发展可持续性问题。由次贷危机所引发的全球金融海啸带给我们的深刻教训之一就是要首先保持实体经济（包括工业和农业）的健康持续发展，消除影响其发展的结构性矛盾和主要制约因素，这样才能有效化解虚拟经济中的泡沫成分，为经济成长提供一个坚实可靠的基础。而中国工业反哺农业、城市带动农村时代能否真正来临也是以工业的可持续发展为前提的。本章利用分行业超越对数生产函数估算出中国工业基于能耗和排放约束的全要素生产率，通过增长核算来分析能源消耗和二氧化碳排放对中国工业增长方式转变的影响。

本章的基本结论及隐含的政策含义总结如下：

（1）中国工业总体上或者说大多数分行业的发展方式已经实现了集约型转变，在整个改革开放期间取得了实实在在的技术进步，全要素生产率已经成为驱动工业高增长的第一动力。但是对中国工业全行业全要素生产率提高作出主要贡献的是以计算机、电子与通信设备制造业为代表的高新技术行业，而以高能耗和高排放为特征的重化工业行业虽然总体上也取得了技术进步，但是要低于全国平均水平，少数重化工业行业还处于要素投入推动的粗放型增长阶段，甚至成为工业整体生产率进步的拖累。因此要实现未来工业发展方式的根本转变，必须始终坚持“科学技术是第一生产力”的方针，大力发展单位增加值能耗和排放低的信息技术产业和高新技术行业，切实提高落后重工业行业的技术进步水平，把增长方式完完全全转到以技术进步作为第一驱动力的可持续发展轨道上来。需要注意的是，这里得出的大部分行业发展方式已经转变的乐观结论与使用的分析方法相关，第五章将就此主题进行更深入的分析。

（2）尽管中国工业的技术进步明显，而且也成为了大部分工业行业增长的首要源泉，但是本章研究发现中国工业实际的技术进步路径与理想的符合中国国情的能源、排放、资本节约型和劳动推动型技术进步类型还有很大差距，中国工业转变发展方式的空间依然巨大。未来应该通过持续的科技创新，提高能源利用效率，加速清洁能源替代，积极开发或引进节能减排技术，同时不断提高资本的配置和利用效率，进一步开发能够有效吸纳劳动力的劳动要素推动型技术，走出一条更科学更合理的可持续性技术进步道路，真正实现中国工业的生产力革命，实现中国工业发展方式向可持续性方向的根本转变。

（3）从投入要素的增长贡献来看，能源和资本是工业增长的主要引擎，劳动和排放的贡献份额较低，甚至会阻碍工业增长。可持续发展的第一要务还是发展，保持经济的高增长在可见的将来仍将是宏观经济政策的主要目标，因此对中国工业增长有着重要推动作用的能源消费在未来依然会十分巨大。然而过犹不及，能耗水平太高了也会直接损害增长的可持续性，同时还会通过污染间接影响经济成长。江泽民（2008a）已经指出，能源消费在中国工业化中期仍然会快速增长，经济社会的持续快速发展离不开有力的能源保障，中国迫切需要走出一条中国特色新型能源发展道路，坚持节约高效、多元发展、清洁环保、科技先行、国际合作，努力建设一个利用效率高、技术水平先进、污染排放低、生态环境影响小、供给稳定安全的能源生产流通消费体系。

上述结论隐含的政策含义是：在人均资源禀赋贫乏和生态环境不断恶化的情况下，节能减排虽然已经成为中国工业转变发展方式实现可持续发展的内在要求，但是同时也需要政府积极制定相应的绿色生态财税政策和必要的法律法规来保障执行。比如对不可再生能源征收资源税，提高资源使用成本，使能源价格能够真正反映资源的稀缺程度；对排污收费或征收污染税（碳税、硫税等），促使污染外部成本内在化，克服环境污染公共性导致的定价难以及生产者污染成本的社会转嫁等问题；对新型能源给予税收优惠和财政补贴等，以激励生产者自觉调节经济行为，把稀缺资源合理配置到高新技术行业为代表的轻工业和重工业中节能减排技术先进的行业中，最终实行经济发展方式的根本转变，推动中国工业又好又快地向前发展。

# 第四章

# 结构调整与中国经济发展方式转变：文献综述

## 第一节 结构改革为什么重要?

钱纳里等(1986)曾经指出，发展就是经济结构的成功转型。可见，经济结构的调整是实现长期可持续发展的根本途径，最终经济发展水平的高低就体现为结构水平的高低。刘国光和李京文(2001)也指出，产业结构的变化有助于经济发展方式的转变。陈佳贵等(2006)曾基于经典工业化理论，用产业结构、工业结构、就业结构、空间结构等诸多结构指标来评价我国的工业化水平。[①] 即使像美国这样的经济发达国家，在金融危机的冲击下，也把经济刺激投资主要用于结构调整，把技术产业的升级锁定在新能源和环保等领域，试图以此来转变美国经济的未来增长模式，打造奥巴马总统所说的经济增长的“岩上之屋”。而对中国而言，结构调整更为紧迫，其对经济发展方式转变的意义也更为重大。

正如前述，长期以来中国经济一直被认为是典型的粗放型发展方式，比如高投资、高能耗、高排放、低效益以及高增长伴随着高波动性等，这是根植在诸如城乡经济、地区经济、三次产业、轻重工业、投资和消费、内外需等经济结构的

---

① 陈佳贵和黄群慧(2003)在更早的研究中已经就工业结构调整和工业化水平之间的关系做过很精彩的描述，即工业总体上是否实现了由三次产业结构调整引起的高速增长到长期稳定增长的转变，是工业完成数量扩张转向质量提高的必然体现，是一个国家是否实现工业现代化的基础性标志。而在工业化过程中，工业内部结构会依次出现重工业化、高加工度化和技术集约化三种阶段，反映了工业结构从劳动密集型向资本密集型、进而向技术密集型逐步升级的过程，因此，工业的高加工度化和技术集约化构成了工业结构的高级化内涵，这是一个国家工业现代化实现的核心标志。

长期失衡基础之上的。改革开放后，中国改变了重工业优先发展的追赶型发展战略，三次产业、轻重工业、内外资企业等结构得到了更均衡的调整，国有企业的产权改革卓有成效，经济增长也更为平稳。但是以短期增长为目标的冲动依然阻碍着经济结构的根本调整，比如我国错失了1998年亚洲金融危机所带来的经济结构调整机会，由于外需旺盛，以高投资和高出口为主要特征的增长模式反而得到强化。2001年以来中国工业显现再次重型化的增长方式，虽然工业取得了两位数左右的高增长，但是工业能耗和二氧化碳排放也一反前几年下降或停滞的趋势转而剧烈上升，目前中国已经成为世界上第一大煤炭消费国和二氧化碳排放国。为此，中央对工业乃至经济发展进行了反思和调整，实现发展方式由粗放型向集约型转变已经成为政策界和学术界的共识。[①] 十六大首次提出走中国特色新型工业化道路和可持续发展的战略；十七大正式提出科学发展观的思想和促进国民经济又好又快发展的要求；在2008年金融危机开始肆掠的情况下，中央又提出了保增长、扩内需、调结构的政策目标。可见，中央政府已经清醒地认识到结构调整是促进发展方式转变的有力的、也是为数不多的政策平台之一，正在下决心利用好这一次金融危机给我们提供的结构调整契机，只有这样，才能从根本上解决由结构失衡所引起的中国经济社会发展的深层次矛盾，否则即使取得短期的增长，从长期来看还是不可持续的，甚至是得不偿失的（陈诗一，2010b）。结构调整越往后拖，成本会越大，各种矛盾将积重难返，届时整个社会和经济都将难以承受，又何谈什么发展方式转变呢？蔡昉等（2009）最新的研究也指出金融危机对中国的冲击与各地区、各产业乃至企业本身存在的结构问题紧密相关，因此，为摆脱危机并实现经济持续增长，关键在于改变过时的产业结构和增长方式，塑造新的发展模式。所以，走出金融危机、开始新一轮经济复苏的“十二五”期间将是我国实施结构调整、全面推进经济转型的战略机遇期，这是一项几十年来一直没做好因而特别需要决心和勇气来完成的艰巨任务。事实上，党的十七届五中全会在审议“十二五”规划建议时已经明确要求以科学发展为主题、以加快转变经济发展方式为主线，并提出了五条明确路径，

---

① 学术界和政策界的主流观点是，我国目前的经济发展方式是粗放型的，技术进步贡献率低以及资源配置效率低等。我国经济发展方式转换的目标就是实现从粗放型到集约型的转化，而达到该目标的主要途径为经济体制改革、产业结构转换、技术进步、政府职能转换、发展循环经济和节能减排、人力资源开发，等等（郭金龙，2000；刘国光和李京文，2001；吴敬琏，2006a；陈诗一，2010f）。

其中第一条就是坚持把经济结构战略性调整作为加快转变经济发展方式的主攻方向。

本章将从经济文献的角度来认识学术界对结构调整与经济发展方式转变之间关系的最新研究成果,并以中国经济的主要增长引擎——工业为例[①],来分析结构改革是如何通过要素重置来推动中国工业的全要素生产率进步和发展方式转变的。特别要提出的是,本章将在传统的资本和劳动投入要素的基础上,引入能源和环境要素来进行结构调整分析。总体来说,通过引入能源和环境要素,本章试图通过实证分析来较为准确地回答这样两个问题:中国工业目前发展方式转变处于何阶段?如何实现中国工业发展方式的转变?本章的结构安排如下:第二节将综述研究结构调整与经济发展之间关系的各种最新文献,试图勾勒出该领域的研究脉络;第三节将讨论传统文献是如何量化经济发展中的结构变化效应的,并重点介绍本章纳入能源和环境要素的结构效应度量方法;第四节则讨论所度量的结构效应变化模式,并回归分析中国工业已有的结构调整是如何影响要素重置的生产率效应并进而影响中国工业发展方式转变的;第五节为总结性评注。

## 第二节　结构调整与经济发展文献导读

### 一、结构调整与可持续增长和发展方式转变

经济结构调整指在经济增长过程中,生产要素在经济各部门之间重新配置以及经济各部门的产值比重发生变化。最初的研究主要针对劳动要素,把劳动力随着经济增长从农业部门流入工业和服务业部门的现象称为结构变化,也称之为 Kuznets 事实(Clark,1940;Kuznets,1957,1973;Chenery,1960)。[②] 结构调整是经济增长重要源泉的假说可以追溯到 Lewis(1954)关于二元经济的古典模型,它同时也是 Maddison(1987)增长核算文献的核心观点。Chenery *et al.*

---

① 钱纳里(1986)直接将工业化定义为现代经济增长。刘世锦(2006)也认为,增长模式的形成,在中国现阶段就是工业化道路的选择过程。可见,中国经济发展方式转变的主要载体就是工业部门,这也是本章选择以工业为例来展开分析的部分原因。

② Kuznets(1979)曾经指出,"没有各种要素在不同经济部门之间的充分流动,获得人均产出的高增长率是不可能的。"

(1986)和 Syrquin(1995)在经济增长和发展经济学理论研究中广泛使用了结构变化和要素重置这个概念,并指出它们是增长长期表现的关键因素。而 Lucas(1993)和 Verspagen(1993)分别从供给面和需求面提出的工业发展模型中也都强调了结构变化对生产率提高的重要影响。Harberge(1998)形象地将经济增长描述为两种过程:一种称为蘑菇效应,指要素不断地从低生产率行业配置到高生产率行业所导致的行业结构调整和发展消长差异;另一种称为酵母过程,意指所有行业受相同的宏观经济基本面因素影响而表现出的共同发展态势。陈晓光和龚六堂(2005)以及陈体标(2008)从三次产业结构变化和城乡劳动力转移的角度解释了非线性的驼峰形经济事实:发达国家已经完成了激烈的经济结构变化,经济增长已经放缓;中等收入国家正在经历着激烈的经济结构转变,因而有较高的增长率;低收入国家工业革命还未发生,经济结构变化还处于初期,因此有较低的增长率。很多实证研究发现结构变化和要素重置对增长有显著正的影响(Nelson and Pack, 1999; Berthelemy, 2001; Akkemik, 2005; Calderon *et al.*, 2007)。另一些研究则发现这种影响不存在或很小(Timmer and Szirmai, 2000; Caselli, 2005)。其中,Timmer and Szirmai (2000)在解释亚洲四小龙制造业结构调整对生产率增长影响的时候,将这种正向影响称为结构红利假说(structural bonus hypothesis),这一术语此后被广泛使用。①

具体到中国案例的研究,刘霞辉等(2008)这样描述:与中国增长奇迹相伴的是经济结构的剧烈变动,其突出特征是从一个传统的农业国不断演化为工业国,由计划经济为主演化为市场经济国家,而结构的变迁正是改革开放的硕果。不少学者从三次产业的角度研究了中国结构调整对增长和生产率的影响(Fan *et al.*, 2003; Bhaumik and Estrin, 2007; Bosworth and Collins, 2008; Gong and Lin, 2008; 王泽填和姚洋,2009)。但是,很多经济学家相信,在工业内部也存在着要素流动的制约和结构调整的必要性,工业不同行业的结构调整和要素重置可以推动工业全行业的生产率提高和工业增长。比如,郭克莎(2004)指出,加入 WTO 后中国工业发展战略的调整应以产业结构战略为中心和依据,继续加快以技术密集型产业比重上升为特征的工业结构升级,是产业结构战略的基本取向。林毅夫和刘明兴(2004)指出,改革后中国之所以在工业化方面取得了

① Peneder (2003)将该项为负的情况称为结构负担假说(structural burden hypothesis)。

举世瞩目的成绩,根本原因在于政府逐步放弃了传统的重工业优先的赶超战略,而按照自身的比较优势来选择技术结构和产业结构。王德文等(2004)的研究发现,改革开放后随着资本密集型重工业部门比重不断下降和劳动力密集型轻工业部门迅速增长,中国工业结构越来越符合我国的资源状况和要素禀赋,劳动力成本低廉的比较优势得到不断发挥。武力和温锐(2006)把新中国成立后的工业化进程按轻重关系分为三个阶段:1949—1978 年的求强阶段,轻重关系表现为"重重轻轻";1979—1997 年的求富阶段,轻重关系表现为轻重同步发展;1998—2005 年探索新型工业化道路阶段,工业化的轻重关系表现为通过结构调整寻找新的经济增长点,以实现可持续发展。江泽民(2008b)把计算机互联网为代表的信息技术产业作为科技创新的前沿领域和可持续发展的重要促进力量,未来中国应当进一步发挥信息技术产业经济增长倍增器、发展方式转换器和产业结构升级助推器的作用。还有的研究从不同效率企业的退出和进入这种企业重组的角度来讨论结构演化对生产率的推动作用(Jefferson *et al.*, 2008; 李玉红等,2008)。

## 二、引入能源和环境要素的结构调整与发展方式转变分析

然而,上一小节有关结构调整、发展方式转变和可持续发展的研究主要基于传统的资本和劳动要素来进行分析,很少考虑资源和环境因素,忽略了能源和污染对增长的影响,这背离了可持续发展概念恰恰是由对能源和环境问题的担忧所催生这样一个现实。正如第三章所述,可持续发展思想是在 20 世纪 70 年代以来能源危机和环境灾害频发基础上发展起来的,目前,人们越来越认识到能源和环境问题对经济发展的重要性,相关研究文献也开始大量涌现。比如,Jung *et al.* (2000) 研究了结构转移与气候改变和可持续发展的关系,这里的结构改变包括自然禀赋结构、土地和人口构成、经济和产业结构,等等。Brock and Talor(2005)认为通过结构升级,从稀缺资源消耗型产业转移出来,提高生产过程和节能减排过程中的技术进步,同时增加人均收入可以达到可持续发展。Murillo-Zamorano (2005)为了测度能源和环境在经济增长分析中的重要性,分别基于传统投入要素(资本和劳动)以及纳入了能源(和环境)的多投入要素构造了受限模型和完全生产函数模型,广义似然比检验显示能源(和环境)要素在生产率增长分析中确实重要。Schäfer (2005)发现,与经济结构中产业

调整相对应，最终能源使用在各产业中的转移也遵循有规律的模式，即从居民部门转向工业，再进一步转至服务业，而农业中能源使用的份额一直很少。

正如引言中所说，能源和环境在今日中国的经济发展中同样是一个无法回避的问题，在经济发展高度全球化的今天，中国不可能独善其身，资源的衰竭、能源成本的大幅提高和环境质量的急剧恶化必将对中国的经济成长带来深远的影响，因此，探讨能源和环境要素在结构调整与增长方式转变和可持续发展机制中的作用就十分必要和紧迫。习近平(2005)把循环经济看做一种符合可持续发展理念的经济增长新模式，循环经济以低消耗、低排放、高效率为基本特征，必须按照循环经济的要求，主动调整产业结构和布局。张卓元(2005)强调推进经济增长方式转变的方法之一就是设立和完善有利于资源节约和环境保护的税收制度。刘世锦(2006)也把加强资源节约作为我国增长模式转型的战略之一。国务院发展研究中心课题组(2007)指出，中国结构调整和增长方式转变宜采取的战略之一就是按照"节约优先、立足国内、保障供给、结构多元、市场推动和环境友好"的方针，以节能、降耗、减排、增效为主要切入点，实施资源节约与环境保护的总体战略。刘树成(2007)也指出中国经济快速增长已不是难点，而如何让经济发展得更好才是面临的最大问题，特别是在目前工业化和城市化加快发展的时期，这是能源和各种资源消费强度较高、污染排放较重的时期，经济发展和资源环境的矛盾越来越突出，因此，必须不断调整和优化经济结构、不断提高经济增长的协调性。卫兴华和侯为民(2007)指出实现资源、环境、投资与就业的协调发展，实现产业的内部升级和资源在产业间转移，是推动集约型增长的措施之一。蔡昉等(2008)认为，对中央政府来说，按照经济发展阶段变化的要求，识别节能减排的重要性，改变激励导向并制定和督促执行相应的环境规制，是一个与决心有关的政治经济学过程。Kahrl and Roland-Holst (2009)指出没有哪一个大国的经济增长、经济结构改变和能源消费和能源强度之间的关系有中国这样重要。自从2001年入世以后，中国的能耗和GDP都急剧增长，能源强度也一改前20年稳步下降的趋势急速上升并于2004年达到高峰。为此，中国政府从2004年开始把结构调整作为节能减排的关键政策平台。王小鲁等(2009)也指出，在他们的中国经济增长方式转换研究中有两个影响经济增长的因素没有专门考察，即未来能源供应和环境问题对中国经济增长的可能制约，这是未来讨论的方向。探讨能源和环境、结构调整与中国工业协调发展的研究有陈佳贵和黄群慧(2003)、涂正革(2008)等。

## 第三节　如何量化经济发展中的结构效应?

正如上节所述,虽然经济学家们承认结构调整对经济可持续发展的重要性,也通过各种各样的方法来分析结构调整的经济影响并得出了很多有益的结论,但是实证分析文献中,对经济发展方式转变过程中结构调整效应的定量分析还不多见,量化结构效应的方法也不是很多,本节将在综述已有方法的基础上提出本章将要使用的结构效应度量方法。

### 一、文献中是如何量化结构调整的发展效应的?

度量经济发展过程中结构效应的传统方法为份额转移(shift-share)方法,该方法最早由 Fabricant (1942)提出,并经不断的调整和完善使用至今。其基本原理是把劳动生产率(即人均产出)分解为经济各部门内部的增长效应和各部门间的结构调整效应,其中结构效应又分为静态转移效应和动态转移效应两部分。国外使用份额转移法研究结构效应的文献有 Liu *et al.* (1999)、Fagerberg(2000)、Timmer and Szirmai (2000)、Kumar and Russell (2002)、Peneder (2003)、Akkemik (2005)、勃兰特和罗斯基(2009)等。国内李小平和卢现祥(2007)、李玉红等(2008)、刘伟和张辉(2008)则分别利用该方法度量了中国制造业 27 个两位数行业、100 万家工业企业、三次产业之间的结构调整效应。

上述从劳动生产率中分解出结构调整增长效应的方法简单易行,但是也有不足之处,就是只能对劳动在经济各部门之间的转移效应进行分析。在存在其他投入要素比如资本的情况下,作为单要素生产率的劳动生产率显然不是生产率的全面度量,必须依赖于全要素生产率(TFP)。因此,已有文献在上述份额转移法的基础上又提出了一种对 TFP 进行分解的结构效应度量方法,可以同时对劳动和资本要素转移的重置效应进行度量。该方法由 Timmer and Szirmai (2000)在 Massell (1961)和 Syrquin (1984)工作的基础上提出来,即首先基于生产函数分别度量出基于劳动和资本要素的总量 TFP 和各部门 TFP。Massell (1961)认为,相对于部门 TFP,总量 TFP 包含了要素转移到更有效率部门产生的额外产出,该额外产出与部门 TFP 或者说部门内技术进步无关,因此总量

TFP 与以产出份额为权重的部门 TFP 的加权平均值的差额就刻画了这种部门外要素的重置效应，即所要度量的结构效应。该结构效应又可以进一步分为劳动要素重置效应和资本要素重置效应两个部分。Eslava *et al.* (2004)利用该方法分析了哥伦比亚的企业面板数据，发现从低生产率部门向高生产率部门的要素重置会导致生产率的提高。胡永泰(1998)、李小平和卢现祥(2007)、刘伟和张辉(2008)也利用该方法从 TFP 中分解出结构效应。当然，如果你拥有关于企业的面板数据，Baily *et al.* (1992)和 Griliches and Regev (1995) 还提供了一种分解方法，也是首先估计各企业的全要素生产率，然后把全要素生产率的绝对变化分解为企业内部效果、企业间(份额)效果、交叉(协方差)效果、企业进入效果、企业退出效果五个因子，从企业进出的角度来考察微观结构变化。Olley and Pakes (1996) 又进一步考察了企业截面数据的分解。Foster *et al.* (2001)以及李玉红等(2008)使用他们的方法对企业生产率进行了具体分解分析。

为了应对能源和环境主题越来越重要的研究趋势，与上述份额转移法分解劳动生产率类似，不少文献也开始把结构效应从能源生产率(即单位能耗的产出)或能源强度甚至环境污染强度中分解出来，以探讨结构调整等因素对能源消费或环境污染排放的影响，比如为什么中国 20 世纪 90 年代中后期能耗出现下降或停滞的趋势？为什么 21 世纪以来中国工业二氧化碳排放急剧上升？比如 Zhang (2003)、张军和刘君(2008)利用 Divisia 指数法或 Laspeyres 因子等分解技术把中国工业两位数行业的能源消费分解成结构效应、能源强度效应和产出效应，发现行业间或轻重工业间的结构效应并不显著。而 Fisher-Vanden *et al.* (2004, 2006)认为基于加总数据分解出的结构效应会被低估，他们利用中国企业数据库对能源生产率进行类似的分解分析，发现由能耗密集型行业转向低能耗行业的结构效应要大于基于加总数据的发现，贡献率超过一半，进一步对煤炭、石油和电力强度的分解发现结构效应也大于传统研究。Wang *et al.* (2005)和 Wu *et al.* (2005)则利用相似的方法把结构效应从二氧化碳排放中分解出来。另外，文献中还有一种方法利用投入产出比较静态技术把结构效应从二氧化碳排放或能源消耗中分解出来，比如 Chang *et al.* (2008)、Weber (2009)、Wood (2009)等。对于该类结构效应分析方法可详见后面第八章的分析。

## 二、本章提出的结构效应量化方法的渊源和分析展开

上一小节所介绍的是度量结构效应的常用方法,但是它们也各有其缺点,比如对劳动生产率进行分解不如对 TFP 分解好,而上一小节所提供的对 TFP 进行分解的方法需要分别估计总量 TFP 和部门 TFP,只能获得结构调整的总量效应而对经济每一个部门的结构效应变化无能为力,有时候还束缚于太强的规模报酬不变和技术进步中性假定。而对能源和排放的结构分解则对解释结构调整的增长效应无效。本章对张军等(2009)随机前沿生产函数度量结构红利的方法进行修正,尝试提出一种确定性超越对数生产函数面板模型来度量产出增长和生产率变化中的结构效应①,以有效地克服上述方法中的诸多弊端,比如只要一次估计就可以同时完成 TFP 的度量和分解,可以获得各个部门的结构效应变化趋势,而且舍弃了规模报酬不变和技术进步中性的先验假定,有理由认为以此方法所度量的结构效应应该会更为准确。

本章所提方法还有一个好处,就是可以把能源和排放要素纳入生产函数分析,这在凸显能源和环境在经济发展中的重要性的今天无疑更具优越性。正如第三章已经提到的,文献中通常比较一致地把能源消耗看做新的投入要素,不仅被看做生产过程的中间投入品,而且也和传统的资本和劳动要素一样,在生产过程中发挥价值创造的功能。对环境污染排放变量的处理有些复杂,这是由于缺乏污染排放市场定价的原因。目前,通常有两类处理排放变量的方法,一是把污染排放作为投入要素,不过是未支付的投入;另一种方法则把污染看做具有负外部性的坏产出,和期望的好产出一起引入生产过程,利用方向性距离函数来对其进行分析。本章的环境变量以工业二氧化碳排放为例,它与能耗是两个完全不同的概念,但是考虑到排放量主要由三种一次能源(煤炭、石油、天然气)计算而得,它与能源消耗总量可能具有较高的相关性,为避免这个问题,本章采取与第三章不同的方法,在方法论上尝试在资本和劳动之外只引入能源作为投入要素而不包括排放要素。② 由于本研究选择的是参数化分析方法,也

① 如果主要关注的是结构效应,则可以不要考虑效率变化,因此,并不必要一定使用随机前沿生产函数方法。即使要考察技术效率变化,非参数随机前沿方法(比如 DEA 方法和 Malmquist 指数)也要优于先验假定太强的参数化随机前沿方法。这是本章方法修正的主要原因。

② 能耗和排放不可分,你也可以将能源要素看做排放的代理变量。

无法把排放作为非期望产出。① 那么,本章如何来处置环境要素呢? 具体而言,本章将首先把估计得到的中国工业各行业 TFP 增长率及其分解(结构效应、技术进步效应、规模效应)和前一章一样按照 2004 年各行业二氧化碳排放由低到高排序分为两组(即低排放组和高排放组),以此来识别不同水平二氧化碳排放量对 TFP 增长及其分解(特别是结构效应)的不同影响。接着,在对结构效应的影响因素进行回归分析时,本章也特别引入二氧化碳排放变量,以期从统计上来确证排放对结构效应乃至 TFP 增长的影响。

### 三、本章结构效应的具体量化方法

本章研究的跨度区间还是 1980—2006 年,选取第二章所构建工业两位数行业数据库中的工业总产值、资本存量、劳动、能源消费和二氧化碳排放进行分析。

工业两位数行业生产函数设定如下:

$$Y_{it} = f(X_{it}, t)e^{\varepsilon_{it}} \tag{4-1}$$

其中,$i = 1, 2, \cdots, 38$ 代表 38 个两位数行业,$t = 1, 2, \cdots, 27$ 代表 1980—2006 年。$Y_{it}$为工业总产值,投入要素 $X_{it}$包括资本存量、劳动和能源消费。随机干扰项 $\varepsilon_{it}$ 以指数形式进入模型,假定服从白噪声的正态分布。

对(4-1)两边取对数,对时间 $t$ 取一阶导数,两边同除以 $Y$,得到

$$\frac{\partial \ln Y_{it}}{\partial t} = \frac{\partial \ln f(X_{it}, t)}{\partial t} + \sum_{j=1}^{3} \frac{\partial \ln f(X_{it}, t)}{\partial \ln X_{itj}} \frac{\partial \ln X_{itj}}{\partial t} \tag{4-2}$$

其中,$j = 1, 2, 3$ 对应资本、劳动和能源,$\partial \ln f(X_{it}, t)/\partial \ln X_j$ 为要素 $j$ 的产出弹性,记为 $\alpha_{itj}$。用字母上端的原点代表该变量增长率,则 $\dot{Y}_{it} = \partial \ln Y_{it}/\partial t$ 和 $\dot{X}_{itj} = \partial \ln X_{itj}/\partial t$。定义技术改变为 $\mathrm{TC}_{it} = \partial \ln f(x_{it}, t)/\partial t$,则(4-2)式可以重写为

---

① 涂正革和肖耿(2009)借鉴 Kumar and Russell (2002)的思路选择了把排放作为坏产出的非参数环境方向性距离函数分析框架,把产出增长分解为环境全要素生产率(可进一步分解为环境技术进步和环境技术效率的乘积)、要素的投入效应、环境排放的管制效应和产业的环境结构效应,这也是一种生产率估计和分解一次性完成且可以进行增长核算分析的很好方法。涂正革和肖耿(2007)借助 DEA 构建了非参数成本前沿模型将成本变化分解为前沿技术进步、技术效率、要素配置效率、产出规模和要素价格五大因素的变化。黄先海(2005)基于前沿生产函数思想把经济增长动因分解成三个部分:由资本积累引致的(沿着实际生产函数平移)、由效率提高引致的(实际生产函数向前沿生产函数移动)、由技术创新引致的(前沿生产函数本身的移动),其中前者体现为经济增长速度的快速提高,后两者则表现为经济增长质量的提升,为发展方式转变所必需。

$$\dot{Y}_{it} = \mathrm{TC}_{it} + \sum_{j=1}^{3} \alpha_{itj} \dot{X}_{itj} \tag{4-3}$$

传统的全要素生产率(TFP)增长率定义为

$$\dot{\mathrm{TFP}}_{it} = \dot{Y}_{it} - \sum_{j=1}^{3} s_{itj} \dot{X}_{itj} \tag{4-4}$$

其中,$s_{itj} = w_{itj}X_{itj} \Big/ \sum_{j=1}^{3} w_{itj}X_{itj}$,$w_{itj}$表示 $t$ 时刻行业 $i$ 内要素 $j$ 的价格,因此,$s_{itj}$表示 $t$ 时刻要素 $j$ 的实际成本占 $i$ 行业总成本的份额,用它作为构建全要素的权重,加总之和为 1。将公式(4-3)代入(4-4)得到

$$\dot{\mathrm{TFP}}_{it} = \mathrm{TC}_{it} + (\mathrm{RTS}_{it} - 1) \sum_{j=1}^{3} \lambda_{itj} \dot{X}_{itj} + \sum_{j=1}^{3} (\lambda_{itj} - s_{itj}) \dot{X}_{itj} \tag{4-5}$$

其中,$\mathrm{RTS}_{it} = \sum_{j=1}^{3} \alpha_{itj}$ 表示行业的规模报酬,即所有要素产出弹性之和,$\lambda_{itj} = \alpha_{itj}/\mathrm{RTS}_{it}$代表要素 $j$ 的最优边际产出份额,在规模报酬不变假定下就等于产出弹性。如果规模报酬是可变的,公式(4-5)右边第二项将能够捕捉由于工业行业规模经济导致的生产率改进,文献中称之为规模效率变化(SEC)。

在理想的市场经济条件下(比如完全竞争和企业利润最大化),要素的市场价格可以完全反映它的边际产值,即 $w_{itj} = pf_{itj}$,这是要素有效配置的前提条件,则最优产出份额等于实际成本份额($\lambda_{itj} = s_{itj}$),因此,可以用 $\lambda_{itj}$来替代 $s_{itj}$来估计 TFP。但是像中国这样的转型经济,要素市场的不完善以及要素配置的低效率使上述条件无法成立,实际要素配置与最优状态相差甚远的情况普遍存在。比如,当劳动的边际产出不等于工资率时,这时劳动的配置就会扭曲。当然,这种扭曲也有有利的一面,即它使中国工业通过要素重置提高生产率的空间比成熟经济体要大。因此(4-5)式右边第三项在中国这样的国家非常有意义,它刻画了结构调整引致更合理要素配置所带来的生产率增长,即所谓结构效应,文献中通常将这一项称为要素配置效率变化(FAEC),这是本章关注的重点。在实际计算过程中,本章用各行业的折旧、劳动报酬总额和能源消耗额分别作为该行业资本、劳动和能源投入的实际成本。①

因而,根据公式(4-5),TFP 增长率最终分解为以下三部分,即技术进步、规

① 由于本章能源消费量的单位为标准煤,本章利用原煤的市场价格根据 1 吨原煤 = 0.7143 吨标准煤的关系来推算出每吨标准煤的市场价格,进而计算出能源消费投入成本。所有价值量数据都以 1990 年作为基年来进行价格平减。

模效应和要素重置效应的变化率。

$$\dot{\mathrm{TFP}}_{it} = \mathrm{TC}_{it} + \mathrm{SEC}_{it} + \mathrm{FAEC}_{it} \tag{4-6}$$

为得到不同行业不同时点的参数估计量,本章在估算时采用了更为灵活的确定性超越对数形式的分行业生产函数①,即

$$\begin{aligned}\ln Y_{it} =& \beta_0 + \beta_t t + \frac{1}{2}\beta_{tt}t^2 + \beta_K \ln K_{it} + \beta_L \ln L_{it} + \beta_E \ln E_{it} + \frac{1}{2}\beta_{KK}(\ln K_{it})^2 \\ &+ \frac{1}{2}\beta_{LL}(\ln L_{it})^2 + \frac{1}{2}\beta_{EE}(\ln E_{it})^2 + \beta_{KL}\ln K_{it}\ln L_{it} + \beta_{KE}\ln K_{it}\ln E_{it} \\ &+ \beta_{LE}\ln L_{it}\ln E_{it} + \beta_{tK}t\ln K_{it} + \beta_{tL}t\ln L_{it} + \beta_{tE}t\ln E_{it} + u_i + \varepsilon_{it}\end{aligned} \tag{4-7}$$

这里,$K$、$L$ 和 $E$ 表示资本、劳动和能源。根据所得的参数估计量,可以计算相应的统计量。比如资本、劳动和能源的产出弹性计算公式为

$$\alpha_{itK} = \beta_K + \beta_{KK}\ln K_{it} + \beta_{KL}\ln L_{it} + \beta_{KE}\ln E_{it} + \beta_{tK}t \tag{4-8-1}$$

$$\alpha_{itL} = \beta_L + \beta_{KL}\ln K_{it} + \beta_{LL}\ln L_{it} + \beta_{LE}\ln E_{it} + \beta_{tL}t \tag{4-8-2}$$

$$\alpha_{itE} = \beta_E + \beta_{KE}\ln K_{it} + \beta_{LE}\ln L_{it} + \beta_{EE}\ln E_{it} + \beta_{tE}t \tag{4-8-3}$$

TFP 增长的三项分解计算公式为

$$\mathrm{TC}_{it} = \beta_t + \beta_{tt}t + \beta_{tK}\ln K_{it} + \beta_{tL}\ln L_{it} + \beta_{tE}\ln E_{it} \tag{4-9}$$

$$\mathrm{SEC}_{it} = (\mathrm{RTS}_{it} - 1)\sum_{j=1}^{3}\lambda_{itj}\dot{X}_{itj} \tag{4-10}$$

$$\mathrm{FAEC}_{it} = \sum_{j=1}^{3}(\lambda_{itj} - s_{itj})\dot{X}_{itj} \tag{4-11}$$

## 第四节 基于能源和环境约束的结构效应变化模式与工业转型

表 4-1 报告了中国工业两位数行业超越对数生产函数的固定效应面板模型估计结果。个体效应 $F$ 检验统计量高达 93.23,意味着使用面板数据模型而非混合最小二乘来进行估计是合理的。Hausman 设定检验的卡方统计量也十分显著,支持使用固定效应估计方法。组内拟合优度和方差分析显示,该回归方程的总体显著性确实很高。由个别参数估计量的真实概率水平可知,15 个主要回归系数的估计量中也只有两个在 10% 的显著性水平下不显著(未加粗),

① 该生产函数至少突破了规模报酬不变和技术进步中性的先验假定。

其他解释变量的说明能力都极强。复合误差项方差中个体效应的变化占到了91%,也说明了工业分行业异质性的存在以及分行业面板数据分析的必要性。在计算相关统计量时,不显著的参数$\beta_{KK}$,$\beta_{LE}$设定为0。本章还相应进行了零假设分别为柯布-道格拉斯生产函数、规模保持不变、无技术进步、希克斯中性技术进步四种假设检验,一般$F$检验均拒绝零假设,表明本章超越对数生产函数的设定是合理的、中国工业展示可变的规模报酬、存在明显的技术进步而且是有偏的技术进步模式。下面的具体实证结果将佐证这里的结论。

**表4-1　工业分行业确定性生产函数估计结果**

| 解释变量 | 系数 | 标准差 | 真实概率 $p$ 值 | 解释变量 | 系数 | 标准差 | 真实概率 $p$ 值 |
|---|---|---|---|---|---|---|---|
| 常数项 | 4.960 | 0.714 | 0.000 | (1/2)ln$E$2 | −0.303 | 0.065 | 0.000 |
| $t$ | 0.042 | 0.019 | 0.023 | ln$K$ln$L$ | −0.195 | 0.054 | 0.000 |
| (1/2)$t$2 | 0.007 | 0.001 | 0.000 | ln$K$ln$E$ | 0.312 | 0.072 | 0.000 |
| ln$K$ | −0.375 | 0.214 | 0.080 | ln$L$ln$E$ | −0.078 | 0.048 | 0.107 |
| ln$L$ | −1.851 | 0.219 | 0.000 | $t$ln$K$ | −0.025 | 0.005 | 0.000 |
| ln$E$ | 1.175 | 0.211 | 0.000 | $t$ln$L$ | 0.043 | 0.004 | 0.000 |
| (1/2)ln$K$2 | −0.039 | 0.083 | 0.639 | $t$ln$E$ | −0.018 | 0.004 | 0.000 |
| (1/2)ln$L$2 | 0.6132 | 0.073 | 0.000 | | | | |
| 个体效应标准差 | | 1.0024 | | 样本容量 | | | 1 026 |
| 随机干扰项标准差 | | 0.3175 | | 组数 | | | 38 |
| rho值 | | 0.9088 | | 每组观察值数目 | | | 27 |

1. 拟合优度:组内$R^2$=0.8795;总体显著性检验:$F$(14 974)=508.01,Prob > $F$=0.0000。
2. 个体效应检验(零假设:所有个体效应同时等于0):$F$(37 974)=93.23,Prob > $F$=0.0000。
3. 固定效应与随机效应模型设定的Hausman检验:chi2(14)=119.40,Prob > chi2=0.0000。

## 一、工业发展方式转变与结构调整的要素配置效率变化

表4-2报告了基于所估计超越对数生产函数计算的中国工业38个分行业改革开放期间平均产出增长、TFP增长及其分解。① 这里,TFP增长率根据公式

① 为节省空间,表4-2没有报告资本、劳动和能源的平均增长率及其各自贡献额。

(4-6)计算而得。由此可以判断全要素生产率在中国工业发展方式转变中所起的作用,并进一步评价其背后结构效应所发挥的作用,这是本章主要关心的问题。

**表 4-2 中国工业分行业平均 TFP 增长及结构效应度量**

| 行业 | 产出增长 | TFP 增长 | TFP 增长分解 | | |
|---|---|---|---|---|---|
| | | | TC | SEC | FAEC |
| 煤炭开采 | 0.057 | 0.102 | 0.069 | 0.013 | 0.020 |
| 石油开采 | -0.001 | 0.020 | 0.000 | -0.077 | 0.097 |
| 黑金采选 | 0.156 | 0.092 | 0.034 | -0.573 | 0.631 |
| 有金采选 | 0.102 | 0.085 | 0.064 | -0.052 | 0.073 |
| 非金矿采 | 0.086 | 0.117 | 0.061 | -0.085 | 0.142 |
| 木材采运 | 0.032 | 0.100 | 0.105 | 0.006 | -0.011 |
| 农副加工 | 0.101 | 0.106 | 0.066 | -0.011 | 0.051 |
| 食品制造 | 0.102 | 0.087 | 0.075 | -0.026 | 0.038 |
| 饮料制造 | 0.130 | 0.074 | 0.069 | -0.037 | 0.042 |
| 烟草加工 | 0.135 | 0.054 | 0.058 | -0.196 | 0.192 |
| 纺织业 | 0.082 | 0.114 | 0.090 | 0.012 | 0.012 |
| 纺织服装 | 0.142 | 0.162 | 0.156 | -0.007 | 0.013 |
| 皮革毛羽 | 0.143 | 0.120 | 0.127 | -0.021 | 0.014 |
| 木材加工 | 0.126 | 0.132 | 0.081 | -0.223 | 0.274 |
| 家具制造 | 0.129 | 0.142 | 0.114 | -0.185 | 0.214 |
| 造纸制品 | 0.115 | 0.098 | 0.055 | -0.046 | 0.089 |
| 印刷媒介 | 0.137 | 0.130 | 0.116 | -0.013 | 0.027 |
| 文教体育 | 0.162 | 0.085 | 0.124 | -0.013 | -0.027 |
| 石油加工 | 0.047 | 0.036 | 0.016 | -0.064 | 0.084 |
| 化学工业 | 0.109 | 0.085 | 0.029 | 0.011 | 0.045 |
| 医药工业 | 0.156 | 0.069 | 0.075 | -0.039 | 0.033 |
| 化学纤维 | 0.195 | -0.014 | 0.024 | -0.035 | -0.004 |
| 橡胶制品 | 0.103 | 0.095 | 0.080 | -0.057 | 0.072 |
| 塑料制品 | 0.153 | 0.114 | 0.095 | -0.039 | 0.058 |
| 非金制造 | 0.092 | 0.112 | 0.047 | 0.006 | 0.059 |
| 黑金加工 | 0.096 | 0.050 | 0.022 | 0.006 | 0.023 |
| 有金加工 | 0.102 | 0.052 | 0.033 | -0.047 | 0.066 |

（续表）

| 行业 | 产出增长 | TFP 增长 | TFP 增长分解 | | |
|---|---|---|---|---|---|
| | | | TC | SEC | FAEC |
| 金属制品 | 0.129 | 0.124 | 0.093 | -0.013 | 0.044 |
| 通用设备 | 0.105 | 0.100 | 0.086 | 0.002 | 0.012 |
| 专用设备 | 0.117 | 0.111 | 0.091 | 0.001 | 0.019 |
| 交通设备 | 0.171 | 0.112 | 0.093 | 0.008 | 0.010 |
| 电气机械 | 0.136 | 0.119 | 0.109 | 0.001 | 0.009 |
| 通信设备 | 0.265 | 0.100 | 0.093 | 0.005 | 0.002 |
| 仪器仪表 | 0.118 | 0.131 | 0.113 | -0.020 | 0.038 |
| 电力热力 | 0.088 | 0.049 | 0.002 | 0.010 | 0.037 |
| 燃气煤气 | 0.049 | 0.010 | 0.019 | 0.014 | -0.023 |
| 水的生产 | 0.063 | -0.030 | 0.042 | 0.045 | -0.117 |
| 其他工业 | 0.126 | 0.099 | 0.084 | -0.053 | 0.068 |

表 4-2 显示出工业产出增长和 TFP 增长比较低的行业基本上是能源和排放密集型的行业。比如,石油和天然气开采业、石油加工业和燃气煤气业的工业总产值、TFP 和技术进步的增长率基本上都是所有行业中最低的(石油和天然气开采业的平均产出增长甚至为负)。所不同的是,燃气煤气业的规模效率很高(1.4%),要素配置效率较低(-2.3%),而石油天然气开采业和石油加工业正好相反,要素配置效率较高,规模效率则很低。煤炭开采业虽然技术进步率和要素配置效率都不是很高,但是由于较高的规模效率导致一个中等程度(10.2%)的 TFP 增长率,但是由于资本和能源的要素贡献份额太低,结果其平均产出增长仍然很低,只有 5.7%。黑色金属采选业也比较有意思,它的要素配置效率是最高的(63.1%),规模效率却是最低的(-57.3%),技术进步率也位于后 10 位,结果导致一个中等程度左右的 TFP 增长率(9.2%),又由于较高的能源要素贡献份额,结果该行业的产出增长很高,达到 15.6%。从表 4-2 还可以看出,产出增长、TFP 增长和技术进步率排名前 5 位的都是以高新技术行业为代表的轻工业行业,当然规模效率变化率排名靠前的还包括体现自然垄断特征的燃气煤气业和水的生产和供应业,要素配置效率变化靠前的也包括那些经历剧烈结构变化的黑色金属采选业、非金属矿采选业、石油天然气开采业和石油加工业等。计算机、电子与通信设备制造业虽然产出增长是最高的(26.5%),但在本研究中显示,其产出增长主要是由要素投入推动的(其资本增长率排第 6

位,能源增长排第5位,劳动增长则排到了第3位),而TFP增长恰好位于中游(10%),较低的要素配置效率(0.2%)拖累了排名中上游的技术进步率(9.3%)和规模效率变化率(0.5%)。由这里的分析可见,我国的计算机、电子与通信设备制造业的技术含量并不像预期的那么高,仍然体现出劳动密集型的粗加工特征,物耗能耗较大,结构改革任重道远。交通运输设备制造业的产出增长也较高(17.1%),与计算机、电子和通信设备制造业相比,该行业则更多由TFP增长所推动,其要素投入贡献普遍低于电子与通信设备制造业,而TFP增长、技术进步率、规模效率变化率则高于后者,当然其结构效应也较低(1%)。表4-2清楚凸显出工业增长的行业异质性。比如,工业总产值增长的分布从石油和天然气开采业的最低值-0.1%到计算机、电子与通信设备制造业的最高值26.5%不等,同样,TFP增长率也广泛分布在水的生产与供应业的-3%到纺织服装业16.2%的较宽区间内。而要素配置效率的变化率则从水的生产与供应业的-11.7%到黑色金属采选业的63.1%。当然,这些差异很自然,但是这也进一步说明了在分析工业增长源泉时使用分行业面板数据的必要性,仅仅基于总量生产函数将无法刻化出行业内不同变化趋势这种重大增长差异。

如果说表4-2揭示了工业增长的行业异质性,则表4-3将报告工业增长的时期特征,即三个子阶段和整个期间增长核算基于所有行业的平均结果①,包括工业总产值、资本存量、劳动、能耗、TFP及其三个分解部分的增长率以及各自的贡献份额大小。很显然,大规模的工业结构改革已经成功实现了工业的持续高速增长和全要素生产率的全面提高。整个改革阶段工业全行业的总产值和所估计的TFP年均增长率分别达到了13%和10%。在1981年至1991年的第一个改革阶段,产出年均增长为9%,TFP增长率为每年7%,虽然其对产出增长的贡献份额较高,但是TFP增长率还是低于资本9%的平均增长率。生产率增长落后于投入增长的事实表明,中国工业在改革早期仍处在粗放型发展阶段,这与20世纪60年代到70年代东亚其他国家的发展经验相一致,即投入积累比生产率增长在经济起飞阶段更加重要(Lucas, 1993; Berthelemy, 2001)。后两个改革阶段中,中国工业的平均TFP增长高达12%和13%,分别超过了两

① 按张军等(2009)的划分,中国工业改革可以粗略地分为三个时期:1978—1992年的试验期、1992—2001年的国企改革期和2001年以来的反思和调整期。

个阶段中增长最快的要素投入——资本积累(8%)和能源消费(12%),这意味着中国工业的发展方式已经开始由粗放型增长向集约型增长发生转变,这与Krugman(1994)和Young(1995)的结论不同①,与涂正革和肖耿(2006,2008)、刘伟和张辉(2008)、陈诗一(2009)和张军等(2009)的发现是一致的。② 和第三章的发现相似,这种乐观的结论与分析方法相关,下一章将对此问题进行更深入的研究。当然,表4-3也显示,TFP增长对工业增长的贡献份额从第二阶段最高的93%下降到本世纪以来的67%,这说明全要素生产率对工业增长所起的作用仍旧不太稳定,中国工业发展方式的转变依然是一个正在进行的未竟事业。

**表4-3　中国工业分时期增长核算、TFP增长及结构效应度量**

| 时期 | 产出增长 | 资本 | 劳动 | 能源 | TFP增长 | TFP分解 | | |
|---|---|---|---|---|---|---|---|---|
| | | | | | | TC | SEC | FAEC |
| 1981—1992年 | 0.09 | 0.09 | 0.02 | 0.05 | 0.07 | 0.04 | -0.02 | 0.05 |
| | 100 | 36 | 17 | 3 | 73 | 43 | -26 | 56 |
| 1992—2001年 | 0.13 | 0.08 | -0.02 | 0.01 | 0.12 | 0.09 | -0.01 | 0.04 |
| | 100 | 17 | -12 | 0 | 93 | 71 | -6 | 29 |
| 2001—2006年 | 0.20 | 0.11 | 0.02 | 0.12 | 0.13 | 0.11 | -0.01 | 0.04 |
| | 100 | 21 | 4 | 8 | 67 | 54 | -6 | 18 |
| 1981—2006年 | 0.13 | 0.09 | 0.01 | 0.05 | 0.10 | 0.07 | -0.02 | 0.04 |
| | 100 | 24 | 3 | 4 | 77 | 56 | -12 | 33 |

注:每个时期第一行代表各自平均增长率,第二行代表各自的贡献份额(单位:%)。其中:TFP增长由三个分解成分的数值加总而得,而不是利用产出增长减去资本、劳动和能源引致的产出增长之和(即索洛残差法)而得,所以,本表资本、劳动、能源和TFP增长的加总不等于产出增长。

① 上一章已经提到,Krugman(1994)和Young(1995)根据TFP核算结果得出东亚要素驱动型增长在长期不可持续的结论。许多研究对该结论进行了批评,特别是林毅夫和任若恩(2007),他们根据Krugman引用文献的一个非常致命的错误有力批评了关于东亚经济增长模式不可持续的结论。

② 涂正革和肖耿(2006,2008)发现中国工业劳动生产率的增长,至少在大中型企业这个层面,已经由转轨初期的单一资本扩张驱动模式,开始向以技术进步为主和资本深化为辅的多引擎推动模式转变,即由粗放型向集约型增长模式转变,而1999年似乎是一个转折点。刘伟和张辉(2008)发现,1998年之后我国经济增长模式已经越来越体现出了其自身的可持续性。陈诗一(2009)根据大多数行业中技术进步发挥着第一增长引擎的作用来说明中国工业的增长方式从总体上来看已经由1978年前的外延扩张型转变成现在以质量提高为特征的内涵扩张型增长,这种增长是可持续的。张军等(2009)也发现1992年后中国工业的增长方式已经向可持续发展方向转变。

TFP 增长分解为三部分即技术进步增长(TC)、规模效率变化(SEC)和要素配置效率变化(FAEC)。如表 4-3 所示,在改革早期阶段,要素配置效率变化(FAEC)对工业产出和 TFP 增长起主导作用,其对工业增长的贡献份额达到56%,高于技术进步的43%和资本的36%。第二阶段要素配置效率(FAEC)对产出和 TFP 增长的贡献下降到第二位(29%),仅次于技术进步的 71% 贡献率。第三阶段,要素配置效率(FAEC)的贡献率则下降到第三位(18%),次于技术进步的 54% 和资本的 21%。整个改革阶段,从低生产率行业向高生产率行业流动的要素重置带来了年均 4% 的产出增长,对产出增长和 TFP 增长的平均贡献率分别为 33% 和 42.9%。可见,显著的要素配置效应(即所谓结构红利效应)在中国工业发展方式转变过程中是存在的,这也是本研究的主要发现。该发现与已有文献比较一致。Li(1997)发现 20 世纪 80 年代中国工业的要素配置效率和要素边际生产率都有惊人的增长。刘伟和张辉(2008)发现,80 年代结构调整贡献率一直大于 50%,超过了技术进步;90 年代中前期,结构调整和技术进步对经济增长的贡献基本持平;1998 年以后,结构效应逐步下降,其所代表的市场化力量开始让位于技术进步的力量。李玉红等(2008)发现,对于工业生产率的增长,存活企业的技术进步贡献占近一半,而企业演化导致的资源重置贡献占另外一半,说明企业演化带来的结构调整效应是中国工业生产率增长的重要途径。该文同时援引谢长泰等的研究成果认为,资源配置不当降低了中国制造业的 TFP,如果中国的资本和劳动重新进行配置,使得企业间要素的边际产品同等化程度能够达到美国的水平,那么中国制造业的 TFP 就会增加25%—40%。

从表 4-3 还可以看出,劳动曾经在第二阶段出现负增长,贡献份额也为负,这与那个时期中国国有工业减员增效的下岗政策是紧密相关的,21 世纪以来虽然劳动的产出贡献份额有所提高,但是已经远远低于改革初期的 20 世纪 80 年代了。与 90 年代中后期"抓大放小"国企改革政策和对能源排放密集型中小企业关停转并相对应,能源投入在第二阶段的增长率和贡献率都出现下降,为改革后最低,而与再次重型化相对应,能源投入在 21 世纪以来增长率高达 13%,贡献额也达到 8%。而规模效率变化从改革初期到现在也一直处于不断改善之中。

图 4-1 则通过把 38 个两位数行业分为低排放组和高排放组的方式来同时

考察中国工业 TFP 增长及其三个分解成分的行业和时期特征差异。[①] 除少数区间外,以低排放水平为代表的轻工业组的技术进步率、要素配置效率变化和 TFP 增长基本上都要高于排放密集型的重工业组别,而规模效率变化的特征正好相反。因此,中国工业发展过程中存在着如 Harberger (1998) 所述的蘑菇效应,即具体行业效应明显。整个工业发展的酵母效应也在图形中显现出来,即轻重工业两组虽然有所差异,但是都与工业全行业显示出相似的发展轨迹。也就是说,除了行业的异质性外,一些经济基本面因素(比如共同的宏观政策和外部经济环境)几乎同时影响着所有而不是一部分工业行业,因此,促成了所有行业的生产率进步。而且,正像 Nelson and Pack (1999) 在东亚经济研究中发现的一样,中国工业全行业的生产率及其分解(图 4-1 虚线表示)似乎更多地受到了重工业组行业的影响。

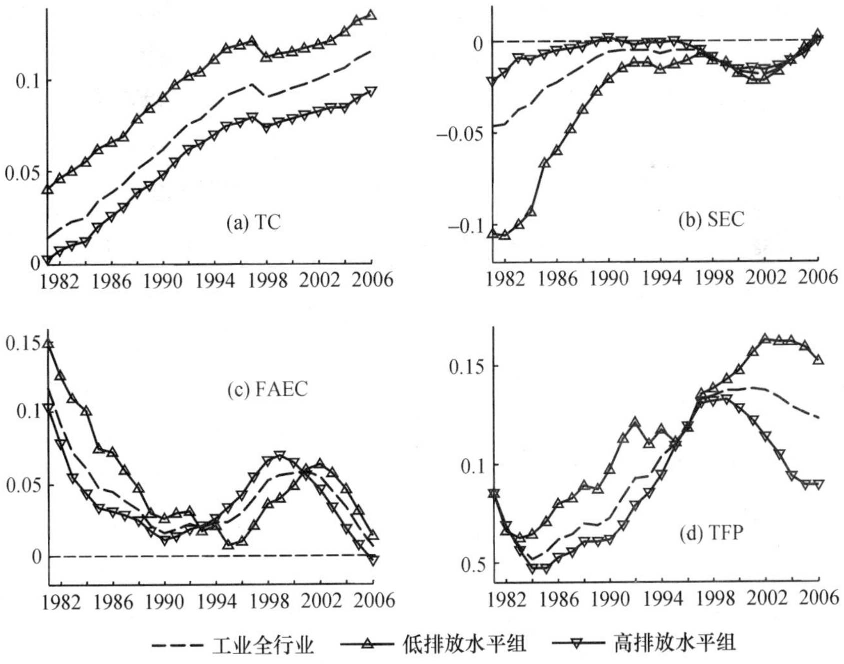


**图 4-1　中国工业 TFP 增长与结构效应的变化图(1981—2006 年)**

① 高低排放组平均 TFP 增长及其分解为 38 个分行业的加权平均值,权重为各行业的工业总产值份额。

与工业发展不同阶段相对应，中国工业TFP的增长在第一个阶段比较低，第二阶段有一个较高的增长，在新世纪后轻工业和工业全行业稳中有所下降，但重工业下降幅度比较大（见图4-1(d)）。这与Li (1997)揭示的中国工业企业80年代的特征、Sun and Tong (2003)、Yusuf *et al.* (2005)、Jefferson and Su (2006)描述的90年代特征以及Bai *et al.* (2009)研究的1998—2005年间的特征相符。如图4-1(a)所示，技术进步率(TC)一直稳步提高，其贡献份额在1992年后也一直高居第一，虽然其数值出现了下降。Mukherjee and Zhang (2007)将此称为自适应创新模式，即通过广泛吸纳FDI和建立外资企业，中国从发达国家引进了先进技术和知识，这是中国工业改革成功的关键。Fisher-Vanden and Jefferson (2008)也指出过去25年中国的科技创新激励已经由国家主导下放到企业、研究机构和大学主导，技术市场也在迅速发展。但是规模效率的负增长又一定程度上抵消了TC和FAEC对TFP增长的贡献（见图4-1(b)）。相对而言，重工业组别的规模效率降低一直小于轻工业组，虽然90年代中后期后愈趋相似，这与改革中前期轻工业中大多是中小企业，较难获得规模效应有关。总体来看，整个改革期间中国工业的规模报酬是递减的。涂正革和肖耿(2005)、李胜文和李大胜(2008)同样发现了规模报酬递减的现象，这也许可以由中国工业生产过程中要素自由配置受阻和无法达到最优投入组合（如轻工业中资本不足、重工业中熟练工稀缺）来解释。

显然，没有要素的大幅度重置，TFP增长是不可能持续的，中国工业改革过程中确实存在着结构红利而且至关重要，这可由图4-1(c)所绘制的要素配置效率(FAEC)在整个改革区间的变化趋势来说明，它们实际上就是由于结构调整和要素重置所带来的那部分工业生产率增长。在20世纪80年代初期，新的改革开放政策和对劳动管制的突然放松（比如农业劳动力至少可以转移到乡镇企业中）使得受制约的生产要素释放出巨大的生产能量，导致了非常显著的要素配置效率(FAEC)，这克服了工业改革初期技术进步增长极低、SEC为负的不利局面，有力地推动了工业改革初期的TFP增长。然而，由于改革初期没有涉及根本的结构改革，这种结构效应急速下降，到80年代末期降至最低并在90年代中前期停滞甚至继续略有下降。由于1992年后“双轨制”价格的破除和全国统一产品市场的形成，特别是，90年代中后期大规模的国有企业改革和出口导向型发展战略的实施，要素配置效率(FAEC)又出现了第二波提高，工业全行业在2001年左右的结构效应达到了第二个高峰。

从2001年开始,要素市场发展的极端滞后和某些产业政策的弊端逐渐暴露出来。产业调整倾向于高附加值行业、重化工业化重新抬头、产业的多样化等使得推动发展具有比较优势的劳动密集型制造业(如纺织业)的努力有所减弱,转而鼓励要素流向高业绩、高利润的行业(像电子和电器制造业、采矿业和非金属制造业),甚至从工业流向服务业。由此,行业结构调整和就业之间的矛盾日益加剧,因为高科技行业和重工业并没有办法吸收更多的劳动力。而曾经吸收大量劳动力的劳动密集型行业却每况愈下,而且面临着发展的两难局面,长期以来恶劣的生产环境使得这些行业不容易招收到足够的工人,出现了民工荒;而如果提高工资或改善工作环境的话,这些行业立即会丧失劳动力成本低廉的比较优势,劳动规制的加强也部分加重了这种矛盾,使得许多小厂倒闭,工人失业。所有这些因素造成了21世纪以来由要素配置效率(FAEC)所代表的结构效应的急剧下降,2006年已经降至历史最低,重工业甚至出现负值①,并进而使得一直处于上升趋势的TFP增长以及TFP增长对产出的贡献额也出现了同步下降,中国工业发展方式转变的根基似乎又出现了松动的迹象。

本章所发现的中国工业结构红利效应的总体下降趋势与文献中的发现基本一致。比如,Dowrick and Gemmel (1991)发现劳动重置的收益会随着这个国家经济发展水平的增加而下降,许多发展中国家在20世纪90年代由劳动重置引起的生产率增长仍然高于发达国家。Berthelemy (2001)指出一个国家通过实施正确的结构调整政策而带来的生产率改善会随着经济趋于有效的宏观管理均衡点而消失。Fan *et al.* (2003) 也指出一旦经济结构(比如农业、工业和服务业的份额)达到新的均衡以后,行业调整对经济增长曾经带来的巨大影响将会不可避免的出现下降。

### 二、工业结构调整是如何影响要素配置效率的?

根据公式(4-11)所给出的FAEC的定义,又可以进一步把总的结构效应分解为资本重置效应、劳动重置效应和能源重置效应三部分,而每一种要素的重置效应又是由各自的要素扭曲程度($\lambda - s$)和要素增长率共同决定的。图4-2

---

① 林毅夫和苏剑(2007)和张军等(2009)曾进行类似的分析。

给出了这些进一步的信息，来大概说明图 4-1(c)中所显示的结构红利的变化模式。估计结果显示劳动边际产值的平均份额 $\lambda_L$ 数值较低但在样本区间持续增长，而资本和能源的该份额($\lambda_K$ 和 $\lambda_E$)数值较高却一路下降，这表明中国工业存在着资本和能源的过度投资和劳动的投入不足。[①] 而实际劳动成本份额 $s_L$ 在改革后第一个阶段略有上升，中段比较平稳，21 世纪以来开始下降；资本成本份额 $s_K$ 前稳后升；能源的成本份额则一直小幅上升，1998 年后有所下降，2002 年后又开始上升。近年来这种劳动成本份额的下降与资本和能源成本份额的上升与工业再次重型化是一致的。[②] 投入要素的最优产出份额和实际成本份额的差异事实上反映了该要素的配置扭曲程度，见图 4-2b。总体趋势是资本和能源的正向扭曲程度在下降，而劳动的负向扭曲也在下降。由于能源的最优产出份额在总的下降趋势中于 1996 年后出现了一个上升，并在 2001 年达到高峰后急速下降，所以能源的扭曲程度同期也有一个跃升。图 4-2(a)显示资本和能源的平均增长率总体上比劳动高；但是与关停转并能源排放密集型中小企业对应，能源增长率在 1995 年后下降，连续 4 年的负增长后于 2001 年后又开始正向增长；而劳动增长也由于国企改革的下岗政策于 1996 年后出现了负增长，直到 2003 年才开始正向增长[③]；与工业重型化对应，最近几年以来，资本和能源的增长率更高了。图 4-2(a)要素增长率和图 4-2(b)要素扭曲程度的共同作用导致

---

① 为节省空间，这里没有披露各要素最优边际产值份额和实际成本份额的信息。这里的发现与文献也是一致的。Qin and Song (2009)发现计划经济伴随的资本过度投资(即所谓的投资饥渴)在当今中国仍然存在。Zhang Jun (2003)也指出，相对于劳动来说，中国固定资产总投资增长过快。林毅夫和苏剑(2007)认为一个经济的最优增长方式应该由其要素禀赋结构决定，因此，我国的目标增长方式应当是能够充分利用劳动力优势的增长方式，而不是利用不具优势的资本密集增长方式。

② Kaldor 关于稳态经济增长的六个典型事实之一就是对单个经济而言，要素分配份额在长期内保持不变，这个曾经被广泛认同的事实并不适合中国这样一个经济结构急剧改革的国家。在中国，由于在很长一段时间内都遵循按劳分配制度，忽视按要素分配，因此对要素分配份额关注较少。李扬(1992)首次计算了新中国成立后到 1990 年间的劳动收入份额，发现改革开放前劳动收入份额被抑制在较低水平，而改革开放后劳动收入份额逐渐增加。李扬和殷剑峰(2007)利用资金流量表计算了居民部门的劳动报酬和财产收入在 GDP 中的比重，发现两者在近年来同时下降。白重恩等(2008)发现工业部门资本收入份额近年逐渐增加，并将其归因于垄断程度增加和国有企业改制等非技术因素。在另一相关研究中，他们甚至发现中国资本收入份额近十年的增幅中，有 1/4 可由工业部门内资本收入份额增加解释，2/3 则来自资本收入份额不同的工业部门之间的结构转移。总体上，这些发现与本章基本一致。

③ 比如，Frazier(2006)研究显示，国有工业企业职工人数从 1995 年的 4400 万人下降到 2002 年末的 1 550 万人，降幅达 65%。集体所有制企业经历了相似的下降，从 1995 年的 1 490 万人下降到 2002 年的 380 万人。而同期民营和和外资企业新吸纳 1 380 万职工，远远不能解决国有和集体企业 3 960 万失业者的问题。

了图 4-2(c)所示的三种要素的重置效应。对比图 4-1(c)的总结构效应趋势图,可以发现,总体上,总的结构红利效应是由资本和能源的重置效应主导的,而非劳动①。具体而言,20 世纪 80 年代较高的要素配置效率主要是由于资本和能源的正的配置效应所引起的,而劳动的重置效应同期一直为负,只在 1986 年以前有所改善。90 年代中后期总结构效应的再次提高则主要归功于先后出现的劳动和能源配置效应的跃升,这与国企改革的下岗政策和关闭大量能源和排放密集型的中小企业政策密切相关。正如上述,21 世纪以来,由于工业重型化的再次出现以及大量劳动密集型中小企业的倒闭,能源和资本的投入成本开始跃升而劳动投入成本出现下降,完全背离了上述最优的投入方向,因而导致能源配置效应迅速消失,资本配置效应下降几近为 0,劳动配置效应甚至出现了负数,由此共同推动了 2001 年后总结构效应的再次急剧下降。

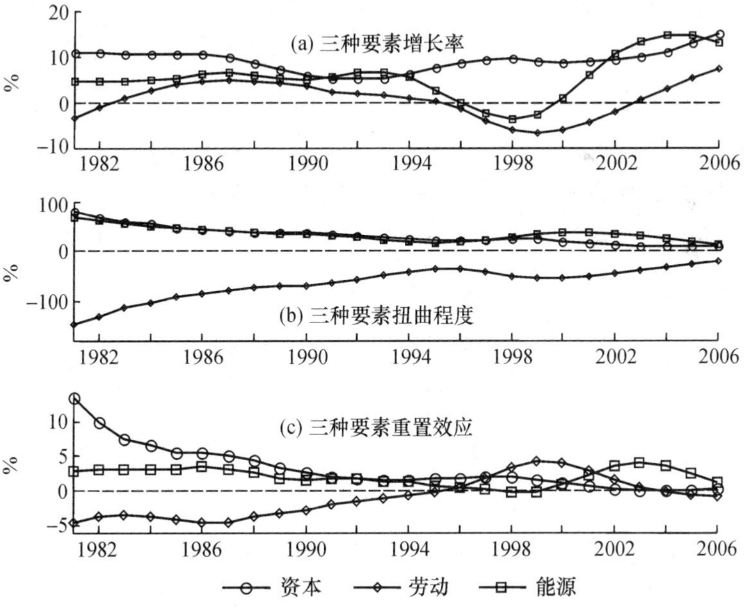


**图 4-2　中国工业全行业水平的要素配置扭曲分析(1980—2006 年)**

① Dessus *et al*. (1995) 和 Akkemik (2005) 的研究曾经指出,在中国台湾地区和新加坡,劳动的重置效应要高于资本的重置效应,因为对于它们来说,劳动相对稀缺更为重要。而本章研究显示,中国内地情况正好相反,劳动力相对富裕,稀缺的资本和能源在要素重置过程中更为重要,它们的增长率起到了一个较高权重的作用。

既然要素配置效率在中国工业发展方式转变中扮演着如此重要的角色，既然存在着如此明显和重要的结构红利，有必要进一步来研究结构调整是如何影响桥梁变量 FAEC 的。表 4-4 报告了要素配置效率（即结构效应）对其决定因素的回归分析结果，基于 Hausman 检验选择使用的是固定效应面板数据模型。根据相应数据的可得性，回归分两个时间段进行，即 1981—2006 年（模型 1）和 1995—2006 年（模型 2）。被解释变量为 FAEC（百分比形式）。解释变量介绍如下。资本劳动比代表要素市场中投资与劳动力结构的调整（取对数）。能源结构为煤炭消费占一次能源消费的比例（百分比），也称为能源消费种类结构。这是解释两个模型要素配置效率的两个重要结构变量，同时也是行业的个体特征变量，可以反映行业的要素资源禀赋。[①] 在模型 2 中，还引入了另外三个结构调整变量——所有制结构（国有工业增加值占工业全行业增加值的百分比）、规模结构（大中型企业工业增加值所占百分比）和外资结构（三资企业工业增加值占工业全行业工业增加值的百分比）——来描述这三种结构调整所引起的要素重置对生产率增长的影响。[②] 为获得稳健的估计，我们控制了一些行业特征变量。既然中国工业通常描述为高增长、高投资、高能耗、高排放和低效益，本章选择人均工业增加值的自然对数、二氧化碳排放的自然对数和成本利润率（百分比）作为控制变量。表 4-4 显示，绝大多数变量至少在 10% 水平下是显著的（用粗体字标出）。*F* 统计量也显示两个模型在总体上都是显著的。

**表 4-4　要素重置效率（FAEC）的决定因素分析**

| 影响因素 | 模型 1（1981—2006） | | | 模型 2（1995—2006） | | |
|---|---|---|---|---|---|---|
| | 系数 | 标准差 | *p* 值 | 系数 | 标准差 | *p* 值 |
| 常数项 | 2.8856 | 17.8917 | 0.872 | 3.0288 | 1.3961 | 0.031 |
| 行业特征 | | | | | | |
| ln（人均工业增加值） | -6.9681 | 2.2833 | 0.002 | -8.7710 | 2.0221 | 0.000 |
| ln（二氧化碳排放） | -1.3340 | 0.3711 | 0.000 | -1.5688 | 0.6033 | 0.010 |
| 成本利润率（%） | 0.0956 | 0.0930 | 0.304 | 0.0741 | 0.0607 | 0.223 |

① 体现要素禀赋结构的指标其实有更多。比如，Wang（2007）曾经分析过资本能源比、劳动能源比、能源供给构成和能源产出构成对能源生产率的影响。

② 魏楚和沈满洪（2008）也曾构建了三次产业结构、轻重工业结构、国有产权结构、资本劳动比代表的要素结构和由电力所代表的能源结构等五种结构变量来对能源技术效率进行分析。

(续表)

| 影响因素 | 模型 1(1981—2006) | | | 模型 2(1995—2006) | | |
|---|---|---|---|---|---|---|
| | 系数 | 标准差 | $p$ 值 | 系数 | 标准差 | $p$ 值 |
| 结构变量 | | | | | | |
| ln(资本劳动比) | -4.7210 | 2.8833 | 0.102 | -8.5467 | 2.3200 | 0.000 |
| 能源结构(%) | -0.3060 | 0.0991 | 0.002 | -0.2011 | 0.0796 | 0.012 |
| 所有制结构(%) | | | | -0.1634 | 0.1077 | 0.130 |
| 规模结构(%) | | | | -0.1630 | 0.0604 | 0.007 |
| 外资结构(%) | | | | 0.1873 | 0.0594 | 0.002 |
| 个体效应标准差 | | 11.5541 | | | 15.3838 | |
| 随机干扰项标准差 | | 8.3574 | | | 8.3786 | |
| rho 值 | | 0.6565 | | | 0.7712 | |
| 个体效应检验 | $F(37\,945)=5.2$ | | 0.0000 | $F(37\,410)=11.5$ | | 0.0000 |
| 总体显著性检验 | $F(5\,945)=3.42$ | | 0.0046 | $F(8\,410)=4.50$ | | 0.0000 |
| Hausman 检验 | chi2(5) = 12.18 | | 0.0325 | chi2(8) = 30.88 | | 0.0001 |
| 样本容量 | | 988 | | | 456 | |

Kumar and Russell (2002)检验了人均产出对生产率的影响,受之启发,本章分析人均工业增加值对由要素重置所引致的生产率变化 FAEC 的影响。两个模型的该项系数都显著为负,这意味着随着工业发展水平的提高,要素配置效率从统计上来看确实是不断下降的(人均增加值每提高 1 个百分点,FAEC 将会降低 7.0—8.8 个百分点),这与 Dowrick and Gemmel (1991)、Berthelemy (2001)等的结论相似,也从统计上佐证了为什么轻重工业结构效应有着相似下降趋势的酵母效应。以上结果也与经济收敛理论一致,该理论认为随着经济发展水平的提高,通过结构调整来推动经济增长的空间会越来越小(Kumar, 2006)。高碳排放显著地降低了要素配置效率——二氧化碳排放每增长 1 个百分点,FAEC 将下降 1.3—1.6 个百分点。重工业通常排放较多的二氧化碳,由此导致其要素配置效率要低于轻工业组(90 年代中后期由于大量关闭能源和排放密集型的中小企业例外),这也从统计上证明了图 4-1(c)所发现的轻重工业结构效应相异的蘑菇效应。两个模型中成本利润率变量的系数都为正,意味着效益好的行业也许要素配置效率也比较高,但是统计上都不显著。

控制了这些行业特征之后,可以发现资本劳动比 1 个百分比的增加将分别引起模型 1 和模型 2 中要素配置效率显著降低 4.7—8.5 个百分点。资本劳动比在此被用做中国工业投资与劳动力结构失衡和调整的代理变量，因为投资和劳动力结构的失衡正是要素市场发展滞后的典型特征。人均资本的快速增长而非保持恒常比例，使得劳动生产率的增长并不能导致全要素生产率的同步增长，正如回归中劳动生产率负的系数所揭示的那样。魏楚和沈满洪(2008)也发现了过度的资本深化可能使得经济偏离资源禀赋路径，导致能源效率恶化。Fisher-Vanden and Jefferson (2008)发现工业资本生产率经过长期的下降后在20世纪90年代后期呈现上升趋势，但这似乎并不能治好投资饥渴症，相反，这种至今还存在的过度投资趋势进一步恶化了要素配置效率。Qin and Song (2009)将这种要素配置效率的恶化归咎于不完善的资本市场、不平衡的投资结构和结构调整刚性等等。他们认为政策导向的投资冲动行为仍然普遍存在，企业仍能从银行系统获得"软贷款"，不完善的资本市场仍然可能导致金融资源的不合理配置(比如投资结构严重倾斜于国有部门)。Gong and Lin (2008)指出，相对于大部分的OECD国家，中国投资的主要融资渠道还是贷款。政府通过国有银行系统发放廉价易得的贷款是中国转轨经济的重要特征，它反映了政府除了需求管理以外，用货币政策刺激经济增长的强烈意图。Li and Xia (2008)指出中国的国有要素配置体系仍然控制了非常广泛的要素资源(如银行贷款形式的资本、补贴和土地等)。中国银行事实上一直扮演着为国有企业提供贷款的角色。由于缺乏非国有金融机构的有效竞争，国家垄断的金融行业势必对国有企业更加倾斜，增加业已存在的金融资源配置的不平等。Fung *et al.* (2006)的研究指出，1998—2002年间，超过一半的资本投向了国有工业企业，但是国有企业并没有取得与其投资相匹配的产出。

两个模型中能源结构变量的系数也都显著为负，一次能源消费中煤炭的比例每增加1个百分点，要素的配置效率将分别下降0.3和0.2个百分点。这也是与预期相符合。尽管目前短期内仍然无法改变以煤为主的现状，但长期看，要逐步降低煤炭消费比重，并进一步降低化石能源消费份额，发展非化石能源和可再生能源。胡锦涛主席在2009年联合国气候变化峰会上就曾提出中国力争在2020年前达到非化石能源占一次能源消费的比重提高到15%。所有制结构变量的估计系数为负，但不是那么显著。国企工业增加值占全部工业增加值的比例每增长1个百分点会导致要素配置效率下降大概0.16个百分点，因此，20世纪90年代中后期"抓大放小"的国企改革应该有助于要素配置效率的改善。以上发现在 Li (1997)、Sun and Tong (2003)、Jefferson and Su (2006)、涂正革(2008)、Bai *et al*. (2009)的研究中都有所提及,他们指出中国的所有制改革提高了(劳动)生产率。Timmer and Szirmai (2000)将专业化作为支持结构红利假说的一个理由,他们认为,大中型企业的发展将有助于提高产业集中度,理应提高要素配置效率。但是本章的实证结果正好相反,大中型企业的增加值在全部工业增加值中的比例每增加 1 个百分点,要素配置效率会下降 0.16 个百分点,而且统计上显著。这倒与前面发现的中国工业规模报酬递减现象相一致。Timmer and Szirmai (2000)将经济的自由化作为另外一个支持结构红利假说的理由。这在本章的实证分析中得到了证明。除了民营企业外,外资及港澳台投资等三资企业也在中国改革开放以后获得了巨大的发展,有力地推动了中国工业的结构调整,数据显示,三资企业增加值占全部工业增加值的比例每增加 1 个百分点,要素配置效率将会提高 0.19 个百分点,而且统计上十分显著。正如江小涓(2002)所说,外资经济已经成为中国经济的重要组成部分,不仅推动着中国经济的长期持续增长,而且改变着中国经济发展的方式,提高了中国经济增长的质量。

正如 Yusuf *et al*. (2005)指出的,诸如所有制、规模和扩大外资的行业结构调整以及投资、劳动力和能源市场的改革加快了行业间要素的合理配置,由此带来了相应的生产率提高并导致行业间生产率增长的差异性。以上决定因素分析从统计上证明了上一小节所发现的结构红利(酵母和蘑菇效应)的变化模式。

## 第五节　大力挖掘结构红利,加快发展方式转变

结构调整与经济转型是目前中国经济研究的重要主题,党的十七届五中全会把坚持经济结构战略性调整作为加快转变经济发展方式的主攻方向,本章在阐述其研究重要意义的背景下,分别从文献综述和最新实证分析两个角度来给予具体的分析说明。在文献导读部分,本章综述了研究结构调整与经济发展方式转变和可持续增长之间关系的国内外主要文献,其中,国内主要学术期刊相关主题的文献 50 篇左右,国外文献近 100 篇,本章特别关注有关中国工业部门的研究以及纳入能源和环境因素的最新研究成果,因为这正是本章实证分析所

要拓展的主要内容。本章以中国工业两位数行业为例,首先提出了一种确定性超越对数生产函数方法,并纳入最新的能源和碳排放要素,估计出改革开放近30年来中国工业分行业的全要素生产率及其分解,来分析结构调整是如何影响中国工业的发展方式转变和可持续发展的。本章的基本结论总结如下:

(1) 1978年改革开放后,中国工业发展战略由此前的重工业优先转向发展能够反映比较优势的劳动密集型轻工业,这带来了中国工业的高速增长和生产率的不断提高。1992年后,由于技术进步和结构调整,TFP的增长超过了投入要素的增长,这似乎意味着中国工业的发展方式由改革第一阶段之前的粗放型增长正向着集约型增长模式转变;但是这种发展方式的转变还不是稳定的或者说不是可持续的,随着21世纪以来工业的再次重型化,主要由于要素配置效率的急剧下降,TFP对工业增长的贡献反而下降了。

(2) 投入要素从直接和间接两个渠道影响工业发展。直接渠道指通过数量效应(如资本积累和能源消耗)对产出造成影响;间接渠道则是通过结构调整,使得要素从效益低和能源排放密集型行业向效益高和低能耗低排放的行业流动,通过这种要素配置效率的提高来推动工业发展,这是一种质量效应。增长核算显示,这种间接的要素配置效应对中国工业发展方式转变起到了实实在在的推动作用,平均来看,技术进步和结构调整对工业发展的贡献最大,资本和能源其次,劳动的贡献最低。

(3) 改革开放后中国工业的结构红利是真实存在的,而且在行业内部存在着异质的蘑菇效应,行业之间也存在着共同的酵母效应,但是本世纪以来,这种结构效应急速衰减,使得发展方式转变失去了可持续的推动力。固定效应面板模型显示,这种要素配置效率的变化模式可以被工业结构调整很好地解释,这些结构变量包括投资和劳动力结构、能源结构、所有制结构、规模结构和外资结构等。

结合已有文献和自己的研究,笔者对经济发展方式转变中的经济结构战略性调整和结构红利进一步挖掘的实施路径初步形成以下思考。党的十六大确立了以信息化带动工业化,以工业化促进信息化,走出一条科技含量高、经济效益好、资源消耗低、环境污染小、人力资源优势得到充分发挥的中国特色新型工业化道路。党的十七大又提出了全面、协调、可持续的科学发展观。显然,中国特色的新型工业化道路必然是可持续的和集约型、内涵式的发展道路。按陈佳贵和黄群慧(2003)的研究，中国工业发展方式从粗放型向集约式的转变具体到工业结构的调整和转移上，就是从轻工业向重工业化，进而向高加工度化和技术集约化的转变，反映了从劳动密集型向资本密集型、进而向技术密集型逐步升级的客观过程。Hoffmann（1958）所揭示的工业化过程的经验法则，只适合描述工业化中前期工业结构从劳动密集型向资本密集型演变的规律(吴敬琏，2006a)。姚洋和郑东雅(2007)也指出，在一定阶段对重工业一定程度的优先发展是必要的。我国现在再次进入了工业结构重型化阶段，这固然也是必要的，是工业化进程的一个必经阶段，是大国战略的重要支撑阶段。但是，重化工业具有资本有机构成($K/L$)较高、投资需求大、能源消耗大、污染排放多等特征，本章研究也发现资本劳动比的增加以及能源和排放要素对要素配置效率的提高有着负面的影响，因此，正如陈佳贵和黄群慧(2005)指出的，我国再次发展重化工业不能遵循传统老路，而必须走符合中国国情的新型工业化道路，必须强调集约式的重化工业发展路径，依靠信息技术和节能环保技术的创新，使重化工业能够以最小的资源和环境代价实现自身的快速发展。同时按照中国经济增长与宏观稳定课题组(2008)的要求，要适时把握结构转型的速度和时机，尽快实现中国工业由重化工业化向高加工度化和技术集约化的跨越，由资本和能源密集型向技术密集型的升级，早日实现工业现代化。吴敬琏(2006b)也指出，现代经济增长相对于早期经济增长已经不是靠资本积累，而靠效率提高来实现。效率提高的主要源泉有三个：科学技术的广泛应用；制造业和服务业的一体化、信息化。这样的增长模式才能体现新型工业化道路的特征，才是可持续的经济发展之路。他进一步指出，对于我国的制造业而言，应当努力向价值链中具有高附加值和高盈利率特性的上下游两端延伸。涂正革(2008)的研究也发现，工业的重型化是环境技术效率下降的重要原因，因此，限制高污染高能耗等重工业产业的发展，加快工业经济结构升级，有利于我国资源、环境与工业的协调发展，有利于当前我国经济发展方式的加快转变。当然，正如王德文等(2004)以及林毅夫和苏剑(2007)所强调的，由重化工业化向高加工度化和技术集约化的工业结构调整固然重要，大力发展能够体现我国比较优势的轻工业和劳动密集型行业在一定时期内依然是中国工业结构调整的方向之一。

# 第 五 章

# 中国工业的绿色生产力革命：发展方式转变的必由之路

## 第一节 全要素生产率：万变之宗

自从索洛的开创性工作以来，全要素生产率（TFP）已经被越来越多的经济学家引入新古典增长理论框架来进行增长核算分析，正如本书图 1-1 所示，全要素生产率被看做投入要素之外驱动经济增长的重要引擎，投入要素水平扩张对产出的数量贡献和全要素生产率所代表的质量贡献的此消彼长更是判断经济发展方式转变的根本依据（Solow, 1957; Kim and Lau, 1994; Krugman, 1994; Young, 1995, 2003）。[①] 全要素生产率分析的早期对象是美国等发达国家，然后转到创造亚洲奇迹的东亚经济体。随着中国改革开放向前推进和不断取得举世瞩目的经济奇迹，对中国经济进行全要素生产率分析的中外文献大量涌现而且方兴未艾。涂正革和肖耿（2005）曾形象地把中国工业这种全要素生产率对产出增长的显著推动力称为“中国的工业生产力革命”。

然而，不管是基于参数化的柯布-道格拉斯（Cobb-Douglas, CD）生产函数或超越对数（translog）生产函数，还是非参数化的数据包络分析（data envelop-

---

① 这些研究认为，基于投入要素持续扩张的粗放式增长方式（即数量贡献或水平效应）是不可持续的，只有全要素生产率不断提高的集约型增长模式（此谓质量贡献或效率效应）在长期才是可持续的，可以根据两种效应的产出贡献份额孰大孰小来进行发展方式转变判断，该内容在第三章第一节已有所提及。

ment analysis，DEA）方法，大量文献中对全要素生产率的度量往往是基于传统的资本和劳动投入要素，没有考虑到与可持续发展息息相关的能源和环境因素，这就对全要素生产率度量的准确性和经济发展方式转变分析的可靠性带来了疑问。因此，正确评估资源约束和环境污染对经济增长和全要素生产率的可能影响对理解经济发展和公共政策就有着十分重要的意义，本章将对此问题主要关注。这也是部分基于能源和环境约束对中国经济增长的未来影响更为重要的原因。如前所述，长期以来中国的经济增长方式依然是粗放式的，其高速增长主要是通过高投资、高能耗和高排放取得的，如果没有全要素生产率的未来持续增长，边际报酬递减规律必将使得这种要素驱动型的增长在长期不可维持。这在工业部门表现得更为明显，新中国成立以来中国一直实行重工业优先发展的赶超战略，重重工业，轻轻工业，城乡二元结构加剧，改革开放以来，虽然轻工业得到了长足发展，但是该期间只占全国40.1%的工业GDP的取得却消耗了全国67.9%的能源，排放出全国二氧化碳的83.1%，重工业色彩依然浓厚（陈诗一，2009）。特别是21世纪以来，中国工业再次出现重型化趋势，能耗和二氧化碳排放出现前所未有的飙升（如图5-1所示）。① 因此，本章主要对工业部门能源、环境和全要素生产率之间的关系进行分析，以管窥现阶段中国经济发展方式转变的全貌。

当然，中国工业部门一直在执行着节能减排的环境规制政策。由于能源短缺，中国政府早在1980年就确定了能源节约政策。随着20世纪90年代初全球可持续发展概念的提出，中国政府的环保意识进一步强化，再次强调了80年代初提出的“节约与开发并举”的能源方针。特别要指出的是，90年代中后期，与“抓大放小”的国企改革相对应，中国关停并转了大量能源和排放密集型中小企业，这导致中国工业一次能源消耗和二氧化碳排放绝对量在此前一直上升的基础上首次出现了较大下降或停顿；1995年后，中国工业的能源强度和碳排放强度也在此前波动和略有下降的基础上出现了较快的下降趋势（见图5-1）。2006年“十一五”规划首次提出降低能源强度的约束性指标。温家宝总理在哥本哈根气候峰会上也用一组数据说明了中国是近年来节能减排力度最大的国

---

① 中国已经于2007年超过美国成为第一大二氧化碳排放国，目前是仅次于美国的第二大能源消耗国。

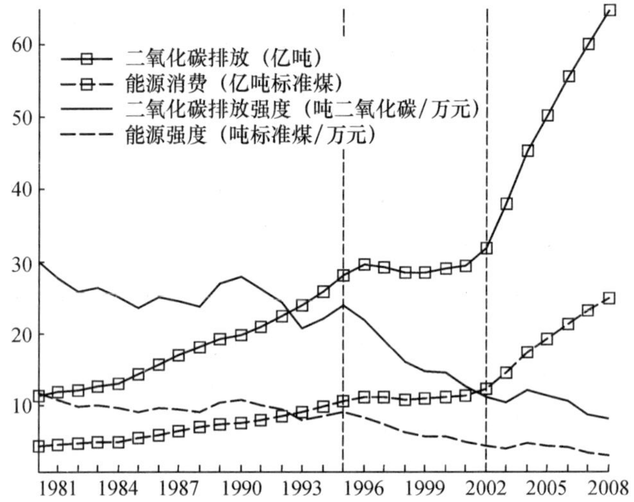


**图 5-1　中国工业能耗和碳排放及其强度变化(1980—2008 年)**

家。那么这种节能减排的环境规制行为是否对工业部门特别是重工业的全要素生产率造成实质影响呢？这也是本章主要关注的问题。

既然能源和环境因素对全要素生产率度量和经济发展方式转变分析如此重要,接下来的问题自然是如何在一般只考虑传统资本和劳动投入的增长模型中合理地引入这两个新的因素？正如第三章中已经提到的,文献中对能源变量的处理比较一致,即把能源消耗作为具有中间投入性质的新的投入要素引入生产过程,本章和此前两章一样也将继续把能源作为投入变量来处理。而对环境污染排放的处理要复杂得多,由于缺乏污染的市场定价,把污染排放计入生产成本比较困难,长期以来环境污染往往被研究者有意无意所忽视。随着环境问题在可持续发展研究中重要性的提高和技术上无法回避,许多文献开始把污染排放也作为投入要素来处理,与资本、劳动或者能源投入一起引入生产函数,如 Mohtadi (1996)、Ramanathan (2005)以及本书第三章的处理,不过这是未支付的投入,或者说不是可以观察到的真实投入。有些研究者发现了污染排放的产出特征,不再将其视为投入要素,而是作为生产过程的副产品来处理,如 Färe *et al*. (1994)基于 Shephard 距离函数的径向 DEA 分析,这时研究者还没有考虑到污染排放副产品的负外部性,仍然把它和 GDP 等期望产出同样对待处理。可以说,不考虑环境因素或者说不正确地考虑环境因素可能会给全要素生产率度量带来不完整的图像。[①] 直到环境方向性距离函数和环境规制行为分析模型的提出,污染排放才不仅被看做副产品,而且被看做具有负面影响的非期望产出,和 GDP 等期望产出一起引入生产过程,从方法论上第一次比较合理地拟合了环境因素的作用,成为进行低碳经济发展分析的最合适方法,如 Chambers *et al.* (1996)、Chung *et al.* (1997)、Färe *et al.* (2001)、Boyd *et al.* (2002)、Jeon and Sickles (2004)、Kumar (2006)、涂正革(2008)、王兵等(2008,2010)等。

本章将遵循上述能源和环境研究方法论的发展历程,在使用距离函数的统一分析框架和把能源消费作为投入要素的前提下,分别环境污染变量的四种处理方法来度量中国工业近 40 个两位数行业在 1980—2008 年整个改革开放期间的全要素生产率变化,以探讨环境约束和节能减排环境规制行为下绿色生产力对工业发展方式转变的影响。环境变量的四种处理方法或者说四种模型分别为不考虑排放、排放变量作为自由处置的投入要素、排放作为与工业总产值一样且自由处置的期望产出以及排放作为弱处置的非期望产出来处理。其中第一种方法为全要素生产率文献中传统使用的处理方法。第四种方法或者说模型 4 即基于方向性距离函数的行为分析模型和曼奎斯特-鲁恩博格生产率指数为本章的目标方法,有理由认为该方法会给出更全面的全要素生产率度量,因此也才能够更准确判断经济发展方式转变的实际情景。Hailu and Veeman (2000)把基于该方法所度量的全要素生产率称为环境敏感生产率。Managi (2006)把只考虑市场产出的生产率度量称为市场生产率,把同时考虑市场产出和非市场产出(比如环境污染)的度量称为总生产率。本章则把模型 4 目标方法的估算值称为环境(或绿色)全要素生产率(或生产力)。

本章接下来的结构安排如下:第二节介绍已有的对中国整体经济特别是工业进行全要素生产率度量和分析的文献;第三节介绍本章使用的方向性距离函数和环境规制行为分析模型,这是低碳分析的理想框架;第四节对本章所度量的环境全要素生产率结果进行讨论,并与已有文献的度量结果进行比较分析;第五节基于所度量全要素生产率来分析中国工业的绿色生产力革命及其对工业发展方式转变的重要影响;总结性评论将在第六节给出。

---

① Nanere *et al.* (2007)也指出,只有在可持续发展框架下正确考虑了环境因素后的生产率度量才是可靠的;如果不考虑生产的外部成本或外部收益,生产率将被高估或低估。

## 第二节 中国全要素生产率研究文献综述

国际上研究全要素生产率(TFP)的文献十分丰富,可见 Dorfman and Koop (2005)以及 Zhou *et al.* (2008)对此进行的详细综述。本节主要对研究中国全要素生产率的国内外主要文献进行简要的综述。改革开放以来,中国经济取得了一个又一个奇迹,对中国经济进行全要素生产率分析的文献也随之大量涌现,它们从不同的视角来探讨全要素生产率的变化及其对中国经济增长和转型的影响。这些文献的一个主体是利用总量时间序列数据从总量生产函数的角度来对中国整体经济或者某产业的全要素生产率进行估算。

比如,Chow (1993, 2008)以及 Chow and Lin (2002)利用索洛残差法或 CD 生产函数估算得出 1952—1978 年间中国的 TFP 增长为 0,1979 年后 TFP 平均增长率为每年 2.7% 左右,估算全要素生产率所用的资本和劳动的产出弹性分别为 0.6 和 0.4。Perkins (1988) 利用索洛残差法得到中国在 1953—1957 年、1957—1965 年、1965—1976 年、1976—1985 年间的 TFP 平均增长率分别为 4.1%、-1.41%、0.62% 和 3.79%;而 Perkins and Rawski (2008)则基于规模报酬不变的 CD 生产函数估算得到中国在 1952—1978 年和 1978—2005 年间的平均 TFP 增长分别达到 0.5% 和 3.8%,其中 1990—1995 年均 TFP 平均增长率最高,达到 6.7%,1995 年后 TFP 增长率及其贡献额都开始下降。Borensztein and Ostry (1996)估算得出中国在 1953—1978 年和 1979—1994 年间的 TFP 平均增长分别为 -0.7% 和 3.8%。Collins and Bosworth (1996)以及 Bosworth and Collins (2008)这两篇相同作者的文献也分别利用 CD 生产函数和索洛残差法来对中国全要素生产率进行估算。前者得出 1960—1973 年间中国平均 TFP 增长 1.4%,1973—1994 年间平均增长 3.3%;后者得到中国经济整体以及农业、工业、服务业三次产业在 1978—1993 年间的平均 TFP 增长分别为 3.6%、1.8%、3.1% 和 2.7%,而 1993—2004 年间平均 TFP 增长为 4%、1.8%、6.2% 和 0.9%。Young (2003)利用 CD 生产函数根据官方公布的产出数据估算得出中国在 1978—1998 年间人均产出、人均非农部门产出和非农部门 TFP 的平均增长率分别为 7.8%、6.1% 和 3%,而经过数据调整后相应的增长率分别降至 6.1%、3.6% 和 1.4%,作者认为这段时期改革所产生的生产率提高主要依赖于农业部门的贡献。郭庆旺和贾俊雪(2005)估算发现1978—2004年期间我国TFP增长率及其对增长的贡献率较低,表明我国的经济增长仍然是典型的投入型增长方式。具体而言,由索洛残差所代理的TFP增长在1979—1990年期间除了两年都为负数,1991—1997年期间出现了正的增长,1992年高达6.13%,但是1998年后又出现了负增长或较低的正增长率。Holz (2006)估算得到中国的TFP增长在1953—1978年和1978—2005年间分别为-0.6%和3.9%。王小鲁等(2009)则利用纳入人力资本的卢卡斯内生增长模型估算发现全要素生产率的作用正在变得越来越重要,也即中国在1953—1978年、1979—1988年、1989—1998年和1999—2007年期间的TFP平均增长分别达到1.81%、2.66%、3.74%和3.63%。Zheng *et al.* (2009)系统讨论了资本、劳动和GDP数据的调整问题,并利用索洛残差法估算得出1978—1995年间中国TFP平均增长3.16%,而由于资本深化的加速,TFP增长在1995—2005年间下降到0.79%,其对增长的贡献率也随之下降。

利用省际面板数据对中国经济整体或者某地区某产业的全要素生产率进行估算的文献也不少。比如,林毅夫(Lin, 1992)利用1970—1987年间的中国省际数据,并基于土地、劳动、资本和化肥四种投入的CD生产函数,估算得到中国农业的TFP平均增长率在1978—1984年间高达20.54%,而在1984—1987年间则快速下降到2.05%,但是它们对于农业产出增长的贡献度变化不大,这是由于农业产出在后一期间也快速下降了。其他基于地区数据的相关研究文献还包括Zheng and Hu (2006)、Chen *et al.* (2008)、涂正革(2008)、吴延瑞(2008)、Chen *et al.* (2009)、Li (2009)、Tuan *et al.* (2009)等,在此不一一详述。本章更主要关心的是中国工业部门的全要素生产率核算,相关主要文献列举在表5-1中。可以说,陈宽等1988年的研究开创了中国工业全要素生产率研究的先河(Chen *et al.*, 1988),其后该领域全要素生产率研究的文献大量涌现,超过了任何其他领域。这些文献有的关注于中国工业全行业的全要素生产率变化,如胡永泰(1998)、Bosworth and Collins (2008)、Jefferson *et al.* (2008)等;有的则关注国有和集体工业(包括乡镇工业),比如Wan (1995)、Wu (1995)、Jefferson *et al.* (1992, 1996, 2000)、张军等(2003);有的主要分析轻重工业情况,如Zheng *et al.* (2003)、张军等(2009);还有的研究的是大中型工业企业,如涂正革和肖耿(2005);有的则研究地区工业发展,如蔡昉等(2009)。从使用的

**表 5-1 中国工业全要素生产率估算综述**

| 研究者 | 数据 | 投入 | 产出 | 方法 | 研究时期 | TFP 增长及其分解估计结果(%) | |
|---|---|---|---|---|---|---|---|
| Chen *et al.*(1988) | 国有工业时间序列数据 | 资本、劳动 | 工业总产值 | 索罗残差法;柯布-道格拉斯生产函数或超越对数生产函数计量回归估计 | | 国有工业 TFP 增长 | |
| | | | | | 1953—1985 | 2.6 | |
| | | | | | 1978—1985 | 5.9 | |
| 胡永泰(1998) | 工业时间序列数据 | 资本、劳动 | 工业增加值 | | | 工业 TFP 增长 | 净 TFP 增长 |
| | | | | | 1979—1993 | 1.8 | 1.1 |
| Jefferson *et al*.(2000) | 工业时间序列数据 | 资本劳动、中间投入 | 工业总产值 | | | 国有工业 TFP 增长 | 集体工业 TFP 增长 |
| | | | | | 1980—1996 | 1.7 | 3.9 |
| | | | | | 1992—1996 | -1.1 | 4.3 |
| 张军等(2003) | 乡镇企业时序数据 | 资本、劳动 | 工业总产值 | | | 乡镇工业 TFP 增长 | |
| | | | | | 1980—2000 | 6.7 | |
| Bosworth and Collins(2008) | 中国总量和工业等时间序列数据 | 资本、劳动、教育 | GDP | | | 工业 TFP 增长 | |
| | | | | | 1978—2004 | 4.4 | |
| | | | | | 1978—1993 | 3.1 | |
| | | | | | 1993—2004 | 6.2 | |
| Jefferson *et al*.(2008) | 工业企业面板数据 | 资本、劳动 | 工业增加值 | | | 平衡样本 TFP 增长 | 全部样本 TFP 增长 |
| | | | | | 1998—2005 | 6.4 | 10.3 |
| 李红玉等(2008) | 工业企业面板数据 | 资本劳动、中间投入 | 工业总产值 | | 2000—2005 | 工业 TFP 增长 | 国有/集体工业 TFP 增长 |
| | | | | | | 2.5 | 2.7/2.9 |
| Wu(1995) | 国有和乡镇工业、农业面板数据 | 固定资本、流动资本、劳动 | 工业总产值 | 随机前沿生产函数 | | 国有工业 TFP 增长 | 乡镇工业 TFP 增长 |
| | | | | | 1986 | 4.4 | 3.9 |
| | | | | | 1991 | 1.8 | 5.2 |
| 涂正革和肖耿(2005) | 大中型工业企业数据 | 资本、劳动 | 工业增加值 | | | 大中型工业 TFP 增长 | |
| | | | | | 1996—2002 | 6.8 | |
| 张军等(2009) | 38 个工业两位数行业面板数据 | 资本、劳动 | 工业增加值 | | | 工业 TFP 增长 | |
| | | | | | 1981—2006 | 6.3 | |
| | | | | | 1981—1991 | 1.7 | |
| | | | | | 1992—2000 | 9.3 | |
| | | | | | 2001—2006 | 10.3 | |
| Zheng *et al*.(2003) | 600 家国有工业企业面板数据 | 资本劳动、中间投入 | 工业总产值 | DEA 方法和曼奎斯特生产率指数 | | 重工业 TFP 增长 | 轻工业 TFP 增长 |
| | | | | | 1980—1989 | 7 | 12 |
| | | | | | 1990—1994 | 8 | 6 |
| 李小平等(2008) | 工业行业面板数据 | 资本、劳动 | 工业增加值 | | | 工业 TFP 增长 | |
| | | | | | 1999—2003 | 93.3 | |
| 刘小玄和吴延兵(2009) | 抽样调查企业面板数据 | 资本劳动、中间投入 | 总产值 | | | 工业 TFP 增长 | |
| | | | | | 2001—2004 | 51.8 | |

注:TFP 估计结果均摘自相应文献或根据文献结果计算而得。

全要素生产率估算方法来看,较多文献使用的是索洛残差法或者参数化的 CD 生产函数(或超越对数生产函数)回归法;一部分文献使用参数化的随机前沿生产函数方法,该方法可以分解 TFP 增长率至各构成成分;为克服参数化方法的模型设定误差,最新文献中还较多使用了非参数的确定性前沿生产函数法,即数据包络分析(DEA)方法,这也是本章分析所要基于的基本框架。各方法所对应的文献可见表 5-1。这些文献中所使用的数据大部分是工业的总量时间序列。郑京海和胡鞍钢(2005)在估计全要素生产率时指出省际面板数据比总量时序信息量更大。Jorgenson *et al*. (2000)也指出,工业总量数据和总量生产函数并不足以刻画工业增长的全貌,工业增长在不同的部门或行业很不相同,必须基于行业数据进行全要素生产率核算。从表 5-1 等可以看出,已经使用工业(或制造业)分行业数据进行全要素生产率估算的文献有李胜文和李大胜(2008)、李小平等(2008)、张军等(2009)等;有些文献还进一步使用了工业企业数据库进行全要素生产率分析,如 Jefferson *et al*. (2008)、李玉红等(2008)、蔡昉等(2009)等。考虑到只能获得 1998 年后的工业企业数据,不足以分析整个改革开放期间的工业全要素生产率变化模式,本章将基于第二章所构造的1980—2008 年间工业分行业统计数据库进行全要素生产率核算分析。表 5-1中各文献对工业全要素生产率的估算结果也大相径庭,从 Jefferson *et al*. (2000)所估算的 1992—1996 年期间的 -1.1% 的 TFP 增长到刘小玄和吴延兵(2009)估算的几乎前所未有的 51.8% 的高增长率不等,本章将在结果分析部分把现有文献中的估算结果与本章估算的全要素生产率结果进行部分对比分析。

上述所有文献在估算全要素生产率时使用的投入数据都是传统的资本和劳动要素,至多再加上一个中间投入,也就是说,这些文献存在一个共同的缺点,即它们几乎都不涉及能源特别是环境因素的讨论。我们知道,当企业在生产所期望的产出时,几乎不可避免地要同时生成诸如废气、废水和固体废物之类的非期望产出,因此,环境质量会随着经济增长而不断恶化,给整个经济带来显著的外部成本。在科学发展观的指导思想下,必须考虑资源制约和环境污染对全要素生产率增长可能带来的负面影响,分析节能减排环境规制行为有没有可能带来环境质量提高且同时全要素生产率得到改善的双赢发展,这正是本章的主要工作。在有关中国全要素生产率分析的现有文献中,只有极少数几篇涉及了能源和环境因素。比如,陈诗一(2009)在工业分行业超越对数生产函数中同时引入能耗和二氧化碳排放要素,估算得到石油和天然气开采业在整个改革开放期间的 TFP 平均增长率最低,为 -8.6%,而计算机、电子与通信设备制造业的 TFP 平均增长率高达 12.2%,全要素生产率已经成为大多数行业特别是高新技术行业的第一增长引擎，而从投入要素的增长贡献来看，能源和资本是主要的驱动引擎，而劳动和污染排放贡献较低，甚至会阻碍工业的增长。文献中估算绿色 TFP 的一个常用方法是直接采用绿色 GDP 数据，在上述传统的增长核算框架下通过索洛残差法来进行估算，但是这种方法并不能准确反映环境因素的影响。近年来，国际上越来越多地采用方向性距离函数模型来考察环境因素对全要素生产率度量的影响，这样估算得到的绿色 TFP 更具生产经济学含义（胡鞍钢等，2008）。本章将采用该方法来估算绿色生产力，具体方法论在下一节介绍。目前来说国内在这方面的应用研究较少，涂正革（2008）使用了该方法，但只估算了环境因素制约下的生产效率，并没有估算生产率。而王兵等（2008）虽然估算了环境规制影响下的绿色 TFP 值，但是主要是 APEC 跨国或跨经济体研究，并无中国案例。

## 第三节　行为分析模型：一个低碳经济分析的理论框架

现有文献中对全要素生产率进行估算的方法可以粗略分为指数法、索洛残差法和前沿生产函数法。指数法主要根据全要素生产率的基本定义来进行估算，使用指数是为了在异质性的产出和投入之间能够可比，因此存在指数公式的选择问题。应用最广泛的指数公式是 Laspeyres 指数、Paasche 指数、Fisher 指数和 Tornqvist 指数。不过这些指数的计算需要投入产出的价格信息，只能把缺乏市场价格信息的环境污染变量排除在生产率计算之外。[①] 自从索洛 1957 年以生产函数形式给出了全要素生产率测度公式，并将它们同经济增长分析联系在一起后，索洛残差法在全要素生产率估算中开始流行起来。利用索洛残差法估算全要素生产率时首先要确定投入要素的产出弹性，这时或者根据先验知识假定其为某个固定的常数，或者利用 CD 生产函数或者超越对数生产函数来回归估计得到该弹性。但是先验假定投入的产出弹性为某个常数太过主观，常为研究者所批评。前沿生产函数以识别有效率和无效率的生产单位而见长，这里也分为随机性和确定性两种方法。随机前沿生产函数作为一种参数化方法也需要人为假定效率随时间而变化的模式，这也是它的一大缺陷，除此之外，还和

---

① 本书第六章基于所度量二氧化碳影子价格对包含环境因素的生产率指数进行了计算和分析。

上述索洛残差法中CD生产函数或超越对数生产函数一样，只能拟合一种产出的生产过程，对本章要同时模拟工业总产值和污染排放好坏两种产出的情形根本就无能为力，因而无法采用。确定性前沿生产函数也分为参数化和非参数化两种估计方法，其中以非参数估计更为常用，即文献中所说的数据包络分析（DEA）方法。显然，基于投入型或产出型距离函数的DEA方法不仅可以避免上述所有参数化方法有可能导致模型设定误差和不满足正态分布随机干扰项的缺陷，而且其最大的好处是可以同时模拟好坏等多种产出以及多种投入的生产过程，使得对环境污染等坏产出的合理处置成为可能。Zhou *et al.*（2008）综述了DEA方法在能源和环境领域的应用。因此，本章估算绿色全要素生产率所基于的正是非参数距离函数框架中的Shephard产出距离函数和方向性距离函数，本章接下来逐一进行简要介绍。

假设在$t$时点存在$n$个决策单位（DMU），每个单位有$k$种投入、$l$种期望（好）产出和$m$类非期望（坏）产出。对于第$i$个DMU而言（$i=1,2,\cdots,n$），$x_i$、$y_i$和$b_i$分别表示投入、好产出和坏产出的列向量，则$X_{k\times n}$、$Y_{l\times n}$和$B_{m\times n}$代表所有$n$个决策单位的投入矩阵和产出矩阵。本章的决策单位为38个工业两位数行业，研究时期跨度为1980—2008年，期望产出为工业总产值，非期望产出为二氧化碳排放[①]，投入有三种，分别为固定资产原值差构造的资本存量、第二套从业人员和能源消耗。

图5-2为Shephard距离函数和方向性距离函数的基本原理示意图，后者由于在文献中首次合理处置了环境污染变量的经济学特征而使其成为低碳经济分析的首选理论分析框架。如图所示，技术由$A$点即（$y,b$）所隶属的生产集$P(x)$表示。Shephard距离函数由$A$点同比例放射状投射到$C$点，其隐含假定在增加对消费者有益的好产出时也同时在增加二氧化碳排放这个副产品，这里并没有考虑它的负外部性，好坏产出都假定为自由处置。而由Chambers *et al.*（1996）以及Chung *et al.*（1997）提出的方向性距离函数（directional distance function, DDF）则第一次比较合理地模拟了环境污染这种坏产出的有害影响，在生产过程中应该力图在增加好产出的同时减少这种坏产出，即图5-2中由$A$

① 事实上，根据本章估算全要素生产率的四个模型，二氧化碳排放变量或不予考虑、或作为投入要素、或作为期望产出、或作为非期望产出来处理，这切合了文献中污染排放变量技术处理的演化历程。

点映射到 $B$ 点方向，这可由代表好坏产出变化的方向向量 $g$ 来表示。在 DDF 中，其标准情形为 $g=(y,-b)$。减少坏产出是有代价的，会占用生产好产出的投入资源，所以 DDF 中坏产出的弱处置假定有效地区分了期望产出和非期望产出这两种不同的效应，使得正确模拟环境污染的负外部性成为可能；也正是由于非期望产出的弱处置性，没有厂商会自愿减少坏产出，必须靠政府的环境规制来强迫厂商节能减排，因此环境 DDF 模型也被 Chung *et al*. (1997) 称为环境规制行为分析模型(activity analysis model, AAM)，基于此模型可以有效纳入能源和环境约束以度量真实全要素生产率并进一步合理判断经济发展方式转变，因此，这是一个低碳经济转型的合理理论分析框架，本书从这一章开始到第七章将主要使用该框架进行分析。

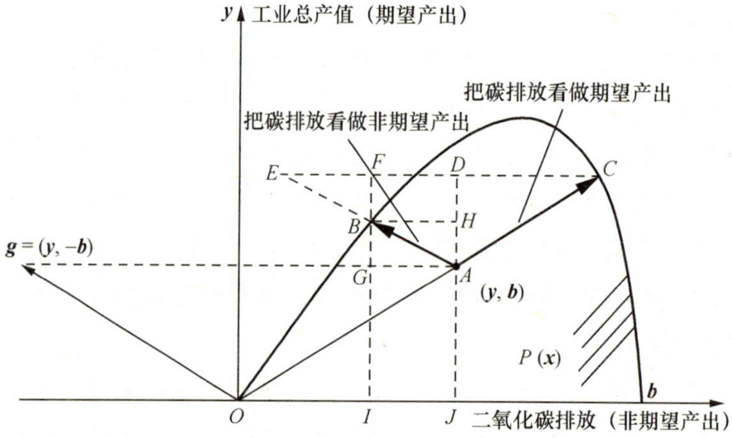


**图 5-2 低碳发展分析框架(Shephard 距离函数和方向性距离函数比较)**

如果令 $g=(y,b)$，DDF 就退化为 Shephard 距离函数了，可见，Shephard 距离函数是方向性距离函数的特例而已，它们也分别是本章估算全要素生产率的第三个和第四个模型，自然第四个模型是本章的目标模型。如果在 Shephard 距离函数中只考虑工业总产值一种好产出，而把二氧化碳排放作为第四种投入要素来看待，这就是本章估算的第二个模型；如果再进一步去掉二氧化碳排放不予考虑，这样一个退化的 Shephard 产出距离函数即是本章估算的第一个模型。从第一个模型到第四个模型依次对应着不考虑排放、把排放作为投入、把排放作为好产出以及把排放作为坏产出四种处置污染排放的方法。前两个模型与第二节综述中大部分文献一样只处理一种产出的生产过程。

1. Shephard 距离函数和曼奎斯特生产率指数

时点 $t$ 的 Shephard 产出距离函数可以写为

$$D_o^t(\boldsymbol{x}_i^t,\boldsymbol{y}_i^t,\boldsymbol{b}_i^t) = \inf\{\delta:(\boldsymbol{y}_i^t/\delta,\boldsymbol{b}_i^t/\delta) \in P^t(\boldsymbol{x}_i^t)\}$$
$$(\sup\{\delta:(\delta\boldsymbol{y}_i^t,\delta\boldsymbol{b}_i^t) \in P^t(\boldsymbol{x}_i^t)\})^{-1} \quad (5\text{-}1)$$

其中，上标 $t$ 表示生产的时间。在时点 $t$ 的第 $i$ 个决策单位的 Shephard 距离函数可以通过求解下面的线性规划而得：

$$(D_o^t(\boldsymbol{x}_i^t,\boldsymbol{y}_i^t,\boldsymbol{b}_i^t))^{-1} = \mathrm{Max}_{\lambda,\delta}\delta$$
$$\text{s.t.}\ -\delta\boldsymbol{y}_i + \boldsymbol{Y\lambda} \geqslant 0;\quad -\delta\boldsymbol{b}_i + \boldsymbol{B\lambda} \geqslant 0;\quad \boldsymbol{x}_i - \boldsymbol{X\lambda} \geqslant 0;\quad \boldsymbol{\lambda} \geqslant 0 \quad (5\text{-}2)$$

在该规划中，$\delta_i$ 为标量，满足 $\delta_i \geqslant 1$，这就是本章要核算的第 $i$ 个 DMU 的距离函数。$\delta_i > 1$，DMU 位于生产前沿内；而 $\delta_i = 1$ 意味着该 DMU 处于前沿之上。$\boldsymbol{\lambda}$ 是 $(n \times 1)$ 阶常数向量，为将前沿内 DMU 映射到该生产前沿之上的权重。工业总产值、二氧化碳排放和投入要素的不等式约束代表它们都是自由处置的。

在 Shephard 产出距离函数的基础上可以定义曼奎斯特生产率指数(Malmquist productivity index, MPI)如下：

$$\mathrm{MPI}_o^{t,t+1} = \left(\frac{D_o^t(\boldsymbol{x}_i^{t+1},\boldsymbol{y}_i^{t+1},\boldsymbol{b}_i^{t+1})}{D_o^t(\boldsymbol{x}_i^t,\boldsymbol{y}_i^t,\boldsymbol{b}_i^t)} \cdot \frac{D_o^{t+1}(\boldsymbol{x}_i^{t+1},\boldsymbol{y}_i^{t+1},\boldsymbol{b}_i^{t+1})}{D_o^{t+1}(\boldsymbol{x}_i^t,\boldsymbol{y}_i^t,\boldsymbol{b}_i^t)}\right)^{1/2} \quad (5\text{-}3)$$

从上式可知，要计算 MPI，需要首先计算四种 Shephard 距离函数，两种是当期的，两种是交互期的。(5-3)式可以等价写成下面的形式：

$$\mathrm{MPI}_o^{t,t+1} = \frac{D_o^{t+1}(\boldsymbol{x}_i^{t+1},\boldsymbol{y}_i^{t+1},\boldsymbol{b}_i^{t+1})}{D_o^t(\boldsymbol{x}_i^t,\boldsymbol{y}_i^t,\boldsymbol{b}_i^t)}\left(\frac{D_o^t(\boldsymbol{x}_i^{t+1},\boldsymbol{y}_i^{t+1},\boldsymbol{b}_i^{t+1})}{D_o^{t+1}(\boldsymbol{x}_i^{t+1},\boldsymbol{y}_i^{t+1},\boldsymbol{b}_i^{t+1})} \cdot \frac{D_o^t(\boldsymbol{x}_i^t,\boldsymbol{y}_i^t,\boldsymbol{b}_i^t)}{D_o^{t+1}(\boldsymbol{x}_i^t,\boldsymbol{y}_i^t,\boldsymbol{b}_i^t)}\right)^{1/2} \quad (5\text{-}4)$$

其中，右端第一项测度 $t$ 和 $t+1$ 期的相对效率变化，不妨用 MECH 表示，代表追赶效应；第二项捕捉两个时期的技术前沿移动，即技术进步率，用 MTCH 表示，代表创新效应。这样，曼奎斯特生产率指数可以分解为效率变化和技术改变，是两项的几何平均，即

$$\mathrm{MPI}_o^{t,t+1} = \mathrm{MECH}_o^{t,t+1} \cdot \mathrm{MTCH}_o^{t,t+1} \quad (5\text{-}5)$$

Färe *et al*. (1997) 指出曼奎斯特生产率指数的最大优点是不要求价格信息，这对于计算诸如环境污染这些市场价格缺失变量的生产率特别有用，而

Fisher 理想指数和 Tornqvist 指数的计算不仅需要数量信息,而且需要投入产出的价格信息。正如上述,Shephard 距离函数和曼奎斯特指数还没有考虑到污染排放的负外部性,为了合理捕捉环境污染的有害影响,使用方法必须全面升级到环境方向性距离函数和曼奎斯特-鲁恩博格生产率指数。

2. 方向性距离函数和曼奎斯特-鲁恩博格生产率指数

与 Shephard 距离函数同时增加好坏产出不同,环境方向性距离函数可以模拟在增加好产出的同时减少坏产出的环境规制行为,即

$$\boldsymbol{D}_o^t(\boldsymbol{x}_i^t,\boldsymbol{y}_i^t,\boldsymbol{b}_i^t;\boldsymbol{g}_i^t) = \sup\{\beta:(\boldsymbol{y}_i^t,\boldsymbol{b}_i^t)+\beta\boldsymbol{g}_i^t \in P^t(\boldsymbol{x}_i^t)\} \tag{5-6}$$

其中,$g=(y,-b)$。则(5-6)式可写成

$$\begin{aligned}\boldsymbol{D}_o^t(\boldsymbol{x}_i^t,\boldsymbol{y}_i^t,\boldsymbol{b}_i^t;\boldsymbol{y}_i^t,\boldsymbol{b}_i^t) &= \sup\{\beta:(\boldsymbol{y}_i^t,\boldsymbol{b}_i^t)+\beta(\boldsymbol{y}_i^t,\boldsymbol{b}_i^t) \in P^t(\boldsymbol{x}_i^t)\} \\ &= \sup\{\beta:((1+\beta)\boldsymbol{y}_i^t,(1-\beta)\boldsymbol{b}_i^t) \in P^t(\boldsymbol{x}_i^t)\}\end{aligned} \tag{5-7}$$

这里,$\beta$ 则代表给定投入水平下好坏产出同比例放缩的最大可能比例,即好产出可能在 $\boldsymbol{y}$ 基础上增加 $\beta\boldsymbol{y}$ 大小而坏产出则从 $\boldsymbol{b}$ 数量中减少 $\beta\boldsymbol{b}$。环境方向性距离函数可以通过求解下面的线性规划而得:

$$\boldsymbol{D}_o^t(\boldsymbol{x}_i^t,\boldsymbol{y}_i^t,\boldsymbol{b}_i^t;\boldsymbol{y}_i^t,-\boldsymbol{b}_i^t) = \mathrm{Max}_{\lambda,\beta}\beta$$

$$\text{s.t. } \boldsymbol{Y\lambda} \geqslant (1+\beta)\boldsymbol{y}_i;\quad \boldsymbol{B\lambda}=(1-\beta)\boldsymbol{b}_i;\quad \boldsymbol{X\lambda} \leqslant \boldsymbol{x}_i;\quad \boldsymbol{\lambda} \geqslant 0 \tag{5-8}$$

其中,非期望产出的等式约束意指弱处置的假定,而期望产出和投入的不等式约束则表明它们是自由处置的。由投入和产出矩阵($\boldsymbol{X},\boldsymbol{Y},\boldsymbol{B}$)的组合所定义的生产前沿将用来作为评价某个决策单位($\boldsymbol{x}_i,\boldsymbol{y}_i,\boldsymbol{b}_i$)是否生产有效率的基准。强度向量 $\boldsymbol{\lambda}=(\lambda_1,\lambda_2,\cdots,\lambda_n)^{\mathrm{T}}$ 则代表每个决策单位参与构建生产可能性前沿时的权重大小。

全要素生产率可以在方向性距离函数的基础上通过计算曼奎斯特-鲁恩博格生产率指数(Malmquist-Luenberger productivity index, MLPI)而得到。为计算该指数,对于每个行业必须首先计算得到四种类型的方向性距离函数,即线性规划(5-8)所示的基于 $t$ 期观察值和 $t$ 期技术的 DDF 值 $\boldsymbol{D}_o^t(\boldsymbol{x}^{i,t},\boldsymbol{y}^{i,t},\boldsymbol{b}^{i,t};\boldsymbol{y}^{i,t},-\boldsymbol{b}^{i,t})$、基于 $t+1$ 期观察值和 $t+1$ 期技术的方向性距离函数 $\boldsymbol{D}_o^{t+1}(\boldsymbol{x}^{i,t+1},\boldsymbol{y}^{i,t+1},\boldsymbol{b}^{i,t+1};\boldsymbol{y}^{i,t+1},-\boldsymbol{b}^{i,t+1})$ 以及两个交互期 DDF 值即 $\boldsymbol{D}_o^{t+1}(\boldsymbol{x}^{i,t},\boldsymbol{y}^{i,t},\boldsymbol{b}^{i,t};\boldsymbol{y}^{i,t},-\boldsymbol{b}^{i,t})$ 和 $\boldsymbol{D}_o^t(\boldsymbol{x}^{i,t+1},\boldsymbol{y}^{i,t+1},\boldsymbol{b}^{i,t+1};\boldsymbol{y}^{i,t+1},-\boldsymbol{b}^{i,t+1})$。基于与 Shephard 距离函数和曼奎斯特生产率指数(MPI)相似的思路,Chung *et al.* (1997)定义了 $t$ 期和 $t+1$ 期的曼奎

斯特-鲁恩博格生产率指数（MLPI）如下：

$$\mathrm{MLPI}^{t,t+1} = \left[\frac{1+\boldsymbol{D}_o^t(\boldsymbol{x}^{i,t},\boldsymbol{y}^{i,t},\boldsymbol{b}^{i,t};\boldsymbol{y}^{i,t},-\boldsymbol{b}^{i,t})}{1+\boldsymbol{D}_o^t(\boldsymbol{x}^{i,t+1},\boldsymbol{y}^{i,t+1},\boldsymbol{b}^{i,t+1};\boldsymbol{y}^{i,t+1},-\boldsymbol{b}^{i,t+1})} \times \frac{1+\boldsymbol{D}_o^{t+1}(\boldsymbol{x}^{i,t},\boldsymbol{y}^{i,t},\boldsymbol{b}^{i,t};\boldsymbol{y}^{i,t},-\boldsymbol{b}^{i,t})}{1+\boldsymbol{D}_o^{t+1}(\boldsymbol{x}^{i,t+1},\boldsymbol{y}^{i,t+1},\boldsymbol{b}^{i,t+1};\boldsymbol{y}^{i,t+1},-\boldsymbol{b}^{i,t+1})}\right]^{1/2} \tag{5-9}$$

MLPI 与方向向量 $\boldsymbol{g}$ 为 $(\boldsymbol{y},\boldsymbol{b})$ 而非 $(\boldsymbol{y},-\boldsymbol{b})$ 的传统曼奎斯特生产率指数（MPI）一致。与 MPI 中的情形一样，全要素生产率 MLPI 指数也可以被分解为技术效率变化（MLECH）和技术进步变化（MLTCH）的连乘积，即

$$\mathrm{MLPI}^{t,t+1} = \mathrm{MLECH}^{t,t+1} \cdot \mathrm{MLTCH}^{t,t+1} \tag{5-10}$$

其中，

$$\mathrm{MLECH}^{t,t+1} = \frac{1+\boldsymbol{D}_o^t(\boldsymbol{x}^{i,t},\boldsymbol{y}^{i,t},\boldsymbol{b}^{i,t};\boldsymbol{y}^{i,t},-\boldsymbol{b}^{i,t})}{1+\boldsymbol{D}_o^{t+1}(\boldsymbol{x}^{i,t+1},\boldsymbol{y}^{i,t+1},\boldsymbol{b}^{i,t+1};\boldsymbol{y}^{i,t+1},-\boldsymbol{b}^{i,t+1})} \tag{5-11}$$

$$\mathrm{MLTCH}^{t,t+1} = \left(\frac{1+\boldsymbol{D}_o^{t+1}(\boldsymbol{x}^{i,t+1},\boldsymbol{y}^{i,t+1},\boldsymbol{b}^{i,t+1};\boldsymbol{y}^{i,t+1},-\boldsymbol{b}^{i,t+1})}{1+\boldsymbol{D}_o^t(\boldsymbol{x}^{i,t+1},\boldsymbol{y}^{i,t+1},\boldsymbol{b}^{i,t+1};\boldsymbol{y}^{i,t+1},-\boldsymbol{b}^{i,t+1})} \cdot \frac{1+\boldsymbol{D}_o^{t+1}(\boldsymbol{x}^{i,t},\boldsymbol{y}^{i,t},\boldsymbol{b}^{i,t};\boldsymbol{y}^{i,t},-\boldsymbol{b}^{i,t})}{1+\boldsymbol{D}_o^t(\boldsymbol{x}^{i,t},\boldsymbol{y}^{i,t},\boldsymbol{b}^{i,t};\boldsymbol{y}^{i,t},-\boldsymbol{b}^{i,t})}\right)^{1/2} \tag{5-12}$$

如果 MLPI > 1，说明全要素生产率跨期得到了提高；如果 MLPI < 1，则说明生产率负增长。MLECH 度量了两个时期生产效率的变化。如果其值大于 1，表明厂商后期比前期更靠近生产前沿，存在追赶效应；其值小于 1 则说明厂商随时间推移越来越落后于技术前沿。MLTCH 则度量了生产前沿的移动或者说技术变化。如果生产可能性前沿沿着更多好产出更少坏产出方向移动的话则其值大于 1；反之，如果生产前沿沿着较少好产出较多坏产出方向移动的话，则其值小于 1；如果生产边界没有移动，则其值等于 1.

给定两个相连时期的情况下，如果某个决策单位同时满足下面三个条件的话

$$\begin{gathered}\mathrm{MLTCH}_o^{t,t+1} > 1 \\ \boldsymbol{D}_o^t(\boldsymbol{x}^{t+1},\boldsymbol{y}^{t+1},\boldsymbol{b}^{t+1};\boldsymbol{y}^{t+1},-\boldsymbol{b}^{t+1}) < 0 \\ \boldsymbol{D}_o^{t+1}(\boldsymbol{x}^{t+1},\boldsymbol{y}^{t+1},\boldsymbol{b}^{t+1};\boldsymbol{y}^{t+1},-\boldsymbol{b}^{t+1}) = 0\end{gathered} \tag{5-13}$$

则说明该决策单位在这两个时期使得生产前沿发生了外移，可以视该单位为创新单位。

## 第四节 环境全要素生产率度量与比较

表5-2报告了四种模型所估算的中国工业全行业的全要素生产率、生产效率和技术进步在分行业基础上和整个改革开放期间的平均发展速度,权重为各行业的工业增加值份额。相对于表5-1中所综述的中国工业全要素生产率估算文献,本研究的数据更丰富,四个模型至少都包含了能源投入,而且逐步合理地考察二氧化碳排放变量,因此估算的全要素生产率越来越准确。其中,模型4为本章的目标方法,其估算结果为即将讨论的环境(或绿色)全要素生产率及其分解度量。

**表5-2 工业全行业全要素生产率、效率和技术进步的不同度量比较(1981—2008年)**

| 生产率指数 | 没有考虑排放(模型1) | 排放作为投入(模型2) | 排放作为期望产出(模型3) | 排放作为非期望产出(模型4) |
|---|---|---|---|---|
| MPI/MLPI | 1.0545*** | 1.0626*** | 1.0387** | 1.0229 |
| MECH/MLECH | 1.0035 | 1.0044 | 1.0050 | 0.9981 |
| MTCH/MLTCH | 1.0522* | 1.0592** | 1.0346 | 1.0255 |

注:全行业生产率平均发展速度数值为分行业加权平均(权重为工业增加值份额)和整个期间几何平均计算而得。***、**、*分别代表1%、5%和10%的显著性水平,这里基准模型是模型4,零假设为模型1、2、3所估算生产率、效率和技术改变的均值等同于模型4的对应值,使用学生氏$t$检验统计量。

根据表5-2模型4的度量结果,在正确考虑了能源和二氧化碳排放的情况下,中国工业全行业TFP年均增长2.29%,生产效率年均减少0.19%,年均技术进步率为2.55%。显然,整个改革开放期间中国工业全要素生产率的较大改善主要是由于技术进步而非生产效率提高引起的,这与Wu(1995)、Zheng *et al.*(2003)、涂正革和肖耿(2005)、李小平等(2008)、刘小玄和吴延兵(2009)等的结论是一致的。这里估算的全要素生产率增长要小于表5-1综述中的几乎所有全要素生产率估计值,只比胡永泰(1998)经过较严格数据调整所得到的1.8%的增长率略高。事实上,表5-2中其他三个模型估算的平均全要素生产率、效率和技术进步率分别在3.87%—6.26%、0.35%—0.5%和3.46%—5.92%区间,都一致地大于模型4的对应结果,生产效率的改进方向甚至变负为正;而且全要素生产率与表5-1中的大部分估计结果相似,仅Chen *et al.*

(1988)、Jefferson *et al*. (2000)、李玉红等(2008)例外。由此，可以初步得出一个结论，即不考虑污染排放或者没有正确处理污染排放变量的话会高估真实的全要素生产率，甚至也高估技术进步率和生产效率，这样就容易得出经济发展方式已经发生了比较乐观的转变的结论，正如此前两章的情形；这同时也说明方向性距离函数和行为分析模型在测度环境全要素生产率以及在低碳转型和经济发展方式转变分析中的极端重要性了，这正是本书从这一章到第七章的主要研究目标。

为了进一步检验上述结论，本章仿照 Chung *et al*. (1997)和 Kumar (2006)的做法对模型 4 所度量的全要素生产率、生产效率和技术进步率是否在统计上显著小于其他模型的对应估算值进行了 $t$ 统计量检验①。检验结果显示，前三个模型的全要素生产率估计值显著大于模型 4 的估计，模型 1 和 2 的技术进步率显著大于模型 4 的对应值，但是四个模型所估算的生产效率在统计上并没有显著差异性。由此可以进一步确认，在正确处置了环境污染变量后，即模型 4 把污染排放作为非期望产出处置后所得到的全要素生产率和技术进步率要小于不考虑或者没有正确考虑环境因素的度量值，而生产效率估算差异不大，这是本章的主要发现之一。很多研究的结论与本章相似，比如，Jeon and Sickles (2004)在不考虑二氧化碳排放情况下的度量显示亚洲经济体中日本、韩国、中国台湾地区、新加坡和中国香港地区都出现了 TFP 增长，而考虑了排放后的度量则显示只有日本有 TFP 增长。Nanere *et al*. (2007)得出不考虑生产的外部成本，会高估生产率，而忽略了生产的外部收益则会低估生产率。Watanabe and Tanaka (2007)利用中国各省工业数据检验了只考虑期望产出与同时考虑期望和非期望产出的两种技术效率度量方法，发现只考虑期望产出的技术效率度量是有偏的，通常会高估真实的工业效率水平。考虑能源和环境因素后生产率度量值的降低似乎又与 Young (1995)所发现的二战后大部分亚洲国家的增长是由投入扩张而非全要素生产率进步来推动的结论较一致了。这可以从下面表 5-3 的分时期段增长核算分析来进一步解析。

① 比如 Kumar (2006)利用 $t$ 统计量检验了传统 MPI 和考虑环境因素的 MLPI 及其分解成分度量值的差异在统计上是否显著，发现 MPI 和 MLPI 统计上并不显著不同，倒是两个成分显著不同。

表 5-3 分时期投入产出与四种模型度量生产率的平均发展速度

| 时期 | 工业总产值 | 碳排放 | 资本 | 劳动 | 能源 | MPI1 | MPI2 | MPI3 | MLPI |
|---|---|---|---|---|---|---|---|---|---|
| 1981—1992 | 1.09 | 1.05 | 1.11 | 1.05 | 1.06 | 1.0123 | 1.0146 | 1.0060 | 1.0068 |
| | 100 | | | | | 13 | 16 | 7 | 7 |
| 1992—2001 | 1.12 | 0.98 | 1.09 | 1.00 | 1.03 | 1.0459 | 1.0578 | 1.0264 | 1.0315 |
| | 100 | | | | | 39 | 49 | 23 | 27 |
| 2001—2008 | 1.21 | 1.05 | 1.09 | 1.07 | 1.11 | 1.1258 | 1.1380 | 1.1001 | 1.0356 |
| | 100 | | | | | 60 | 66 | 48 | 17 |
| 1981—2008 | 1.13 | 1.03 | 1.10 | 1.04 | 1.06 | 1.0545 | 1.0626 | 1.0387 | 1.0229 |
| | 100 | | | | | 41 | 47 | 29 | 17 |

注:MPI1/MPI2/MPI3/MLPI 分别表示模型 1 至模型 4 所估算的生产率指数。每一时期第一行数据表示该变量的平均发展速度(也是通过分行业加权平均和对应时期几何平均计算而得),第二行表示生产率增长对工业总产值的贡献份额(单位:%),它与投入要素的产出贡献份额相加等于 100。

表 5-3 报告了工业改革三个子阶段和整个期间增长核算基于所有行业的平均结果[①],包括工业总产值、二氧化碳排放、资本存量、劳动、能耗和四种 TFP 的发展速度以及四种 TFP 贡献份额大小。[②] 和表 5-2 的结论相似,三个子时期前三个模型所估计的全要素生产率增长率及其贡献份额也基本上大于模型 4 估算的全要素生产率变化及其份额(仅模型 3 前两个时期的度量值例外)。如果仅仅根据前两个模型的全要素生产率估计结果完全也可以得出与涂正革和肖耿(2006)、刘伟和张辉(2008)、陈诗一(2009)、张军等(2009)以及第三章和第四章一致的结论[③],即从第三个阶段开始,全要素生产率的产出贡献份额已经

① 改革分时期划分请见第一章。

② 由于非参数方法不方便计算每个投入要素的贡献份额,这里仿照吴延瑞(2008)的做法计算出生产率的贡献度,根据其与所有投入的贡献度的相对大小来进行简单增长核算分析。

③ 涂正革和肖耿(2006)发现中国工业劳动生产率的增长,至少在大中型企业这个层面,已经由转轨初期的单一资本扩张驱动模式,开始向以技术进步为主和资本深化为辅的多引擎推动模式转变,即由粗放型向集约型发展方式转变,而 1999 年似乎是一个转折点。刘伟和张辉(2008)发现,1998 年之后我国经济发展模式已经越来越体现出了其自身的可持续性。陈诗一(2009)根据大多数行业中技术进步发挥着第一增长引擎的作用来说明中国工业的发展方式从总体上来看已经由 1978 年前的外延扩张型转变成现在以质量提高为特征的内涵扩张型增长。张军等(2009)也发现 1992 年后中国工业的发展方式已经向可持续性方向转变。

超过要素的数量贡献度，这意味着工业的增长方式开始从粗放式向集约型转变[①]，相似结论的得出主要是因为这些文献处理环境因素的方法相同或相似。而把排放作为好产出处理的模型3的结论就没那么强了；根据环境DDF所估算的模型4中全要素生产率的结论，更加不能得出工业发展方式开始发生转变的结论，环境全要素生产率贡献份额远远落后于投入要素数量贡献度的事实表明，中国工业目前仍处在粗放型的发展阶段，低碳转型仍然任重道远，发展方式转变之路依然漫长，这并没有逃脱Krugman（1994）和Young（1995）的结论。[②]从表5-3还可以看出，第二个阶段中国工业的二氧化碳减排2个百分点，能耗增长最低，只有3个百分点，劳动实际上下降了0.3个百分点（保存3位小数的话表中值为0.997），这与90年代中后期国有企业抓大放小、节能减排和减员增效的改革紧密相关。模型1至模型3中三个时期全要素生产率的贡献都是递增的，但是模型4中全要素生产率的贡献度在第三个阶段却出现了下降，这显然与这一阶段再次重化工业化有关，从表5-3可以看出，这一阶段二氧化碳排放和能耗都急剧增长，模型4显然有效考虑到了这种能源和环境的变化因素。如果把本章四个模型中三个阶段的全要素生产率变化估计值与表5-1的其他研究对比，可以看出本章第一阶段四个模型的估计量都要小于Chen *et al.*（1988）、Wu（1995）、胡永泰（1998）、Jefferson *et al.*（2000）、Zheng *et al.*（2003）、Bosworth and Collins（2008）和张军等（2009）；第二阶段所有模型的估计结果要大于Jefferson *et al.*（2000），但是小于Zheng *et al.*（2003）、涂正革和肖耿（2005）、Bosworth and Collins（2008）和张军等（2009）；而本章模型1至模型3在第三阶段的估计结果与李小平等（2008）和张军等（2009）相似，小于刘小玄和吴延兵（2009）的估算，而本章模型4在第三阶段的环境全要素生产率增长估计值在所有的研究中仍然最小。

与报告全行业和分时期结果的表5-2和表5-3不同，表5-4报告了38个分行业的简单增长核算表，投入产出变量报告的是几何平均发展速度，MLPI、MLECH、MLTCH为目标模型4的估算结果，全要素生产率贡献份额的计算同

---

① 本章一开始即给出了判断发展方式转变和发展可持续性的依据。Lynam and Herdt（1989）也把非减的全要素生产率度量值解释为经济可持续发展的指针。

② Watanabe and Tanaka（2007）也认为同时考虑了期望产出和非期望产出的生产率水平才是判断中国工业发展可持续性的较好指标。

表 5-4 基于方向性距离函数(模型 4)的工业分行业绿色增长核算(1981—2008 年)

| 行业 | 产出 | 资本 | 劳动 | 能源 | MLPI | MLECH | MLTCH | 生产率贡献份额(%) |
|---|---|---|---|---|---|---|---|---|
| 煤炭开采 | 1.08 | 1.06 | 1.01 | 1.04 | 1.0002 | 0.9998 | 1.0004 | 0.2 |
| 石油开采 | 1.01 | 1.11 | 1.05 | 1.04 | 0.9991 | 0.9979 | 1.0012 | -8.3 |
| 黑金采选 | 1.14 | 1.08 | 1.06 | 1.07 | 1.0072 | 0.9990 | 1.0082 | 5.0 |
| 有金采选 | 1.10 | 1.05 | 1.01 | 1.04 | 1.0070 | 0.9968 | 1.0102 | 7.0 |
| 非金矿采 | 1.09 | 1.04 | 1.00 | 1.06 | 1.0023 | 0.9954 | 1.0069 | 2.7 |
| 木材采运 | 1.03 | 1.02 | 0.98 | 0.99 | 1.0010 | 0.9972 | 1.0039 | 3.9 |
| 农副加工 | 1.10 | 1.11 | 1.03 | 1.04 | 1.0024 | 0.9928 | 1.0097 | 2.3 |
| 食品制造 | 1.10 | 1.10 | 1.03 | 1.05 | 1.0016 | 0.9963 | 1.0053 | 1.6 |
| 饮料制造 | 1.12 | 1.11 | 1.03 | 1.06 | 1.0049 | 0.9963 | 1.0086 | 4.0 |
| 烟草加工 | 1.10 | 1.13 | 1.01 | 1.04 | 1.0471 | 1.0000 | 1.0471 | 47.7 |
| 纺织业 | 1.09 | 1.09 | 1.02 | 1.04 | 1.0051 | 0.9936 | 1.0116 | 5.7 |
| 纺织服装 | 1.12 | 1.12 | 1.05 | 1.10 | 0.9989 | 0.9775 | 1.0219 | -0.9 |
| 皮革毛羽 | 1.12 | 1.10 | 1.06 | 1.06 | 1.0200 | 0.9946 | 1.0256 | 16.3 |
| 木材加工 | 1.11 | 1.11 | 1.05 | 1.02 | 1.0083 | 0.9925 | 1.0160 | 7.3 |
| 家具制造 | 1.13 | 1.10 | 1.05 | 1.04 | 1.0317 | 0.9962 | 1.0357 | 23.9 |
| 造纸制品 | 1.14 | 1.11 | 1.03 | 1.05 | 1.0031 | 0.9992 | 1.0039 | 2.2 |
| 印刷媒介 | 1.12 | 1.11 | 1.03 | 1.08 | 1.0262 | 0.9964 | 1.0299 | 21.8 |
| 文教体育 | 1.15 | 1.11 | 1.06 | 1.06 | 1.0473 | 0.9985 | 1.0489 | 30.7 |
| 石油加工 | 1.06 | 1.11 | 1.04 | 1.09 | 0.9859 | 0.9758 | 1.0103 | -24.1 |
| 化学工业 | 1.11 | 1.08 | 1.03 | 1.05 | 1.0012 | 0.9990 | 1.0022 | 1.0 |
| 医药工业 | 1.16 | 1.12 | 1.04 | 1.04 | 1.0053 | 0.9976 | 1.0077 | 3.3 |
| 化学纤维 | 1.17 | 1.09 | 1.03 | 1.06 | 1.0675 | 1.0181 | 1.0486 | 39.6 |
| 橡胶制品 | 1.12 | 1.10 | 1.04 | 1.06 | 1.0008 | 0.9964 | 1.0044 | 0.7 |
| 塑料制品 | 1.15 | 1.12 | 1.05 | 1.09 | 1.0226 | 0.9940 | 1.0287 | 14.6 |
| 非金制造 | 1.12 | 1.08 | 1.01 | 1.06 | 1.0009 | 0.9994 | 1.0015 | 0.8 |
| 黑金加工 | 1.12 | 1.08 | 1.02 | 1.07 | 1.0075 | 1.0109 | 0.9966 | 6.3 |
| 有金加工 | 1.13 | 1.09 | 1.05 | 1.11 | 1.0024 | 0.9948 | 1.0076 | 1.9 |
| 金属制品 | 1.13 | 1.08 | 1.02 | 1.07 | 1.0229 | 0.9961 | 1.0269 | 17.6 |
| 通用设备 | 1.11 | 1.05 | 1.02 | 1.03 | 1.0182 | 0.9970 | 1.0213 | 16.0 |
| 专用设备 | 1.12 | 1.05 | 1.01 | 1.03 | 1.0138 | 0.9962 | 1.0177 | 11.8 |
| 交通设备 | 1.18 | 1.08 | 1.03 | 1.05 | 1.0204 | 1.0005 | 1.0198 | 11.3 |

（续表）

| 行业 | 产出 | 资本 | 劳动 | 能源 | MLPI | MLECH | MLTCH | 生产率贡献份额(%) |
|---|---|---|---|---|---|---|---|---|
| 电气机械 | 1.17 | 1.10 | 1.05 | 1.07 | 1.0458 | 1.0012 | 1.0445 | 27.1 |
| 通信设备 | 1.28 | 1.13 | 1.08 | 1.11 | 1.1256 | 1.0223 | 1.1010 | 44.5 |
| 仪器仪表 | 1.16 | 1.07 | 1.03 | 1.03 | 1.0576 | 1.0061 | 1.0512 | 36.0 |
| 电力热力 | 1.12 | 1.11 | 1.04 | 1.09 | 0.9999 | 0.9998 | 1.0001 | -0.1 |
| 燃气煤气 | 1.07 | 1.10 | 1.03 | 1.04 | 0.9974 | 0.9989 | 0.9985 | -3.9 |
| 水的生产 | 1.07 | 1.11 | 1.04 | 1.06 | 1.0057 | 0.9896 | 1.0163 | 8.2 |
| 其他工业 | 1.14 | 1.10 | 1.00 | 1.04 | 1.0317 | 0.9999 | 1.0318 | 22.5 |

注:最后一列贡献份额定义为生产率增长占工业总产值增长的比重;除此之外,其余数据都为各变量在整个时期的几何平均发展速度。

表5-3一样参照吴延瑞(2008)。显然,分行业的数据差异很大,比如工业总产值的增长率从石油和天然气开采业的1%到计算机电子通信设备制造业的28%不等,所估算的全要素生产率指数和生产效率也从石油加工及炼焦业的0.9859和0.9758到计算机电子通信设备制造业的1.1256和1.0223不等,而技术进步率则处于黑色金属冶炼及压延加工业的0.9966到计算机电子通信设备制造业的1.101之间。那些产出增长慢以及全要素生产率和技术进步不快甚至为负的行业基本上都是能耗和排放密集型的重化工业行业,如石油和天然气开采业、煤炭采选业、非金属矿物制品业、非金属矿采选业、化学原料及化学制品制造业、燃气生产和供应业等。而总产值和全要素生产率增长以及技术进步率快的行业都是些轻工业行业和高新技术行业,如计算机电子及通信设备制造业(排名都是第一)、化学纤维制造业、家具制造业、交通运输设备制造业、仪器仪表制造业和电气机械及器材制造业,由此凸显这些行业在工业发展升级中的重要性。除少数例外,工业各行业的全要素生产率增长和技术进步率为正,而生产效率为负增长,这和表5-2一样也说明了工业全要素生产率的提高主要由技术进步引起,而非生产效率。全要素生产率负增长的行业有石油加工及炼焦业、石油和天然气开采业、燃气生产和供应业、电力热力生产和供应业;技术进步率为负的行业只有黑色金属冶炼及压延加工业和燃气的生产和供应业。除了黑色金属冶炼及压延加工业外,生产效率变化为正的行业为计算机电子及通信设备制造业、交通运输设备制造业、电气机械及器材制造业、仪器仪表制造

业、烟草加工业和化学纤维制造业，这些行业的全要素生产率增长和技术进步率也为正，同样凸显出部分轻工业和高新技术行业在加快转变经济发展方式上的重要作用。虽然同表5-3的结论一样，没有一个行业的全要素生产率贡献度超过50%，所有行业仍然表现为要素驱动型的粗放型发展方式，但是全要素生产率贡献度的百分点超过两位数的几乎都是轻工业行业（塑料制品业唯一例外），贡献度接近50%的为烟草加工业和计算机电子及通信设备制造业；上述全要素生产率负增长的行业对产出的贡献也为负，它们都是些纯粹由能源和资本等要素驱动的重工业行业，其中，石油加工及炼焦业的生产率贡献度最低，达到-24%。轻工业和重工业行业在全要素生产率上的这些差异与第二章相关变量的描述性分析所隐含的结论相一致。从投入要素角度来看，劳动就业的增长率不高，但是资本存量和能源消耗的平均增长率很高，在要素驱动型的工业发展中发挥主要作用。

## 第五节　中国工业的绿色生产力革命

图5-3绘制出改革开放期间工业全行业和轻重工业基于模型4所估算的环境全要素生产率（MLPI）、生产效率（MLECH）和技术进步（MLTCH）的平均发展速度趋势图，轻重工业的区分依然如第二章那样以2004年各行业的能源消耗排序为依据，所有序列都是以各行业增加值份额为权重计算的加权平均算术平均数。图5-3不仅通过轻重工业的划分而使得各行业全要素生产率变化的异质性特征一目了然，而且全要素生产率及其分解的时变模型也一清二楚。首先可以看出由于共同的经济基本面因素（比如共同的宏观政策和外部经济环境）几乎同时影响着所有而不是一部分工业行业的原因，轻重工业总体上都保持着与工业全行业相似的全要素生产率变动轨迹。即改革开放初期体现追赶效应的生产效率较高，但是代表创新能力的技术变化为负；然后技术进步持续较快增长，于21世纪初达到最高增长率5.2%，对前沿技术吸收的追赶效应却消失，生产效率不断下降；21世纪以来，生产效率得到改善，技术进步却出现下降趋势。更多受技术进步变化而非生产效率的影响，中国工业的全要素生产率在20世纪80年代初期增长也很低，随后有一个较长时期的持续平稳提高，并于21世纪初达到最高4.4%的增长率后转而一路下降，这与文献中对中国全要素生

产率估计的变化模式基本一致（郭庆旺和贾俊雪，2005；Perkins and Rawski，2008；吴延瑞，2008；刘小玄和吴延兵，2009；王小鲁等，2009；张军等，2009；Zheng *et al.*，2009）。从图5-3还可以看出，由于重工业的权重较大，工业全行业的趋势更多受重工业的变化模式影响。

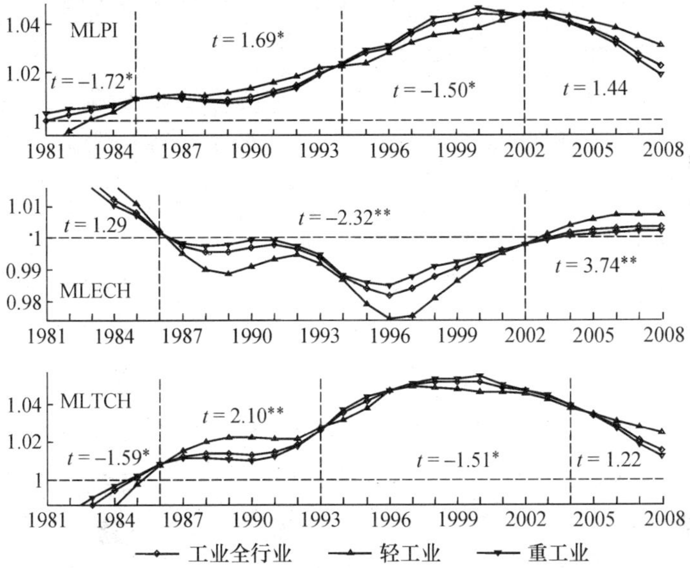


**图5-3　基于方向性距离函数度量的MLPI/MLECH/MLTCH变化（1981—2008年）**

虽然从表5-1和表5-4可以得到轻工业的全要素生产率要高于重工业，这似乎也与我们的直觉或者一些已有的研究相似（Wu，1995；Jefferson *et al.*，2000；李玉红等，2008；陈诗一，2009；张军等，2009），但是如果按照图5-3进行跨期分析的话，这种结论并不必然。图5-3按照轻重工业表现的不同差异对趋势图进行了更具体的时期划分，该划分与表5-3中分时期划分相似而不相同。图5-3并对轻工业相对于重工业的这种度量值差异是否在统计上显著进行了$t$统计量检验，各区间的$t$统计量值在图上进行了标示，数值后的＊、＊＊、＊＊＊分别代表在10%、5%和1%统计水平上显著。从图5-3可以看出，在20世纪80年代早期，虽然以乡镇企业为主体的轻工业开始蓬勃发展，轻工业的生产效率也高于重工业，但是这种优势并不显著，它的技术改善仍然显著慢于以国有工业为代表的重工业，导致重工业在该阶段的生产率增长明显高于轻工业。但是随后从80年代中期到90年代初期，工业发展战略从改革前重工业优先发展转为改革后轻重工业并重发展的优势开始得到显现，以乡镇企业、民营企业和外资企业为代表的非国有工业主要在轻工业的各个行业中得到了快速发展，非国有工业总产值比重也于1993年首次超过了国有工业，从图5-3相应可以看出，轻工业的技术进步率和全要素生产率增长在这个阶段显著优于重工业。当然为了缓解长期计划经济造成的能源短缺，国家在这个阶段对能源生产采取了鼓励的政策，如同这个时期的城市工业扩大企业自主权的改革一样，煤炭、石油、电力等重工业行业先后实行了以行业包干为特征的承包责任制改革，其中市场化最为彻底、竞争最为激烈的就是煤炭产业，随着小煤矿的不断增加，其他五小工业（小火电、小钢铁、小机械、小化肥、小水泥）也相继出现，所以我们看到这个时期重工业的效率改善仍然显著快于轻工业。

20世纪80年代中后期小煤矿等能源密集型小企业的盲目发展，虽然缓解了中国的能源紧缺问题，但是煤炭生产过剩，产量失控，而且这些小煤矿大多采取破坏性开采，未采取环保措施，造成了煤炭资源的严重破坏和浪费以及环境的严重污染。而且这个阶段及以前，工业污染的防治主要集中在点源治理和污染末端治理上，效果并不理想。因此中国政府从80年代末开始治理整顿煤炭市场，转而限制能源企业的发展。特别是伴随着全球可持续发展概念的提出，中国的环保意识在90年代初开始真正建立起来，环保措施和节约能源的政策成为了政府工作的重要内容和具体行动。比如，中国是最早参与《我们共同的未来》报告编写的国家之一，并于1992年签署了《里约宣言》和《21世纪议程》。1994年，中国率先发布了第一个国家级的《中国21世纪议程》。1996年在全国人大第八届四次会议批准的"九五"计划和2010年远景目标纲要中，可持续发展被正式确定为国家的基本发展战略之一，其中，能源列为实施可持续发展战略的重点领域，并进一步强调了1980年提出的"节约与开发并举"的能源方针，这是可持续发展战略在能源政策中的主要体现。1998年正式实施的《中华人民共和国节约能源法》对节能管理、合理使用能源和鼓励节能技术进一步做了规定。中国工业污染防治成为了环境保护的重点，其防治战略也发生了重大变化，从末端治理转向源头和全过程控制，从浓度控制转向总量和浓度控制相结合，从点源治理转向流域和区域综合治理，从简单的企业治理转向调整产业结构、清洁生产和发展循环经济。尤其值得指出的是，在中国政府对国有工业企业进行"抓大放小"根本性改革的背景下，中国从90年代中期开始淘汰和关闭了近10万家技术落后、高耗能、高污染的小企业,市场竞争的优胜劣汰机制发挥作用,无序生产得到遏止。特别是煤炭工业,与90年代初期产品市场价格完全放开相一致,截至1994年,导致生产无序和腐败滋生的煤炭"双轨制"价格在所有资源性产品中率先基本放开,至此煤炭市场完全形成,煤炭企业得以完全投入到市场竞争中。同时,在鼓励新能源和可再生能源的开发的政策下,煤炭消费量在一次能源消费总量中所占的比重已由1990年的76.2%降为2000年的66.0%;石油、天然气、水电、核电、风能、太阳能等所占比重由1990年的23.8%上升到2000年的34.0%。由于中国政府在这一阶段的一系列节能减排和环保努力,我们看到了图5-1所示的工业能耗和二氧化碳排放一改此前的上升趋势转而停顿甚至下降,工业能源强度和碳排放强度也快速下降,能源利用效率和碳减排效率明显得到提高。而表现在图5-3上,我们看到能耗和排放密集型的重工业行业的技术进步率从90年代中前期到本世纪初明显超过了轻工业($t$统计量等于$-1.51$,在5%的水平上显著),生产效率的改善也仍然快于轻工业($t$值为$-2.32$,高度显著),所有这些都导致了该阶段重工业的全要素生产率增长超过了轻工业,而且这种优势在5%的统计水平上显著($t$统计量为$-1.50$),这个结论与大多数文献中轻工业全要素生产率一致性高于重工业的结论是不同的①,这是本章的又一个主要发现。本章把中国工业从20世纪90年代中前期到21世纪初叶这种由于节能减排环境规制所引致的重工业全要素生产率相对于轻工业的更快提高称之为中国工业的绿色生产力革命,这也是一个低碳转型乃至工业发展方式转变的加速时期,同时这个发现也支持了环境质量和生产率水平可以得到同时提高的波特假说(Porter, 1991),说明了Boyd *et al*. (2002)定义的节能减排与双赢发展是可能实现的。②

然而,2002年后,以高能耗、高污染为特征的重化工业化现象在中国工业发展中再次出现,房地产和汽车工业快速发展,基础设施投资持续加大,机电和化

① 与本章结论相似的文献不多。Zheng *et al*. (2003)发现在整个80年代,中国轻工业的生产率增长高于重工业,而从90年代初开始,重工业的生产率增长则高于轻工业了。Jeon and Sickles (2004)的跨国分析显示芬兰、法国和瑞典等国家的二氧化碳减排政策引致了生产率的提高,而二氧化碳排放增加较快的国家如加拿大、日本、爱尔兰、意大利和西班牙的生产率增长率较低,即TFP与碳排放呈反方向变化。Kumar(2006)认为传统的生产率度量会得出环境规制与生产率提高负相关的结论,但是基于环境方向性距离函数的度量结果正好相反。

② 第七章将对此进行进一步分析。

工等资源密集型产品出口份额增加，所有这些都带动了采掘业、石油和金属加工业、建材及非金属矿物制品业、化工和机械设备制造等重化工业行业的急剧膨胀，如图 5-1 所示，中国的能耗和排放再次大幅增长，能源强度和二氧化碳排放强度的下降趋势出现回升或转缓，学术界也因此引起了中国应该走何种工业化道路的激烈争论。所以表现在图 5-3 所示的轻重工业差异上，虽然体现追赶效应的生产效率开始出现正增长，但是重工业的增长显著低于轻工业，重工业的技术进步率也没了前一阶段的起色，开始逐步小于轻工业，因此，重工业的绿色全要素生产率增长转而小于轻工业增长就不奇怪了，当然，发生在重工业全要素生产率和技术进步率上的逆转还不是根本性的，因为这种恶化并没有得到统计上的显著支持。可以想见，如果继续大力执行 20 世纪 90 年代到 21 世纪初卓有成效的节能减排环境规制政策的话，中国工业的绿色生产力革命依然可以持续，由此带来以低碳发展为主要特征的中国工业发展方式在一定时期内的根本转变也不是没有可能。

参照 Färe *et al.* (2001) 和 Kumar (2006) 的方法，本章也对那些技术进步显著或者说推动了生产技术前沿移动的创新型行业进行了识别。表 5-5 分别报告了基于模型 3（把二氧化碳排放作为期望产出处理）和模型 4（把排放作为非期望产出处理）两种方法的两年跨期识别结果。按照模型 4 的最终识别结果，推动生产技术可能性边界移动的创新行业在早期主要是电气机械及器材制造业和纺织服装业，从 1992—1993 年开始计算机、电子与通信设备制造业开始发挥持续不断的技术进步推动作用。从表 5-4 已经知道，计算机、电子与通信设备制造业在所有的行业中产出、全要素生产率、生产效率、技术进步的平均增长率都是最高的，全要素生产率对产出的贡献份额也排名第二，达到 44.48%，正如江泽民（2008b）指出的，引发了第三次工业革命的以计算机互联网为代表的信息技术产业在未来依然将发挥经济增长倍增器、发展方式转换器和产业升级助推器的作用，有力促进科技创新和经济可持续发展。而全要素生产率产出贡献排名第一（47.67%）的烟草加工业除了少数几个年份外一直在推动着中国工业的前沿技术进步。如果对比模型 3 和 4 的识别结果又会发现，不考虑污染排放的有害作用的话，石油加工及炼焦业和电力热力生产和供应业会被误看做有效率的单位，而有效率的单位诸如烟草加工业和纺织业却又会被漏掉，由此进一步显现能源和环境因素在技术进步评估和创新单位识别中的重要作用。

表 5-5　不同模型测度的有效率行业变化

| 年份 | 排放作为期望产出 | 排放作为非期望产出 | 年份 | 排放作为期望产出 | 排放作为非期望产出 |
|---|---|---|---|---|---|
| 1980—1981 | [ ] | [ ] | 1994—1995 | 10,33,38 | 10,33,38 |
| 1981—1982 | [ ] | [ ] | 1995—1996 | 10,33 | 10,33 |
| 1982—1983 | [ ] | [ ] | 1996—1997 | 10,33 | 10,33 |
| 1883—1984 | [ ] | [ ] | 1997—1998 | 10,19,33 | 10,33 |
| 1984—1985 | 32 | 32 | 1998—1999 | 10,19,33 | 10,33 |
| 1985—1986 | 10,32 | 10,32 | 1999—2000 | 10,19,33 | 33 |
| 1986—1987 | 10,32 | 10,32 | 2000—2001 | 19,33,35 | 33 |
| 1987—1988 | 10 | 10 | 2001—2002 | 19,33,35 | 33 |
| 1988—1989 | 10 | 10,12 | 2002—2003 | 19,33,35 | 33 |
| 1989—1990 | 10,12 | 10,12 | 2003—2004 | 10,19,33,35 | 10,33 |
| 1990—1991 | 10,12 | 10,12 | 2004—2005 | 10,19,33,35 | 10,33 |
| 1991—1992 | 12 | 10,12 | 2005—2006 | 10,19,33,35 | 10,33 |
| 1992—1993 | 12,33 | 12,33 | 2006—2007 | 10,19,33,35 | 10,33 |
| 1993—1994 | 33 | 12,33 | 2007—2008 | 10,19,33,35 | 10,33 |

注：根据本文两位数行业排序，行业 10、12、19、32、33、35、38 依次为烟草加工业、服装业、石油加工及炼焦业、电气机械及器材制造业、计算机电子与通信设备制造业、电力热力生产和供应业和其他工业。[ ]代表不存在有效率的行业。

## 第六节　工业低碳转型：艰难与希望并存

Kumar(2006)已经指出，传统对全要素生产率的度量常常忽视或者不合理处置环境污染变量，其度量结果是不完整的，对政策的正确评估作用有限甚至有害。而本章分析所用环境方向性距离函数或者说环境规制行为分析模型比较合理地模拟了环境污染这种坏产出的负外部性，刻画了环境污染减少需要占用好产出投入的弱处置特征，因而能够更全面地度量环境污染制约下的真实全要素生产率以及准确判断经济发展方式的转变情形，是用于低碳经济发展的一个合理理论分析框架。正如中国环境与发展国际合作委员会研究报告(2008)年所指出的，低碳经济是能够满足能源、环境和气候变化挑战前提下实现可持续发展的唯一途径。因此，本章选择行为分析模型这个低碳发展的合适理论框架来进行以低碳转型为核心的经济发展方式转变分析就显得意义重大。

本章以此作为目标模型，把二氧化碳排放作为非期望产出处置，并利用曼奎斯特-鲁恩博格生产率指数度量出中国工业38个两位数行业从1980年到2008年间的绿色全要素生产率及其分解，并与不考虑环境因素、把环境变量作为投入以及把环境变量仅仅看做没有危害的副产品处置的三种传统度量的结果进行比较。本章的第一个发现是，不考虑或者不合理处置环境污染变量的模型会显著高估全要素生产率和技术进步率，导致发展方式转变评估有误。本章接着分析了基于环境方向性距离函数所估计的绿色全要素生产率、生产效率和技术进步率，并与其他估算中国工业全要素生产率主要文献的结果进行了对比分析。已有文献绝大部分都不考虑环境因素，主要基于传统的资本和劳动投入至多加上中间投入进行分析，其全要素生产率度量结果基本上大于本章所估算的环境全要素生产率。由此可见，本章所度量的环境全要素生产率比通常不考虑环境约束的度量值要小很多，由全要素生产率提高来推动工业发展方式转变的判断显然没有那么乐观，低碳转型依然任务艰巨。张坤民等(2008)已经指出，以低排放和低污染为基础的低碳经济模式，其实质就是要提高能源生产率和创建清洁能源结构，其核心就是技术创新、制度创新和实现发展观的转变，这部分指出了未来低碳发展之路的应有之义。

本章的第二个发现是从20世纪90年代中前期到21世纪初叶，中国政府的环保意识和可持续发展概念真正建立了起来，实行了行之有效的节能减排政策，工业污染防治战略发生了重大变化，特别是与国有工业抓大放小的所有制改革相对应，关停并转了大量高能耗、高排放的中小企业，主要消耗的一次能源煤炭的价格也率先基本放开，竞争性煤炭市场形成。所有这些环境规制行为导致了中国工业的能耗和二氧化碳排放一改此前长期上升的趋势转而下降或停滞，能源强度和二氧化碳排放强度也开始快速下降，表现在本章所估算的绿色全要素生产率及其分解上，就是在这一个阶段，能耗和排放密集型重工业的技术进步率、生产效率改善和全要素生产率的增长首次出现了优于轻工业指标的结果，由此把整个工业的全要素生产率增长推向了一个前所未有的高位，这与预期和现有大部分文献的结论相反，本章把这个新发现称之为中国工业的绿色生产力革命，可见，低碳转型在这一时期颇有成效。

然而，21世纪初以来，中国工业再次出现了重化工业化现象，能耗和碳排放再次飙升，刚刚出现起色的重工业全要素生产率及其分解指标又重新落到了轻工业的后面，当然这并没有得到统计上的显著性支持。事实上近年来中国政府的节能减排决心和行为还是鼓舞人心的。如图 5-4 所示，在 2008 年底应对金融危机的 4 万亿人民币总刺激投资中，中国投入绿色项目的资金占到了 38%，仅次于韩国 81% 和欧盟 59% 的绿色投入深度，高于位于第六的美国（12%）；从绝对规模来看，中国的绿色投入更高居世界第一位，达到 2 210 亿美元，是排在第二位的美国的两倍（Robins *et al*. 2009）。2009 年底中国政府首次确立了到 2020 年把碳排放强度在 2005 年基础上减少 40% 到 45% 的约束性指标。由此可以预见，中国工业的新一轮绿色生产力革命为期不远，这是实现低碳转型和工业发展方式根本转变的必由之路。正如美国《纽约时报》2010 年 1 月 9 日的文章援引香港首任特首董建华对中国现代经济历史的概括：工业革命时期中国在沉睡，信息技术革命时期中国刚刚醒来，绿色革命中国要全力参与。事实上，中国正在绿色大跃进，中国正在引领绿色革命，这是一个战略转折点，谁占据新能源技术和低碳技术的制高点，谁就将主导未来全球的新一轮经济增长，谁也就拥有了世界最高端的经济发展方式。

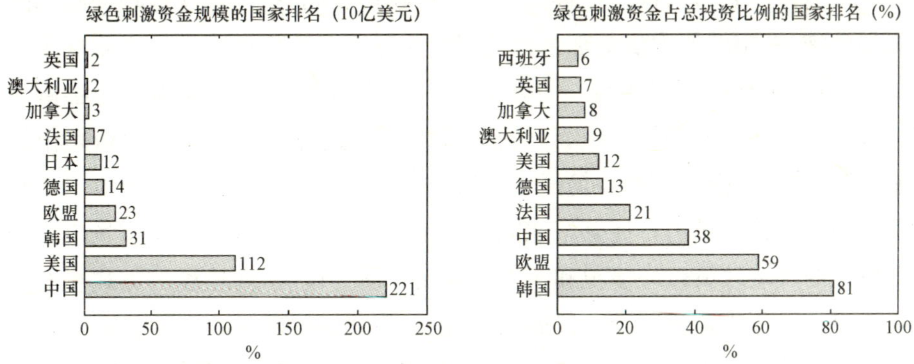


**图 5-4　各国应对金融危机总投资中绿色刺激资金排名**

# 第 六 章

# 影子价格与环境税改革：节能减排的市场杠杆

## 第一节 环境税由来

随着可持续发展思想和科学发展观在国际和国内的相继提出，能源和环境如今已经成为一个国家转变发展方式和实现经济又好又快增长必须要考虑的重要因素。而作为目前世界上最大的二氧化碳排放国，中国环境治理面临的挑战更加严峻，承担的压力也更加巨大，因此，执行更有效的环境政策也就成了中国节能减排、牢牢把握未来经济新增长点和抢先占据新技术制高点的必由之路。长期以来环境经济学家一直坚持环境政策的设计必须更紧密地依赖市场机制，这样才可以把污染的环境成本清楚地引入经济分析中，对污染单位施加持续和不变的价格压力以促其节能减排（Bailey，2002）。这种基于市场机制和经济刺激的环境政策以环境税和污染排放权交易为代表，环境税的方式相对于排放权交易又更符合我国现阶段的国情，也是各国保护环境的主要手段。

环境税也称之为生态税和绿色税，它把环境污染和生态破坏的社会成本，内化到生产成本和市场价格中去，再通过市场机制来分配环境资源。目前学术界对环境税的定义并不统一，从广义上讲，只要具备环境保护功能的税收都可以被认为是环境税，比如能源税、资源税以及本章要讨论的碳税。一般认为，英国现代经济学家庇古在其1920年出版的著作《福利经济学》中最早提到了环境税这个概念，由政府通过征税来调节环境资源的负外部性即所谓庇古税，它的大小应该等于自然资源的边际耗竭成本。从追求公平和效率并重的最优税制结构目标来看，环境税更应该被理解为从通常存在的次优税制不断调整和去除税收扭曲效应以达到最优税制的税制系统改革过程，这种环境税改革故而成为了国际环境政策领域所热烈争论的问题(Bosquet，2000；Patuelli *et al.*，2005)。

从国际经验来看，发达国家环境税大致经历了三个发展阶段：20世纪70年代补偿成本的环境收费，可看做环境税雏形阶段；80年代至90年代中期为环境税正式出现阶段，这一时期的环境税主要用来筹集财政收入以及引导生产和消费；90年代中期至今为环境税迅速发展时期，为了实施可持续发展战略，北欧等国家还进行了基于环境税双赢目标的综合的环境税制改革。发达国家征收的环境税主要有能源税(包括能源开采税、能源消费税和能源增值税)、大气污染税(二氧化碳税、二氧化硫税)、水污染税、固体废物税和噪音税等。目前，环境税已成为许多发达国家主要的环境政策手段。发达国家环境税的广泛实施，表明了环境税在促进经济、社会与自然协调发展中的积极作用，为我国环境税改革提供了可供借鉴的经验。

在美国和欧盟有可能对来自不强制减排温室气体国家的进口商品征收碳关税的情况下，碳税作为环境税形式之一，其征收显得比其他环境税改革更加迫切。尽管从1990年开始，芬兰、瑞典、挪威、荷兰和丹麦等国家陆续开始征收碳税而且效果不错，但现在关键的问题就是，在中国征收碳税的最适宜税率如何确定？事实上，碳税税率大小的确定始终是环境税改革的一大难题，由于不存在环境污染的市场定价，对其成本进行经济评估一直是生态和环境经济学最基础的问题之一。最优税率应等于污染排放的边际减排成本或影子价格(shadow price，SP)(Zhang and Baranzini，2004)。如果能够度量出环境污染影子价格，不仅可以用做环境税税率设定和污染排放权交易的参考价值，在环境政策领域有着重要的应用，而且可以用来构造环境需求方程和进行绿色国民收入核算，也使得依赖价格信息的传统生产率指数计算成为可能，因此，影子价格已经成为了生态和环境经济学这门新兴学科的重要概念，对影子价格进行准确估计就非常重要。这是本章的主要任务。

本章接下来的结构安排如下：第二节对环境税(包括碳税)以及排放影子价格估计的文献进行综述；第三节详细介绍本章将使用的基于方向性产出距离函数来计算二氧化碳影子价格的参数化和非参数化两种方法；第四节对利用两种方法所估算的工业分行业二氧化碳影子价格进行分析，并讨论所度量影子价格在碳税征收上的应用；第五部分主要讨论二氧化碳影子价格在公共政策领域（不包含环境税）和传统生产率指数估算方面的应用；第六节是本章观点的总结性陈述。

## 第二节　环境税与影子价格估算文献综述

### 一、与环境税和碳税有关的文献

学术界对环境税改革的更多讨论始于 Tullock（1967），他建议应该通过征收环境税以达到自然资源的最优利用，后续研究进一步深入地探讨了环境税改革，甚或对最优环境税率进行估计，比如 Terkla（1984）以及 Lee and Misiolek（1986）。Patuelli *et al.*（2005）基于大量文献并利用综合分析原则对环境税改革的表现进行了量化比较研究。虽然环境税的执行有可能会损害经济，但是不少研究显示，在适当的条件下，环境税改革可以导致生态和经济收益同时出现的倍加红利（Pearce，1991；Bovenberg and de Mooij，1994；Bovenberg and Goulder，1996）。当然，环境税的倍加红利还有强弱形式之说，在文献里并没有一致性的标准定义。比如经济红利的定义就有很多：Carraro *et al.*（1996）以及 Jansen and Klaassen（2000）把经济红利定义为就业或生产率的增加；Barker（1997）以及 Ekins and Speck（2000）将其定义为薪酬或支出改变的收入分配效应；Morris *et al.*（1999）定义其为财政收入提高等宏观经济因素变化；Garbaccio *et al.*（1999b）则将其定义为由 GDP 和消费水平表示的经济增长；Jorgensen and Wilcoxen（1993）以及 Peretto（2009）则把这个第二红利定义为产出和福利的增加；而 Bossier and Bréchet（1995）以及 Baranzini *et al.*（2000）则把经济效应描述为通货膨胀增加等等。即使使用相同的定义，各种影响因素也导致实证文献里的结论多种多样。另外，Nugent and Sarma（2002）运用可计算一般均衡模型（CGE）模型对印度进行分析发现经济、社会和环境维度政策的综合运用可以同时达到收入分配平等、环境质量提高和增长有效持续的多赢局面。而 Van Heerden *et al.*（2006）利用 CGE 模型评估了南非的情况，发现特定的生态税改革可以带来三重红利效应，即降低排放、增加产出以及降低贫富收入差距。

具体到碳税与经济之间关系的研究同样很多。Nakata and Lamont（2001）

利用偏均衡模型研究了碳税对日本能源体系的影响,发现碳税不仅会降低二氧化碳排放而且会引致燃料使用从煤炭向天然气的结构转移。Brannlund and Nordstrom (2004) 研究了瑞典能源税和碳税对居民福利的影响,发现总体影响负面,而且存在着地区收入分配效应,即居住在边远地区的居民可能会承受更大的碳税负担份额。挪威早在 1991 年就开始征收较高的碳税,为了探究挪威二氧化碳、甲烷和二氧化氮排放变化的背后驱动力,Bruvoll and Larsen (2004) 对这三种排放的变化率进行了分解,并利用实证一般均衡仿真方法分析碳税的具体影响,研究发现,虽然总排放依然在增加,但由于能源强度的下降、能源结构的变化和工业生产过程中排放下降等因素的影响,单位 GDP 的三种排放在整个研究期间显著下降。Zhang and Baranzini (2004)对碳税主要经济影响评估的结论是,由碳税导致的企业竞争力下降和对收入分配的影响通常并不显著而且基本上小于预期。Floros and Vlachou (2005)基于两阶段超越对数成本函数估计了各类能源的价格弹性,并以此计算了碳税对希腊两位数制造业部门二氧化碳排放的影响,发现碳税对希腊制造业而言尽管是有代价的,但是仍然是一种环境有效的政策,每吨碳征收 50 美元的碳税会导致二氧化碳排放相对于 1998 年水平有很大的下降。Scrimgeour *et al*. (2005) 利用 CGE 模型评估了碳税、能源税和石油税对新西兰经济(包括能源密集型行业在内的工业部门)竞争力的影响,结论是能源税和石油税在降低碳排放上没有碳税有效,但是碳税对资本存量有负面影响,这会进一步导致 GDP、居民消费和投资的下降。Voorspools and D' haeseleer (2005)研究了碳税对欧洲 8 个比邻地区电力生产和贸易的影响,发现碳税会导致电力贸易重新分配、促进燃料使用结构的转换以及促成二氧化碳减排 6% 左右。Wier *et al*. (2005)利用投入产出模型评估了丹麦碳税的收入分配影响,发现影响负面,特别对于居住在农村的弱势群体而言。Kahn and Franceschi (2006)则提议构建一个国际税收体系对温室气体和不可再生资源征收碳税以促进能源使用结构的转换。Fisher-Vanden and Ho (2007) 基于 CGE 模型研究发现征收碳税引致的能源价格上升会产生两种经济效应:由能源转向其他投入的要素替代效应和消费者由于能源密集型产品价格升高转向非能源密集型产品的产出替代效应。Wissema and Dellink (2007)利用 CGE 模型来量化碳税的执行对降低爱尔兰二氧化碳排放的影响,得出对每吨 CO2 排放征收 10—15 欧元的碳税会导致爱尔兰与能源相关的二氧化碳排放相对于1998年的水平降低25.8%，而且再次确认相对于相同的单一能源税，碳税会导致更大的排放降低。Kerkhof *et al.*（2008）发现碳税在荷兰的收入分配效应也是负面的，而对其他温室气体征税的负面影响要小些。Callan *et al.*（2009）研究了爱尔兰碳税的收入分配效应，从绝对量的角度看，每吨二氧化碳征收20美元碳税使得贫困家庭每周收入的下降小于3美元，而富裕家庭的周收入下降会超过4美元。Kuosmanen and Kortelainen（2007）以及Kuosmanen *et al.*（2009）也是基于两阶段分析法，首先估计出污染排放的绝对影子价格，然后利用环境成本收益分析（ECBA）方法研究了不同温室气体减排政策对经济的影响。

中国研究环境税或碳税对经济影响的文献也不少。贺菊煌等（2002）基于中国1997年投入产出表并利用CGE模型研究了碳税对中国经济的影响，结果显示，中国征收碳税对GDP影响很小，煤炭产量将缩减，能源消耗下降；对价格影响主要表现为煤炭和石油价格的上升；碳税使煤炭、建筑业和农业部门劳动力减少，这些劳动力主要转移到制造业，其次转移到服务业和商业餐饮业。魏涛远和格罗姆斯洛德（2002）指出，按新古典经济学理论，征收碳税是减少$CO_2$排放的一种最具市场效率的经济措施，他们利用CGE模型定量分析了三种碳税征收方案对中国经济和温室气体排放的影响，发现征收碳税将使中国经济状况恶化，但二氧化碳排放量将下降。高鹏飞等（2004）使用MARKAL-MACRO模型来度量中国二氧化碳的边际减排成本，发现其值相当高。基于2050年前不同时点减排效果的研究发现，越早开始实施碳减排，在相同的减排率下，碳边际减排成本将越高。陈文颖等（2004）的相似分析得出，当减排率在0—45%时，减排当年GDP损失在0—2.5%之间，且越早开始实施减排GDP损失率越大。王灿等（2005）基于CGE模型研究了二氧化碳减排对中国经济的影响，发现随着减排率上升，碳排放边际成本将上升，能源价格上升，GDP降幅加大。比如，当$CO_2$减排率为10%时，GDP仅下降0.12%左右，能源价格上升4.44%；当减排率上升到40%时，GDP将下降3.92%，能源价格上升24%。林伯强和何晓萍（2008）以中国2002年投入产出表为基础编制中国能源社会核算矩阵并运用CGE模型对中国油气资源耗减成本进行估计并分析资源税征收对经济的影响。结果表明，对油气开采行业征收20%以下的资源税，宏观经济负面影响并不大。何建武和李善同（2009）运用CGE模型分析了不同环境税实施方案对于我国经济的影响，基本结论如下：环境税可以有效地控制能源密集型行业扩张，带来劳动和资本等要素的重新配置，使得一些劳动密集型和技术资本密集型行业获得收益；对污染物征税相对于对能源消费征税导致的 GDP 损失更小；对污染物征税将带来就业增加，对能源消费征税则带来失业率上升；从收入分配角度看，对污染物征税将使得城镇居民和农村居民都受损，不过前者负面影响要大于后者，而对能源消费征税使得城镇居民受损但却使得农村居民受益。王金南、严刚等（2009）利用 CGE 模型模拟了碳税征收对中国宏观经济和节能减排的影响，模拟结果显示，低税率的碳税方案是一种可行的选择，对中国的经济影响极为有限，但对减缓 $CO_2$ 排放增长具有明显的刺激效果。比如征收 20 元/吨的碳税导致 2030 年 GDP 损失小于 0.1%，节能率增加达 5%，碳减排贡献率达 10%。姚昕和刘希颖（2010）考虑中国经济增长阶段性特征并通过求解在增长约束下基于福利最大化的动态最优碳税模型，得到最优碳税征收路径，同时发现征收碳税有利于可再生能源等低碳清洁产业的发展，间接扩大了低碳的服务业的发展空间，可以促进产业结构的调整和优化，实现向以低碳、环保、高效为特征的经济发展方式转变。

从上述文献可知，目前分析环境税经济影响的方法主要是 CGE 模型。但是由于 CGE 模型自身设计缺陷存在一定的局限性，国内文献中 CGE 模型使用尚处于起步阶段，相对也比较简单。比如 CGE 模型擅长于某一时点投入产出数据的比较静态分析，多时点的动态预测比不上通常的宏观计量回归模型，而在中国这样一个发展优先的国家，环境税改革的动态效应要比静态配置效应更显重要。文献中即使对 CGE 模型作一些时间递推动态扩展，仍然主观假定一个碳税税率并在预测期间保持不变，其税率大小难免有偏差而且与动态实质相背。再比如 CGE 模型有关市场出清、完全竞争市场、利润、效用或成本最优化等假定太强，也不适合在中国这样一个经济转型国家中使用。构建 CGE 模型的主要系数和参数的预设定也过于先验，往往缺乏敏感性分析。

## 二、与影子价格估计相关的文献

文献中通常有两种方法来估计影子价格。第一种是参数化方法。其中，Aigner and Chu（1968）和 Schmidt（1976）较早地估计基于生产函数的影子价格；Pollak *et al*.（1984）和 Gollop and Roberts（1985）则扩展到估计成本函数；而

Pittman (1981, 1983) 开创性地在 Shephard (1970) 距离函数的基础上通过估计距离函数来计算影子价格，随后基于这种估计方法的文献大量涌现。在一个正常的期望产出和一个有着负外部性的非期望产出的情形下，由距离函数和成本函数之间的对偶关系可以推导出计算两种产出相对影子价格的理论公式，该影子价格可以根据所减少的期望产出解释为额外降低 1 单位非期望产出的机会成本，或者称之为非期望产出的边际减排成本，其数值就等于技术前沿上对应点斜率的负数。距离函数相对于成本函数至少还有一个优点，即它不需要投入和产出的价格信息。

针对参数化方法所估计距离函数的不同，可以进一步将估计方法区分为基于 Shephard 投入距离函数的影子价格估算（Hailu and Veeman, 2000; Lee, 2005）；基于 Shephard 产出距离函数的估算（Färe *et al.*, 1993; Coggins and Swinton, 1996; Vardanyan and Noh, 2006; Rezek, 2007）[①]；以及基于方向性距离函数的影子价格估算。在 Shephard 类型的距离函数中，好坏产出同比例增加不加区分；而利用方向性距离函数可以识别出环境污染不同于好产出的负外部性，考虑了在增加好产出的同时降低坏产出的更有效路径，因此是更合理的处理环境污染变量的方法，为越来越多的研究者用来进行影子价格估算，这类文献包括 Chung (1996)、Murty and Kumar (2002)、Aiken and Pasurka Jr. (2003)、Färe *et al.* (2005)、Vardanyan and Noh (2006)、Murty *et al.* (2007) 以及 Cuesta *et al.* (2009) 等等。

第二种方法是基于数据包络分析（DEA）的非参数方法，其中主要利用方向性距离函数技术估算影子价格的研究有 Boyd *et al.* (1996)、Boyd *et al.* (2002)、Lee *et al.* (2002)、Bellenger and Herlihy (2009)、Kaneko *et al.* (2010)、涂正革 (2009) 等。Färe and Grosskopf (1998) 对影子价格度量的参数化和非参数化两种方法都进行了讨论。总体而言，参数化方法出现较早也使用最多，这是因为由参数化方程求导计算影子价格更方便，而非参数方法使用晚一些，最初主要用来估计距离函数，近几年来才开始用来计算影子价格。本章利用第二章所构建工业分行业统计数据库中部分变量，分别使用参数化和非参数化两种方法来对环境方向性产出距离函数进行估计，并在此基础上计算中国工业 38 个两位

① Murty and Kumar (2002) 还估计了随机前沿产出距离函数以计算影子价格。

数行业在1980—2008年跨度期间内的二氧化碳影子价格。

## 第三节　方向性距离函数：参数与非参数方法

本节分别介绍我们估计环境产出方向性距离函数和计算影子价格所使用的参数化和非参数化两种方法。

首先令 $i=1,2,\cdots,38$ 分别代表本章所研究的38个工业两位数行业，$t=1,2,\cdots,29$ 对应研究跨度区间（1980—2008）中每一年，$j,j'=1,2,3,4$ 依次代表本章将使用的资本存量、劳动、能源消费和工业中间投入四种投入向量 $\boldsymbol{x}$，期望产出和非期望产出分别用向量 $\boldsymbol{y}$ 和 $\boldsymbol{b}$ 表示，分别为工业总产值和工业二氧化碳排放。当然，这些方法可以很容易推广到其他环境污染比如二氧化硫、二氧化氮、废水、固体废物等影子价格的估算。[①]

### 一、参数化影子价格度量

Chung (1996)首先提出利用超越对数函数来参数化产出方向性距离函数，由于不需要产出变量的强处置假定，这对于合理引入二氧化碳排放这个非期望产出非常重要。本章仿照 Chung (1996)和 Färe *et al*. (2005)所设定的估算影子价格的超越对数产出方向性距离函数形式表示如下：

$$\begin{aligned}\ln[1+\boldsymbol{D}_o(\boldsymbol{x}^i,\boldsymbol{y}^i,\boldsymbol{b}^i;1,-1)] &= \alpha_0+\sum_{j=1}^{4}\beta_j\ln\boldsymbol{x}_j^i+\frac{1}{2}\sum_{j=1}^{4}\sum_{j'=1}^{4}\beta_{jj'}\ln\boldsymbol{x}_j^i\ln\boldsymbol{x}_{j'}^i+\gamma_1\ln\boldsymbol{y}^i+\frac{1}{2}\gamma_{11}\ln^2\boldsymbol{y}^i+\eta_1\ln\boldsymbol{b}^i \\ &\quad+\frac{1}{2}\eta_{11}\ln^2\boldsymbol{b}^i+\varphi\ln\boldsymbol{y}^i\ln\boldsymbol{b}^i+\sum_{j=1}^{4}\delta_j\ln\boldsymbol{x}_j^i\ln\boldsymbol{y}^i+\sum_{j=1}^{4}\varphi_j\ln\boldsymbol{x}_j^i\ln\boldsymbol{b}^i \qquad (6\text{-}1)\end{aligned}$$

为了度量影子价格，需要估计出(6-1)中的总共28个系数。使用 $\ln[1+\boldsymbol{D}_o(\cdot)]$ 而非 $\ln[\boldsymbol{D}_o(\cdot)]$ 的技术处理主要是保证对数的定义域为正，因为在技术前沿面上 $\boldsymbol{D}_o(\cdot)$ 取值为0。Chung (1996)提出通过最小化所有决策单位与有效前

---

① 第二章数据构造时已经说明，这里所有价值量变量如工业总产值、资本存量和工业中间投入的单位为亿元，并且都平减为1990年为基年的可比价序列。工业二氧化碳排放、从业人员和能源消耗量的单位分别为万吨、万人和万吨标准煤。

沿面的偏差和可以估计出这些系数,该最优化问题表述如下,

$$\min \sum_{i=1}^{38} \ln[1 + \boldsymbol{D}_o(\boldsymbol{x}^i, \boldsymbol{y}^i, \boldsymbol{b}^i; 1, -1)] \tag{6-2}$$

s. t.

$$\ln[1 + \boldsymbol{D}_o(\boldsymbol{x}^i, \boldsymbol{y}^i, \boldsymbol{b}^i; 1, -1)] \geqslant 0 \quad i = 1, \cdots, 38 \tag{i}$$

$$\frac{\partial \ln[1 + \boldsymbol{D}_o(\boldsymbol{x}^i, \boldsymbol{y}^i, \boldsymbol{b}^i; 1, -1)]}{\partial \ln \boldsymbol{y}^i} \leqslant 0 \quad i = 1, \cdots, 38 \tag{ii}$$

$$\frac{\partial \ln[1 + \boldsymbol{D}_o(\boldsymbol{x}^i, \boldsymbol{y}^i, \boldsymbol{b}^i; 1, -1)]}{\partial \ln \boldsymbol{b}^i} \geqslant 0 \quad i = 1, \cdots, 38 \tag{iii}$$

$$\left.\begin{aligned} &\gamma_1 - \eta_1 = -1 \\ &\gamma_{11} - \varphi = 0 \\ &\varphi - \eta_{11} = 0 \\ &\delta_j - \phi_j = 0 \quad j = 1,2,3,4 \end{aligned}\right\} \tag{iv}$$

$$\beta_{jj'} = \beta_{j'j} \quad j \neq j' \quad j, j' = 1,2,3,4 \tag{v}$$

该线性规划意在选择使得各个决策单位尽可能有效的系数估计量。限制条件(i)保证了所有决策单位都落在技术前沿面上或前沿面内;限制条件(ii)和(iii)则限定了好产出和坏产出的影子价格分别非负和非正;(iv)对产出变量施加了1阶齐次性假定,它保证了在给定投入和技术下,随着产出的等比例扩张,距离函数值也以相同的比例增加,这意味着产出变量是弱处置的;(v)则赋予超越对数函数对称性。这里并不对投入施加限制条件。

基于产出距离函数的导数特性以及它与收益函数和成本函数的对偶性,Färe *et al.* (1993)和 Chung (1996)提出了估算非期望产出影子价格的公式如下:

$$\hat{p}_b^i = p_y^i \frac{\partial \widehat{\boldsymbol{D}}_o(\boldsymbol{x}^i, \boldsymbol{y}^i, \boldsymbol{b}^i; 1, -1)/\partial \boldsymbol{b}^i}{\partial \widehat{\boldsymbol{D}}_o(\boldsymbol{x}^i, \boldsymbol{y}^i, \boldsymbol{b}^i; 1, -1)/\partial \boldsymbol{y}^i} = p_y^i \frac{\partial \widehat{\boldsymbol{D}}_o(\cdot)/\partial \boldsymbol{b}^i}{\partial \widehat{\boldsymbol{D}}_o(\cdot)/\partial \boldsymbol{y}^i} \tag{6-3}$$

这里,$p_b^i$ 和 $p_y^i$ 为二氧化碳和工业总产值的影子价格。正如 Färe *et al.* (1993)指出的,如果要估算非期望产出影子价格的绝对值,最直接的方法就是假定期望产出的影子价格就等于它的市场价格,即 $p_y^i$ 等于1元。本章参数化和非参数两种方法都利用该假定来计算二氧化碳影子价格的绝对值。

进一步对(6-3)式进行如下的代数变换,

$$\frac{\partial \widehat{\boldsymbol{D}}_o(\cdot)}{\partial \boldsymbol{b}^i} = \frac{\partial \widehat{\boldsymbol{D}}_o(\cdot)}{\partial \ln[1+\widehat{\boldsymbol{D}}_o(\cdot)]} \cdot \frac{\partial \ln[1+\widehat{\boldsymbol{D}}_o(\cdot)]}{\partial \ln \boldsymbol{b}^i} \cdot \frac{\partial \ln \boldsymbol{b}^i}{\partial \boldsymbol{b}^i} \tag{6-4}$$

$$\frac{\partial \widehat{\boldsymbol{D}}_o(\cdot)}{\partial \boldsymbol{y}^i} = \frac{\partial \widehat{\boldsymbol{D}}_o(\cdot)}{\partial \ln[1+\widehat{\boldsymbol{D}}_o(\cdot)]} \cdot \frac{\partial \ln[1+\widehat{\boldsymbol{D}}_o(\cdot)]}{\partial \ln \boldsymbol{y}^i} \cdot \frac{\partial \ln \boldsymbol{y}^i}{\partial \boldsymbol{y}^i} \tag{6-5}$$

(6-3)式可以重写为

$$\hat{p}_b^i = p_y^i \cdot \frac{\partial \ln[1+\widehat{\boldsymbol{D}}_o(\cdot)]/\partial \ln \boldsymbol{b}^i}{\partial \ln[1+\widehat{\boldsymbol{D}}_o(\cdot)]/\partial \ln \boldsymbol{y}^i} \cdot \frac{\boldsymbol{y}^i}{\boldsymbol{b}^i} \tag{6-6}$$

由(6-1)式的超越对数形式可以推导得出

$$\frac{\partial \ln[1+\widehat{\boldsymbol{D}}_o(\cdot)]}{\partial \ln \boldsymbol{b}^i} = \hat{\eta}_1 + \hat{\eta}_{11} \ln \boldsymbol{b}^i + \hat{\varphi} \ln \boldsymbol{y}^i + \sum_{j=1}^{4} \hat{\phi}_j \ln \boldsymbol{x}_j^i \tag{6-7}$$

$$\frac{\partial \ln[1+\widehat{\boldsymbol{D}}_o(\cdot)]}{\partial \ln \boldsymbol{y}^i} = \hat{\gamma}_1 + \hat{\gamma}_{11} \ln \boldsymbol{y}^i + \hat{\varphi} \ln \boldsymbol{b}^i + \sum_{j=1}^{4} \hat{\delta}_j \ln \boldsymbol{x}_j^i \tag{6-8}$$

则基于线性规划(6-2)所估算的系数,就可以利用下式来计算第 $i$ 个决策单位的二氧化碳绝对影子价格了:

$$\hat{p}_b^i = \frac{\hat{\eta}_1 + \hat{\eta}_{11} \ln \boldsymbol{b}^i + \hat{\varphi} \ln \boldsymbol{y}^i + \sum_{j=1}^{4} \hat{\phi}_j \ln \boldsymbol{x}_j^i}{\hat{\gamma}_1 + \hat{\gamma}_{11} \ln \boldsymbol{y}^i + \hat{\varphi} \ln \boldsymbol{b}^i + \sum_{j=1}^{4} \hat{\delta}_j \ln \boldsymbol{x}_j^i} \cdot \frac{\boldsymbol{y}^i}{\boldsymbol{b}^i} \tag{6-9}$$

## 二、非参数化影子价格度量

近年来利用非参数生产模型来估计产出方向性距离函数和计算影子价格的研究在增多,这些研究对方向性距离函数线性规划的设定不尽相同。仿照 Lee *et al.* (2002)和 Kaneko *et al.* (2010)的设定,本章用来估算产出方向性距离函数的分段线性生产技术和线性规划问题设定为

$$\boldsymbol{D}_o^i(\boldsymbol{x}_j^i, \boldsymbol{y}^i, \boldsymbol{b}^i; 1, -1) = \mathrm{Max}_{\beta,\lambda} \beta$$

$$\text{s.t.}\quad \boldsymbol{Y\lambda} \geqslant (1+\beta)\boldsymbol{y}^i;\quad \boldsymbol{B\lambda} \leqslant (1-\beta)\boldsymbol{b}^i;\quad \boldsymbol{X\lambda} \leqslant \boldsymbol{x}^i;\quad \boldsymbol{i}^{\mathrm{T}}\boldsymbol{\lambda} \leqslant 1;\quad \beta, \boldsymbol{\lambda} \geqslant 0 \tag{6-10}$$

其中,$\boldsymbol{X}$、$\boldsymbol{Y}$ 和 $\boldsymbol{B}$ 代表所有决策单位的投入矩阵和好、坏产出矩阵。$\boldsymbol{i}$ 为单位列向

量。$\boldsymbol{\lambda}$ 为强度列向量，表示一个单位的资源在多大程度上被用来投入生产，即把前沿内决策单位映射到该生产前沿之上的权重。根据现有工业经济研究文献的结论（涂正革和肖耿，2005；李胜文和李大胜，2008；张军等，2009），本章进一步假定中国工业为非递增规模报酬（*NIRS*），即 $\boldsymbol{i}^{\mathrm{T}}\boldsymbol{\lambda}\leqslant 1$。① 取得(6-10)的距离函数估计值 $\widehat{\boldsymbol{D}}_o(\cdot)$ 后，可以沿着观察值 $(\boldsymbol{y},\boldsymbol{b})$ 的有效率路径 $(\boldsymbol{y}^*,\boldsymbol{b}^*)$ 在技术前沿面上推导出计算影子价格的公式，这个使得决策单位变得更有效率的方向性向量设定为

$$\boldsymbol{y}^* = (1+\widehat{\boldsymbol{D}}_o(\cdot))\boldsymbol{y};\quad \boldsymbol{b}^* = (1-\widehat{\boldsymbol{D}}_o(\cdot))\boldsymbol{b} \tag{6-11}$$

每一个决策单位将沿着上述有效率路径实行利润最大化，即

$$\begin{aligned}&\max_{\boldsymbol{x},\boldsymbol{y},\boldsymbol{b}}\ p_y\boldsymbol{y}^* + p_b\boldsymbol{b}^* - \boldsymbol{w}^{\mathrm{T}}\boldsymbol{x}\\ &\text{s.t.}\ \ \boldsymbol{D}_o^*(\boldsymbol{x},\boldsymbol{y}^*,\boldsymbol{b}^*) = 1\end{aligned} \tag{6-12}$$

其中，$\boldsymbol{w}$ 为投入要素的价格向量。相应的拉格朗日函数为

$$\max_{\boldsymbol{x},\boldsymbol{y},\boldsymbol{b},\mu}\ p_y\boldsymbol{y}^* + \boldsymbol{p}_b\boldsymbol{b}^* - \boldsymbol{w}^{\mathrm{T}}\boldsymbol{x} + \mu[\boldsymbol{D}_o^*(\boldsymbol{x},\boldsymbol{y}^*,\boldsymbol{b}^*) - 1] \tag{6-13}$$

其中，$\mu$ 为拉格朗日乘子。基于好、坏产出所求得的上述利润最大化问题的两个一阶条件为

$$p_b + \mu\cdot\frac{\partial \boldsymbol{D}_o^*(\boldsymbol{x},\boldsymbol{y}^*,\boldsymbol{b}^*)}{\partial \boldsymbol{b}^*}\cdot(1-\widehat{\boldsymbol{D}}_o(\cdot)) = 0 \tag{6-14-1}$$

$$p_y + \mu\cdot\frac{\partial \boldsymbol{D}_o^*(\boldsymbol{x},\boldsymbol{y}^*,\boldsymbol{b}^*)}{\partial \boldsymbol{y}^*}\cdot(1+\widehat{\boldsymbol{D}}_o(\cdot)) = 0 \tag{6-14-2}$$

由(6-14-1)和(6-14-2)两式可以推导得到环境污染相对于工业总产值的相对影子价格计算公式如下：

$$\frac{p_b}{p_y} = \frac{\partial \boldsymbol{D}_o^*(\boldsymbol{x},\boldsymbol{y}^*,\boldsymbol{b}^*)/\partial(\boldsymbol{b}^*)}{\partial \boldsymbol{D}_o^*(\boldsymbol{x},\boldsymbol{y}^*,\boldsymbol{b}^*)/\partial(\boldsymbol{b}^*)}\cdot\frac{(1-\widehat{\boldsymbol{D}}_o(\cdot))}{(1+\widehat{\boldsymbol{D}}_o(\cdot))} \tag{6-15}$$

因此，对第 $i$ 个决策单位而言，要计算影子价格，首先要计算有效路径上的距离函数值 $\boldsymbol{D}_o^*(\cdot)$，其线性规划通常设定为

$$\boldsymbol{D}_o^{i*}(\boldsymbol{x}_j^i,\boldsymbol{y}^{i*},\boldsymbol{b}^{i*};1,-1) = \mathrm{Max}_{\beta,\boldsymbol{\lambda}}\beta$$

① 本章对规模报酬不变的假定也进行了估算，结果基本相似。

$$\text{s.t.}\quad \boldsymbol{Y\lambda} \geqslant (1+\beta)\boldsymbol{y}^{i*};\quad \boldsymbol{B\lambda} \leqslant (1-\beta)\boldsymbol{b}^{i*};\quad \boldsymbol{X\lambda} \leqslant \boldsymbol{x}^{i};\quad \boldsymbol{i}^{\mathrm{T}}\boldsymbol{\lambda} \leqslant 1;\quad \beta,\boldsymbol{\lambda} \geqslant 0 \tag{6-16}$$

如果用 $\tau^{i}_{(i)}$ 和 $\tau^{i}_{(ii)}$ 表示由(6-16)式所构造拉格朗日函数中对应期望产出和非期望产出限制条件的拉格朗日乘子的话，它们的比例就等于公式(6-15)中 $\partial \boldsymbol{D}_{o}^{i*}(\cdot)/\partial \boldsymbol{y}^{i*}$ 和 $\partial \boldsymbol{D}_{o}^{i*}(\cdot)/\partial \boldsymbol{b}^{i*}$ 的比例。如同参数化方法一样，令 $p_{y}^{i}$ 等于1元，则计算第 $i$ 个决策单位绝对影子价格的计算公式为

$$\hat{p}_{b}^{i} = p_{y}^{i} \cdot \frac{\partial \boldsymbol{D}_{o}^{i*}(\cdot)/\partial \boldsymbol{b}^{i*}}{\partial \boldsymbol{D}_{o}^{i*}(\cdot)/\partial \boldsymbol{y}^{i*}} \cdot \frac{1-\widehat{\boldsymbol{D}}_{o}^{i}(\cdot)}{1+\widehat{\boldsymbol{D}}_{o}^{i}(\cdot)} = \frac{\tau^{i}_{(ii)}}{\tau^{i}_{(i)}} \cdot \frac{1-\widehat{\boldsymbol{D}}_{o}^{i}(\cdot)}{1+\widehat{\boldsymbol{D}}_{o}^{i}(\cdot)} \tag{6-17}$$

非参数化方法的一大好处就是不需要对方程形式施加任何先验模式，当然也无须对非期望产出的影子价格施加符号限制，所以理论上讲，根据非参数方法估算的影子价格的符号可正可负(Boyd *et al.*, 1996)。

## 第四节　二氧化碳影子价格度量与碳税

表6-1报告了利用线性规划(6-2)所估算的参数化超越对数方向性距离函数中28个系数的平均估计值以及它们的标准差、$t$ 统计量和真实的概率 $p$ 值。由表6-1可见，除了系数 $\beta_{34}$ 之外，其他27个系数在统计上都极度显著，因此利用这些估计值来计算影子价格就十分可靠了。把系数估计值代入公式(6-9)就可以计算得到工业分行业二氧化碳影子价格了。

**表6-1　参数化方法的系数估计值及其显著性**

| 系数 | 平均估计值 | 标准差 | $t$ 统计量 | $p$ 值 | 系数 | 平均估计值 | 标准差 | $t$ 统计量 | $p$ 值 |
|---|---|---|---|---|---|---|---|---|---|
| $\alpha_0$ | 0.00042 | 0.00004 | 9.96 | 0.0000 | $\beta_{34}$ | 0.00008 | 0.00033 | −0.25 | 0.4027 |
| $\beta_1$ | 0.00161 | 0.00013 | 12.54 | 0.0000 | $\gamma_1$ | −0.50049 | 0.00002 | −22 257 | 0.0000 |
| $\beta_2$ | 0.00150 | 0.00014 | 10.65 | 0.0000 | $\gamma_{11}$ | 0.00181 | 0.00015 | 12.26 | 0.0000 |
| $\beta_3$ | 0.00182 | 0.00016 | 11.34 | 0.0000 | $\eta_1$ | 0.49951 | 0.00002 | 22 214 | 0.0000 |
| $\beta_4$ | 0.00163 | 0.00014 | 11.30 | 0.0000 | $\eta_{11}$ | 0.00181 | 0.00015 | 12.26 | 0.0000 |
| $\beta_{11}$ | 0.00280 | 0.00020 | 14.15 | 0.0000 | $\varphi$ | 0.00181 | 0.00015 | 12.26 | 0.0000 |
| $\beta_{22}$ | 0.00251 | 0.00021 | 11.98 | 0.0000 | $\delta_1$ | −0.00232 | 0.00009 | −25.99 | 0.0000 |
| $\beta_{33}$ | 0.00255 | 0.00023 | 11.29 | 0.0000 | $\delta_2$ | −0.00200 | 0.00011 | −17.59 | 0.0000 |

（续表）

| 系数 | 平均估计值 | 标准差 | $t$ 统计量 | $p$ 值 | 系数 | 平均估计值 | 标准差 | $t$ 统计量 | $p$ 值 |
|---|---|---|---|---|---|---|---|---|---|
| $\beta_{44}$ | 0.00292 | 0.00022 | 13.17 | 0.0000 | $\delta_3$ | -0.00290 | 0.00013 | -22.44 | 0.0000 |
| $\beta_{12}$ | 0.00229 | 0.00018 | 12.46 | 0.0000 | $\delta_4$ | -0.00221 | 0.00010 | -21.55 | 0.0000 |
| $\beta_{13}$ | -0.00138 | 0.00035 | -3.95 | 0.0000 | $\phi_1$ | -0.00232 | 0.00009 | -25.99 | 0.0000 |
| $\beta_{14}$ | 0.00204 | 0.00019 | 10.62 | 0.0000 | $\phi_2$ | -0.00200 | 0.00011 | -17.59 | 0.0000 |
| $\beta_{23}$ | 0.00081 | 0.00023 | 3.57 | 0.0002 | $\phi_3$ | -0.00290 | 0.00013 | -22.44 | 0.0000 |
| $\beta_{24}$ | 0.00188 | 0.00017 | 10.83 | 0.0000 | $\phi_4$ | -0.00221 | 0.00010 | -21.55 | 0.0000 |

## 一、二氧化碳影子价格度量

表6-2报告了分别利用参数化和非参数化两种方法所估算的工业38个两位数行业和工业全行业在研究跨度期间内的平均影子价格。而图6-1则绘制了两种方法所估算的中国工业全行业、轻重工业的二氧化碳平均影子价格趋势图。注意，本章参数化方法所度量的影子价格都为负数；而由于没有必要对影子价格的符号施加限制，所以非参数化方法度量的二氧化碳影子价格几乎都为正数，为了显示二氧化碳排放负外部性的特性，表6-2和图6-1在报告二氧化碳影子价格结果时也赋予其负号，这也是为了与参数化度量结果相一致。表6-2清楚显示了38个行业二氧化碳影子价格的异质性，但是由于它是整个时期的简单平均，因此看不出时变趋势，为此本章把38个分行业的异质性简单浓缩成轻重工业两类行业，并在图6-1上绘制出其不同的时变特征。这里轻重工业的划分标准是基于2004年资本劳动比由小到大的排名，前19个行业划归轻工业，后一半则隶属重工业。[①] 表6-2和图6-1中工业全行业和轻重工业影子价格加权平均值的权重都为各行业二氧化碳排放量的份额。

① 这里轻、重工业的划分标准同张军等(2009)，一般而言，轻工业的本质是劳动密集型的，具有较低的资本劳动比；而重工业是资本密集型的，具有较高的资本劳动比。

**表 6-2　工业分行业二氧化碳平均影子价格**　单位：万元/吨二氧化碳

| 工业两位数行业 | 参数化 | 非参数化 | 工业两位数行业 | 参数化 | 非参数化 |
|---|---|---|---|---|---|
| 煤炭采选业 | -0.04 | -0.02 | 医药制造业 | -1.24 | -0.77 |
| 石油和天然气开采业 | -0.06 | -0.04 | 化学纤维制造业 | -0.26 | -0.15 |
| 黑色金属矿采选业 | -0.68 | -0.65 | 橡胶制品业 | -0.95 | -0.85 |
| 有色金属矿采选业 | -1.18 | -1.19 | 塑料制品业 | -3.87 | -3.80 |
| 非金属矿采选业 | -0.47 | -0.36 | 非金属矿物制品业 | -0.12 | -0.10 |
| 木材及竹材采运业 | -0.41 | -0.23 | 黑色金属冶炼及压延加工业 | -0.10 | -0.09 |
| 农副食品加工业 | -0.89 | -0.74 | 有色金属冶炼及压延加工业 | -0.47 | -0.42 |
| 食品制造业 | -0.55 | -0.40 | 金属制品业 | -3.44 | -2.92 |
| 饮料制造业 | -0.72 | -0.41 | 通用设备制造业 | -3.62 | -3.13 |
| 烟草加工业 | -2.99 | -1.92 | 专用设备制造业 | -1.95 | -1.30 |
| 纺织业 | -1.01 | -0.89 | 交通运输设备制造业 | -2.64 | -1.95 |
| 服装业 | -4.49 | -3.91 | 电气机械及器材制造业 | -12.04 | -8.79 |
| 皮羽制品业 | -3.83 | -3.86 | 计算机、电子与通信设备制造业 | -34.74 | -22.01 |
| 木材加工业 | -1.21 | -0.74 | 仪器仪表制造业 | -16.09 | -16.21 |
| 家具制造业 | -5.49 | -5.82 | 电力热力生产和供应业 | -0.01 | -0.01 |
| 造纸及纸制品业 | -0.24 | -0.20 | 燃气生产和供应业 | -0.03 | -0.02 |
| 印刷业 | -5.18 | -5.46 | 水的生产和供应业 | -1.05 | -0.69 |
| 文教体育用品制造业 | -10.67 | -11.03 | 其他工业 | -1.33 | -0.74 |
| 石油加工及炼焦业 | -0.01 | -0.01 | 工业全行业 | -3.27 | -2.68 |
| 化学原料及化学制品制造业 | -0.14 | -0.12 | | | |

从表6-2和图6-1可以看出，参数化和非参数化两种方法所度量的二氧化碳影子价格的大小和变化趋势基本相似。表6-1显示出各行业影子价格的明显变化，那些影子价格绝对值小的基本上是一些重化工业行业，如电力热力生产和供应业、石油加工及炼焦业、燃气生产和供应业、煤炭采选业和石油和天然气开采业等，每吨二氧化碳排放的影子价格仅有几百元；而影子价格绝对值高的则是一些轻工业和高新技术行业，比如文教体育用品制造业、电气机械及器材制造业、仪器仪表制造业和计算机电子与通信设备制造业等，它们的二氧化碳影子价格达到了每吨十万元以上。得到这样的结果并不奇怪，二氧化碳减排的实质是能源利用问题，先进行业由于能源利用效率高、节能技术强或者能源消耗少，因此进一步节能减排的成本极高、难度较大；而能源密集型的重工业行业由于能源效率低和能源的大量浪费性使用，因而节能减排空间反而大且成本

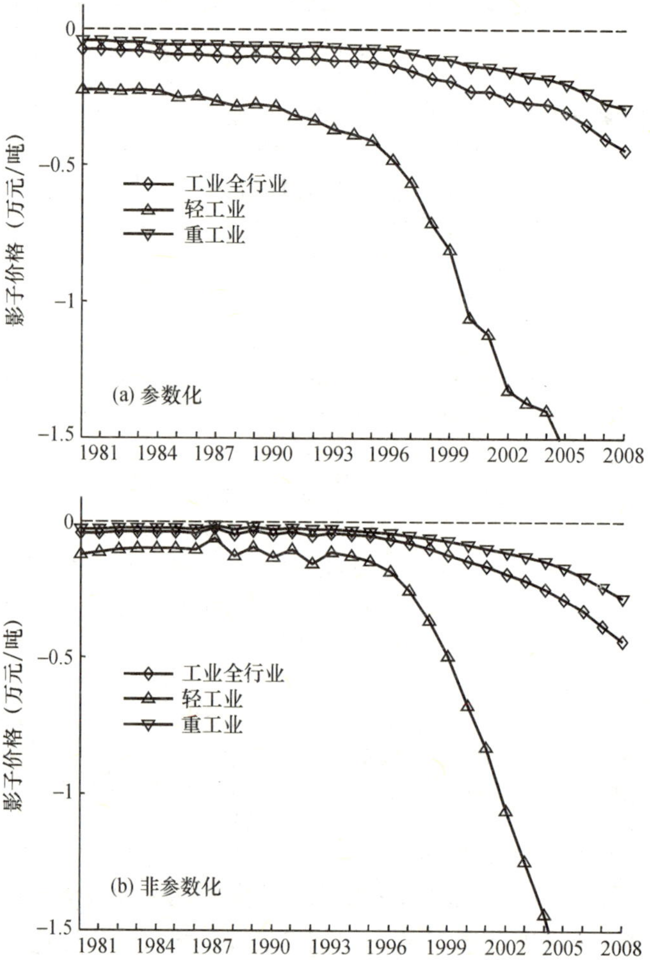


**图 6-1　中国工业二氧化碳平均影子价格变化(1980—2008 年)**

也低,这就是我们看到的为什么不同企业或行业存在着不同的减排成本。这个结论与涂正革 2009 年基于中国不同地区二氧化硫影子价格的最新研究相似,他得出不同地方二氧化硫的影子价格取决于排放水平和生产率水平高低,当二氧化硫排放水平较高、生产率水平较低时,减少排放的代价较低;相反，生产率水平较高、污染排放水平较低时,减少排放的代价较大。比如,北京地区工业二氧化硫影子价格平均为 27.96 万元/吨，相对全国属最高水平。王灿等(2005)也发现电力、煤炭等重工业部门的减排边际成本相对较低,表明重工业在削减二氧化碳排放方面具有相对较大的弹性。

表6-2报告的中国工业全行业二氧化碳影子价格绝对值的平均值每吨在2.68—3.27万元,这个结论比现有度量中国二氧化硫影子价格的结论要低一些。比如,涂正革(2009)所估计的中国工业二氧化硫影子价格从1999年到2005年平均为每吨二氧化硫8.26万元。Kaneko *et al*. (2010)利用非参数方向性距离函数估计出中国热力生产和供应行业二氧化硫的影子价格在2003年每吨为4.73万元。这个结论是合理的,因为,影子价格代表了社会对污染的内部评价,一般来说社会对负外部性高的污染物的作价应该高些,比如,二氧化碳影子价格最低,二氧化氮影子价格最高,二氧化硫影子价格介于中间。当然,所估算污染排放影子价格数值的高低还与方向性距离函数中方向性向量的选取有关。正如Lee *et al*. (2002)指出,影子价格等于距离函数前沿的斜率,其值大小取决于映射到前沿面上的有效率方向。一般来说,随着有效率观察值在技术前沿上由外向原点方向移动,基于最外端Shephard距离函数计算的影子价格数值最小(比如Coggins and Swinton, 1996),基于中间排放固定距离函数的计算值其次(Turner, 1995; Boyd *et al*., 2002),而靠近原点的一般方向性距离函数计算的影子价格则较大(Boyd *et al*., 1996),正如本章的情形。笔者曾根据Boyd *et al*. (2002)的方法利用污染排放固定的方向性距离函数估计出的工业二氧化碳的影子价格(或称为边际减排成本)每吨在0.18—0.30万元,显然小于本章的结果。

表6-2中轻工业行业二氧化碳影子价格绝对值高于重工业的结论在图6-1中也一目了然,而且,随着时间的推移,这种差距还在加大。从图6-1还可以看出另外一个明显的规律,即无论是工业全行业还是轻重工业的二氧化碳影子价格绝对值都随时间而递增,当然,由于重工业的权重更大,全行业影子价格变化模式更依赖于重工业,它们递增的速度低于轻工业。这种随时间而递增的影子价格也好理解,一方面,本章估算得到的是以1990年为基年的定基而非环比影子价格,存在上升的价格趋势并不奇怪;另一方面,正如Lee *et al*. (2002)指出的,随着决策单位变得越来越有效率,重置给定资源来减排的空间也越来越小,相应地污染排放的影子价格将越来越大,也就是说,单位的运行效率变得越高,它所面对的影子价格也越高。该结论与一些已有研究相一致,比如Färe *et al*. (1993)所估算的影子价格也存在着与本章类似的个体效应和时期效应。当然,

也存在一些结论不一致的研究。Kaneko *et al.* (2010)发现由于政府对于二氧化硫减排提供财政支持，中国热力生产和供应行业二氧化硫影子价格从2003年到2006年下降了一半。涂正革(2009)所估计的中国工业二氧化硫影子价格从1999年到2005年之间波动起伏并不表现出递增或递减的一致性趋势。

诚如前述，本章参数化和非参数化两种方法所度量的二氧化碳影子价格基本相似，虽然本章并没有对此进行统计检验。尽管非参数方法相对于参数化方法有其优势，但是正如Lee *et al.* (2002)指出的，在非参数估计中，在有效率观察值处的斜率未必唯一，因此影子价格度量值也不是唯一的，在实证分析中经常取最大的斜率参与计算，从这点看，非参数方法度量的影子价格似乎没有参数化估计值可靠。而且从下一节的分析中也可以知道，参数化方法在公共政策分析中也更加方便。以上也是影子价格度量的参数化方法出现较早而且目前还在广泛使用的原因。

## 二、基于影子价格的碳税税率讨论

如何计算最适碳税水平呢？以2008年计算机、通信设备及其他电子设备制造业和电力热力生产和供应业两个行业为例为例，假定政府想在保持效率和其他投入不变的情况下把两个行业2008年相对于2007年的二氧化碳排放增长率分别降低一半，即分别降低到2.4%和4.6%，把这个新的二氧化碳排放水平分别代入公式(6-1)可以求得两个行业新的产出水平分别为76 182亿元和7 277.4亿元。根据新的二氧化碳排放和产出水平并基于公式(6-9)可以计算得到两个行业的影子价格分别为每吨二氧化碳 -172.84 和 -0.0235 万元[①]，这样计算得到的影子价格可以被看做把两个行业的二氧化碳排放增长率降低一半所要征收的最适碳税水平。由此可见，只要预先设定了二氧化碳减排的目标水平，就可以根据所估计的参数化模型的系数计算得到相应的二氧化碳影子价格并作为碳税征收税率大小的评估依据。

以本章所估算的二氧化碳影子价格直接作为碳税征收的税率大小从理论上来说是最合适的，但是实际中所征收税率往往低估理论数值，一些研究推荐的数值也往往是低估的。比如，贺菊煌等(2002)对应于从5%到30%的二氧化

① 如果以每吨碳来计算的话，可以把此数值乘以3.67。

碳减排率选取的碳税大小为 39.2—399.3 元/吨二氧化碳不等。魏涛远和格罗姆斯洛德(2002)所设计的碳税率分别为对每吨二氧化碳征税 41.5—83.0 元人民币。王灿等(2005)发现 $CO_2$ 减排率为 10% 时,碳排放边际成本约 99 元/吨二氧化碳,减排率上升到 40% 时,碳排放边际成本上升到 727 元/吨。王金南葛察忠等(2009)根据我国目前的 CDM 市场价格所确定的碳税税率为 40 元/吨二氧化碳。王金南、严刚等(2009)所模拟的低中高碳税从 20 元/吨二氧化碳到 200 元/吨二氧化碳不等。这种对碳税税率往往低估的现象有其合理性,正如 Reddy and Assenza (2009)所强调的,对发展中国家而言,气候保护政策的实行必须在可持续发展的框架中进行分析,必须与发展优先的政策相结合,因此低碳税往往被认为有利于经济发展。王金南、葛察忠等(2009)则指出税率的制定要根据我国的具体国情,不能过多影响我国产品的国际竞争力,同时不能对低收入人群的生活水平造成影响。而西方发达国家征收的碳税也不高,根据中国气候变化网信息,芬兰和丹麦为 5.5—11.1 欧元/吨二氧化碳,瑞典为 37.9 欧元/吨二氧化碳。这也不奇怪,Barrett(1994)和 Rauscher(1994)认为,一国政府为了降低本国公司的成本往往具有把环境税扭曲到庇古税水平以下的冲动,这种现象有时候也被称为生态倾销。

可以说,本章所估计的二氧化碳影子价格反映了现实中二氧化碳减排的真实成本,按此税率计征效果应该最佳。Zhang (2004) 也指出目前工业化国家实行的碳税偏低,不足以达到稳定空气中温室气体浓度的水平,如果碳税作为唯一减排措施的话,碳税税率应该更高。碳税相对于其他环境政策的优势在于:它为排放者提供了一种改变其行为方式的经济激励,这种激励是通过市场选择过程来完成的。因此,在制定碳税时,必须注意税率大小要足以影响和改变人们的行为,追加的社会成本必须足以激发人们潜在的保护环境的动力,只有这样才能真正体现碳税或环境税的制度价值,也才能真正发挥环境税促进节能减排的杠杆作用,才能对经济发展方式的根本转变起到实实在在的推动作用。

图 6-1 还给我们提供了两个有意义的结论。一是碳减排边际成本或碳税随着时间的推移而增加,这意味着未来碳税征收应该逐期增加税率。Zhang and Baranzini (2004)在文献综述的基础上也得出类似的结论,即碳税税率应该随时间而增加,以反映二氧化碳浓度增加所带来的污染成本的增加,并对市场释放碳排放将被逐步课以重税的信号,这样才能增强进一步减排所需要的技术革新

的动力。另一个结论则是不同的行业碳税大小不同,平均而言,轻工业碳税大小要高于重工业。这与现有文献中的结论也比较一致。Hoel (1996)指出尽管根据标准福利理论各部门之间应该采取无差别化的碳税政策,但是由于国际气候协议的不完善和各国存在搭便车的思想,无差别化的碳税政策就变得不可取,最优的政策就是针对不同部门采取差别化碳税,比如碳密集型贸易部门应该比经济中的其他部门执行更低的碳税。Zhang and Baranzini (2004)就指出,由于二氧化碳减排的边际成本不同,不同国家、地区和行业应该适用不同的碳税税率大小。Lee *et al*. (2007)认为,碳税的征收是一个复杂的问题,它对二氧化碳减排的效果以及社会和经济对之所作出的反应都可能因不同的国家、地区和行业而有所不同,因此,税率大小应该视情况不同而不同,而不应该制定一个一刀切的标准。王灿等(2005)也发现电力、煤炭等重工业部门的减排边际成本相对较低,表明重工业在削减 $CO_2$ 排放方面具有相对较大的弹性。因此,只有低成本的减排机会逐渐减少之后,轻工业的减排重要性才能逐渐体现出来。

## 第五节　二氧化碳影子价格的进一步运用

### 一、与环境公共政策相关的其他应用

Hueting (1991)指出,环境污染的影子价格是环境公共政策的基石。由于没有环境污染的市场,因此不可能观察到污染的市场价格,而其影子价格则可以作为环境机会成本或环境的真实价值来看待,因此影子价格的成功度量就使得环境政策领域的许多重要任务的完成成为可能。比如绿色 GDP 的核算曾经由于环境污染的种类多种多样,无法直接加总而很麻烦,现在有了各种污染物的影子价格后,就可以计算出这些非期望产出的总价值并对市场 GDP 进行调整而得到绿色 GDP。我们知道,绿色 GDP 是可持续性度量的重要指标,其值为正表示市场产出大于环境损害造成的价值,说明发展是弱可持续的;其值为负则代表发展是弱不可持续的。影子价格度量值还可以应用于环境政策的成本收益分析,比如 Kuosmanen and Kortelainen (2007)。此前由于影子价格难以估计而不能构造环境需求函数的问题现在也得到了解决。由于相对影子价格度量的是期望产出相对于非期望产出的边际技术替代率,因此根据影子价格还可

以评估好产出增长给环境质量带来的短期改变。比如以本章中计算机、通信设备及其他电子设备制造业以及电力热力生产和供应业两个行业为例，2008 年两个行业的工业总产值分别为 74 467 亿元和 6 969. 33 亿元，二氧化碳排放分别为 413. 34 万吨和 285 848. 88 万吨，参数化方法所估算的每吨二氧化碳影子价格分别为 -173. 07 万元和 -0. 02 万元。假定在效率保持不变的情况下两个行业的工业总产值分别增长 10%，由影子价格可以计算得到相应的两个行业的二氧化碳排放必须增长 43. 03 万吨和 34 846. 65 万吨，相当于在原有排放基础上分别增长 10. 4% 和 12. 19% 左右。

正如前述，通过经济手段达成节能减排的途径有二，即环境税征收和污染排放权交易。而环境污染的影子价格不仅可以作为环境税税率大小的确定依据，也可以作为污染排放权交易定价的参考价值，在此领域有着广泛的运用。具体到二氧化碳排放交易，由于《京都议定书》对附件 I 和非附件 I 国家的碳排放责任的设定不同，发达国家可以向发展中国家购买排放指标以解决自身指标不够用的问题。目前中国已经成为清洁发展机制（CDM）的最大出口国，但是中国并没有碳排放交易的定价权，最终成交价格与国际市场价格相去甚远，造成中国碳资产流失。显然，碳排放的交易价格必须要反映碳减排的成本，而二氧化碳影子价格恰恰度量的就是这种边际减排成本。正如表 6-2 所示的，中国重化工业行业的影子价格通常较低，这些行业所属企业节能减排空间很大，碳减排指标的供应能力也很大，可以向发达国家出售。比如 2008 年初宝钢股份向英国和瑞士公司出售碳排放指标。当然，我国的一些高新技术行业的影子价格很高，减排难度极高，不妨也可以考虑从更不发达的国家购买排放指标。按 Färe *et al.* （1993）的观点，表 6-2 中各行业不相等的影子价格实际上意味着资源的无效配置，改变这种状态的方法之一就是利用影子价格作为参考值来为碳排放在国际间、地区间、甚或行业间的交易定价，利用市场这个看不见的手达到对环境污染的等价评估。[①] 具体而言，碳排放权购买方愿意购买低于自己影子价格的排放额度，从而增加好产出和二氧化碳排放；而出售方则愿意高于自己

① 涂正革（2009）以 $SO_2$ 排放许可权交易市场构建为例也讨论了这种企业间的交易，在总量控制的前提下，允许生产效率高的企业向排污量大、生产效率低的企业购买排放许可权指标，可以将环保变成企业经营决策的一部分。

的影子价格出售配额,最终减少好产出和二氧化碳排放。如参数化模型所示,污染的绝对影子价格与产出和污染排放负相关,因此出售方影子价格会上升而购买方的影子价格将下降,这样的碳排放交易一直可以持续到影子价格跨国家或跨地区或跨行业均等化为止。我们也可以看出,这种污染排放交易的设计对发展中国家而言是不可持续的,因为一时从出售碳排放权益中获益损害的是其未来经济发展的潜力,长期而言,应该采取适当的政策防止这种产出下滑,比如行业重组,使得重化工业企业在出售排放权的同时那些非能源和排放密集型的轻工业行业能够得到大力发展以带动产出增加,或者把从排放交易中获得的资金用于进一步发展节能减排技术以提高各行业特别是重化工业行业的生产效率和技术水平。

## 二、工业生产率指数计算

定基全要素生产率(TFP)指数可以定义为报告期 $t$ 和基期 0 的总产出与总投入的比例之商,即

$$\text{TFP}_{t,0}=\frac{Y_t/X_t}{Y_0/X_0}=\frac{Y_t/Y_0}{X_t/X_0}=\frac{\text{总产量指数}_{t,0}}{\text{总投入指数}_{t,0}} \tag{6-18}$$

可见对 TFP 指数的计算最终转化成对总产量和总投入指数的计算,而现实生产大都是多产出多投入的,这就必须使用综合指数来度量。传统使用的指数方法有四种,即 Laspeyres 指数、Paasche 指数、Fisher 指数和 Törnqvist 指数,它们的一个共同特点是需要各种产出和投入的价格信息作为计算的权重。由于污染排放缺乏市场化的价格信息长期以来被排除在生产率指数的计算之外,因此,本章在度量出工业分行业的二氧化碳影子价格后,利用传统指数计算考虑了二氧化碳排放的绿色生产率指数就成为了可能。

Laspeyres 指数以基期价格为权重,而 Paasche 指数则以报告期 $t$ 的价格为权重,根据它们计算的生产率指数分别为(6-19)式和(6-20)式。

$$\text{TFP}^L_{t,0}=\frac{Y_t/Y_0}{X_t/X_0}=\frac{\sum_{i=1}^{2}p_0^i y_t^i\Big/\sum_{i=1}^{2}p_0^i y_0^i}{\sum_{j=1}^{4}p_0^j x_t^j\Big/\sum_{j=1}^{4}p_0^j x_0^j}=\frac{\sum_{i=1}^{2}w_0^i\dfrac{y_t^i}{y_0^i}}{\sum_{j=1}^{4}w_0^j\dfrac{x_t^j}{x_0^j}} \tag{6-19}$$

其中,$w_0^i=p_0^i y_0^i\Big/\sum_{i=1}^{2}p_0^i y_0^i$ 和 $w_0^j=p_0^j x_0^j\Big/\sum_{j=1}^{4}p_0^j x_0^j$ 为基期两种产出($i=1,2$)和四

种投入的价值份额,因此(6-19)式实际上变成了利用加权算术平均数指数来分别计算总产量指数和总投入指数。这里产出 $Y$ 包括好产出工业总产值和坏产出二氧化碳排放两种,而投入 $X$ 包括资本存量、劳动、能源消费和工业中间投入四种要素。注意,在计算生产率指数时二氧化碳排放的负外部性通过负的影子价格来体现,由此计算得到的二氧化碳价值份额就是其计算权重,见 Aiken and Pasurka Jr. (2003)。

$$\mathrm{TFP}_{t,0}^{P} = \frac{Y_t/Y_0}{X_t/X_0} = \frac{\sum_{i=1}^{2} p_t^i y_t^i \Big/ \sum_{i=1}^{2} p_t^i y_0^i}{\sum_{j=1}^{4} p_t^j x_t^j \Big/ \sum_{j=1}^{4} p_t^j x_0^j} = \frac{\left(\sum_{i=1}^{2} w_t^i \left(\frac{y_t^i}{y_0^i}\right)^{-1}\right)^{-1}}{\left(\sum_{j=1}^{4} w_t^j \left(\frac{x_t^j}{x_0^j}\right)^{-1}\right)^{-1}} \tag{6-20}$$

其中, $w_t^i = p_t^i y_t^i \Big/ \sum_{i=1}^{2} p_t^i y_t^i$; $w_t^j = p_t^j x_t^j \Big/ \sum_{j=1}^{4} p_t^j x_t^j$ ,(6-20)式实际上变成了利用加权调和平均数指数来分别计算总产量指数和总投入指数。

Laspeyres 指数虽然可以准确地反映产量和投入量的变化,缺陷是以基期价格为权重脱离了报告期的实际情况;而 Paasche 指数虽然克服了 Laspeyres 指数的缺陷,但是把报告期价格引入计算会带来数量变动之外的数量和价格的共变影响额,所以作为数量指标指数还不如 Laspeyres 指数好。Fisher 理想指数则试图通过计算 Laspeyres 指数和 Paasche 指数的几何平均来克服两种指数的缺陷,公式为

$$\mathrm{TFP}_{t,0}^{F} = (\mathrm{TFP}_{t,0}^{L} \times \mathrm{TFP}_{t,0}^{P})^{\frac{1}{2}} \tag{6-21}$$

Fisher 理想指数虽然显得不偏不倚,但是不如 Laspeyres 指数和 Paasche 指数那样有着明确的经济含义,而且显然计算量是前两个指数的加总,需要资料更多。

Törnqvist 指数定义为个体数量指数的加权几何平均值,权重就是 Laspeyres 指数和 Paasche 指数计算所用权重的简单算术平均值,即

$$\mathrm{TFP}_{t,0}^{T} = \frac{Y_t/Y_0}{X_t/X_0} = \frac{\prod_{i=1}^{2} \left(\frac{y_t^i}{y_0^i}\right)^{\frac{w_0^i + w_t^i}{2}}}{\prod_{j=1}^{4} \left(\frac{x_t^j}{x_0^j}\right)^{\frac{w_0^j + w_t^j}{2}}} \tag{6-22}$$

该指数计算时一般采用如下所示的对数形式:

$$\ln(TFP^T_{t,0}) = \sum_{i=1}^{2}\frac{1}{2}(w^i_0 + w^i_t)(\ln y^i_t - \ln y^i_0) - \sum_{j=1}^{4}\frac{1}{2}(w^j_0 + w^j_t)(\ln x^j_t - \ln x^j_0) \qquad (6\text{-}23)$$

Caves *et al*. (1982)指出,在索洛新古典增长模型基础上引入的超越对数生产函数对应的就是离散的 Törnqvist 生产率指数,由于超越对数生产函数被认为是对任意函数形式的很好的二阶近似,所以 Törnqvist 指数也被认为是最合理的精确的生产率指数,事实上,(6-23)式就是经典的索洛残差表达式。由于这些优良的特性,Törnqvist 生产率指数近年来得到了广泛的应用。

由上述定基 TFP 指数可以很容易计算环比 TFP 指数①,图 6-2 绘制了根据参数化和非参数化两种方法估算的二氧化碳影子价格所计算的中国工业全行业四种环比绿色生产率指数的趋势图。这些生产率平均值也是各行业加权平

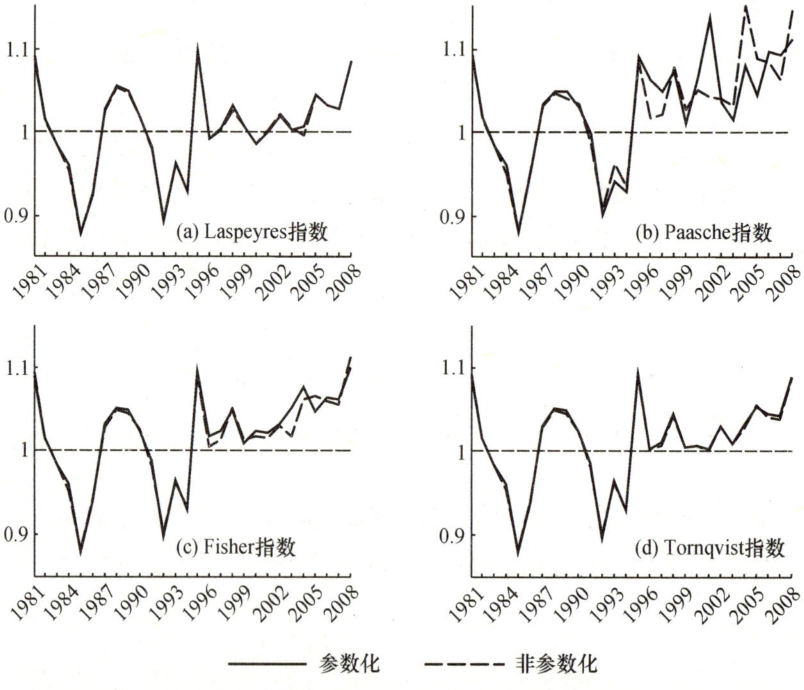


**图 6-2 基于影子价格计算的工业绿色生产率指数趋势图(1980—2008 年)**

① 当然,这里只讨论了四种传统生产率指数的计算,第五章已经分析了一种更为常用的不需要产出和投入价格信息的曼奎斯特生产率指数,该指数基于数据包络分析来计算。

均而得，权重和图 6-1 一样依然是其二氧化碳排放份额。

首先根据参数化和非参数化两种影子价格计算的生产率指数非常相似，尤其对于 Laspeyres 指数和 Törnqvist 指数更是如此，几乎重叠。图 6-2(b)计算的 Paasche 指数在20 世纪90 年代中期以后明显高于(a)图中的 Laspeyres 指数，正如两种指数优缺点中所提到的那样，也许报告期价格引入 Paasche 指数计算带来的共变影响额导致了这种现象的发生。而(c)图的 Fisher 理想指数看起来介于前两个指数之间，这与其几何平均的计算机理一致。作为数量指标指数，(a)图的 Laspeyres 指数从理论上要优于 Paasche 指数，而实际上它看起来也似乎与文献中认为的最合理最精确的生产率指数 Törnqvist 指数(见(d)图)的变化模式最为相似。下面以(d)图 Törnqvist 指数为例来分析本章基于二氧化碳影子价格所估算的绿色生产率变化模式。

整个改革开放时期中国工业全行业全要素生产率出现负增长主要在两个时期，即 1983—1987 年和 1991—1995 年。前一个时期的负增长也许可以解释为改革初期为解决能源短缺而鼓励的小煤矿等能源密集型小企业的盲目发展近乎失控，未采取环保措施的破坏性开采导致煤炭等资源肆意浪费和环境严重污染，因此，20 世纪 80 年代后期中国政府不得不对煤炭等资源市场进行治理整顿，能源和环境因素的这种影响自然反映在所度量的绿色生产率变化模式上。由于 80 年代工业改革以增量改革为主，并没有触动产权实质，承包制造成了内部人控制，加上大量企业冗员的存在、拨改贷政策造成的企业高资产负债率以及政府摊派和社会性功能等系列负担的长期累积等，造成了 90 年代初大批国企财务危机的集中爆发和全面净亏损局面的出现，这一时期工业生产率出现负增长毫不奇怪。于是，中央开始大刀阔斧地实行抓大放小、减员增效、以建立现代企业制度为目标的国企改革，特别要提出的是，从 90 年代中期开始，中国淘汰和关闭了近 10 万家技术落后、高耗能、高污染的小企业，市场竞争的优胜劣汰机制发挥作用，无序生产得到遏止。因此我们看到了这一时期中国工业能源消耗和二氧化碳排放一改此前的上升趋势转而下降或停滞，能源强度和碳排放强度也出现了下降现象，表现在图 6-2 所估算的绿色生产率上，就是中国工业从 1996 年开始第一次出现了真正意义上的生产力革命。这一轮改革所激发的生产率增长能量到 2001 年已基本消耗殆尽。

21 世纪以来进入了改革的反思和调整期。2002 年党的十六大提出了走新型工业化道路和可持续发展的战略。十七大提出了科学发展观的思想,要求实现经济又好又快发展。2004 年国家发改委颁布了《节能中长期专项规划》。2006 年中国“十一五”规划纲要明确提出节能减排的约束性指标,即 2006—2010 年间单位 GDP 能耗降低 20%、主要污染物排放总量减少 10% 左右。2007 年中国出台《中国应对气候变化国家方案》,这是发展中国家的第一部国家方案。尽管从 2001 年起,中国出现了再次重化工业化的倾向,但是从图 6-2 还是可以看到,中国工业又启动了新一轮的生产力革命。

## 第六节　碳税征收先行

环境污染影子价格在环境公共政策等领域有着十分重要的应用价值。本章以中国工业的二氧化碳排放作为环境污染的代理变量,分别利用参数化和非参数化两种方法来估计环境方向性距离函数,并在此基础上估算出中国工业 38 个两位数行业在 1980—2008 年期间的二氧化碳影子价格。度量结果显示,重工业部门由于能源利用效率较低以及排放水平较高,二氧化碳的边际减排成本反而较低,影子价格也较低;而轻工业和高新技术行业由于本身能源效率较高排放水平又较低,进一步减排的空间已经很小,每减排 1 单位的二氧化碳成本很高,因而影子价格也较高。从时期趋势来看,随着所有行业节能减排技术的发展和能源使用效率的提高,进一步减排的成本也在逐步增加,所以二氧化碳影子价格出现了随时间而递增的趋势。在很长一段时期内,由于二氧化碳等环境污染缺乏市场价格信息,很多与环境因素相关的分析难以进行,而影子价格的估算则改变了这种局面。本章利用所估算的影子价格简单讨论了它在环境税特别是碳税税率确定和二氧化碳排放权交易定价方面的应用,并计算了需要投入和产出价格信息的传统生产率指数,这种包含了环境污染排放等因素的绿色生产力度量对于研究者和管理者都能提供非常有价值的信息。

总之,相对于行政命令式的环境政策和排污权交易制度,以碳税为代表的环境税更具灵活性、赋予企业更多选择,企业可以根据自身二氧化碳减排的边际成本或影子价格大小,选择排放并交税或是通过环境治理减少排放避免交税。所以说,环境税使得企业能够以最经济的方式对市场信号做出反应,在交税和碳减排之间进行选择,在减排方面又可以选择安装节能减排设备和开发节能减排新技术等，而环境税引致的这种技术创新又可以为企业创造额外的经济利益。具体到其中的碳税，中国碳税征收方案设计原则初步建议如下：

（1）征收对象为直接向大气中排放二氧化碳的工业单位，计税依据为各单位的二氧化碳排放总量。由于各种化石能源和电力等二次能源的二氧化碳排放系数固定，因此计算简洁，便于税务人员操作，而且相对于对化石燃料产品按其含碳量征税，这种碳税征收方式更能够促进工业企业努力减少二氧化碳排放或大力发展节能减排新技术。

（2）碳税征收的税率大小可以以本章测算的二氧化碳影子价格为依据，这是基于随影子价格变化合理调整的原则，实行的是随时间而递增和因行业而不同的差别税率。依本章测算的碳排放影子价格直接作为碳税税率虽然较高，但这是能够改变企业能耗和排放行为方式、体现环境税价值的适宜税率，当然，基于发展优先的考量，适当同比降低未尝不可。

当然，碳税的征收只是环境税改革的第一步，不仅涉及未来环境税改革的整体设计，也事关对过去排污收费和相关税收的同步调整。比如准备了十多年的燃油税改革于2009年初正式实施，在征收碳税之后还可能进一步开征硫税、氮税、水污染税、噪声税等，并尽快对资源税实行根本性的改革。环境税改革初期也不可能一下子涵盖所有的污染排放物，所以部分排污收费在一定时期内可能还要与环境税并存。与开征新的环境税税种相对应，对与生态环境有关的现有税制要相应进行修正，特别是调整消费税、车辆购置税、车船使用税、增值税、企业所得税、关税、耕地占用税、固定资产投资方向调节税、城市维护建设税等的有关政策规定。

环境税改革是一个系统工程，以碳税为代表的环境税开征还应该与一定的税收减免措施同时进行，力图保持税收总量不变，即所谓税收中性原则。在进行了环境税改革的国家里，除了芬兰、瑞典和德国执行的是税收收入降低的环境税政策外，其他国家基本上都是按中性原则来进行环境税改革。可以说，环境税收入的再分配是达到环境税倍加红利的重要机制，对环境税收入的正确使用可以最大限度上降低环境税征收有可能对经济增长等宏观经济基本面带来的负面影响。比如，环境税收入可以用来降低企业所得税，以提高其市场竞争力，也可以对低收入群体进行补助，以提高其收入水平。环境税收入还可以用来对积极采用新节能减排技术并达到环保标准的企业进行奖励，比如给予税收优惠或者减免政策，甚至对那些受环境税影响较大的能源排放密集型企业在其作出节能减排规划的前提下给予税收返还的短期支持。当然，环境税收入的一大用途是继续用于绿色低碳支出，专门用于提高能源使用效率、研究和引进节能减排新技术、开发可再生资源等新能源以及实施植树造林等增汇工程项目等等。如此，碳税或者环境税的征收才能通过市场机制达到促进节能减排和推动经济发展方式加快转变的根本目标。

# 第 七 章

# 节能减排的工业双赢发展前景预测:2009—2049

## 第一节　节能减排会导致经济减速吗?

达成新气候公约和应对金融危机无疑是目前世界各国面临的两大棘手问题。由于《京都议定书》2012 年到期,各国原定于 2009 年底在哥本哈根达成一份新的协定,以确定后京都时代温室气体减排方案。谈判十分艰难。八国集团曾在 2009 年峰会作出发达国家率先致力于防止全球变暖的积极姿态,提出了到 2050 年全球至少减排 50%,发达国家排放总量减少 80% 以上以及将工业革命以来的气温升幅控制在 2℃以下的长期目标。中国等发展中国家虽然不同意减排 50% 的目标,但中国也首次提出减排时间表,即到 2050 年排量达到峰值不再上升。胡锦涛主席在联合国气候变化峰会上提出了中国的新节能减排计划,表明中国将大幅降低二氧化碳排放,增加森林面积,使用气候友好科技,在 2020 年前达到非化石能源占一次能源消费的比重为 15%。然而,美国和其他发达国家始终以担心减排会带来竞争力下降和失业等为借口、以谈判可能失败为威胁企图从根本上颠覆此前达成的协议,推翻共同而有区别的原则,拒绝承担历史减排责任。哥本哈根气候大会无果而终,坎昆气候大会也没有达成最终协议。

与此艰难谈判形成鲜明对比的是,美国等发达国家在最新的金融危机拯救计划中都不约而同地将低碳经济作为未来的重要发展方向。比如,奥巴马上任不久就推出了以发展新能源为重要内容的"美国复苏与再投资计划",并通过了一份温室气体减排法案《美国清洁能源安全法案》，努力发动新能源引擎，把低碳绿色经济打造成新的经济增长点。英国 2009 年也发布了《英国低碳转换计划》国家战略白皮书。如前面已经述及的，中国与这些发达国家相比在节能减排上也毫不逊色。中国早在 20 世纪 90 年代中后期就对大量的能源和排放密集型中小企业进行了关停并转，这导致该时期能源消耗和二氧化碳排放绝对量首次出现了下降和停顿，能源强度和碳排放强度也一直处于下降趋势，2001 年前的二十多年里除了 1989 年外能源消费弹性系数均小于 1，实现了以较低的能源消费增长支撑经济的快速增长。尽管从 2001 年起，中国出现了再次重化工业化的倾向，但是中央政府依然高度重视节能减排，相继提出了走中国特色新型工业化道路的战略和科学发展观的思想。2004 年颁布《节能中长期专项规划》；2005 年制定《可再生能源法》；2006 年"十一五"规划首次提出节能减排的约束性指标；2007 年出台《中国应对气候变化国家方案》；2008 年，中国水电和太阳能利用均已居世界第一，风能利用居世界第四。由本书图 5-4 可见，在应对金融危机的投资中，中国的绿色投入深度仅次于韩国和欧盟，高于位于第六的美国；从绝对规模来看，中国的绿色投入更高居世界第一位，是排在第二位的美国的两倍。

为什么各国在节能减排上对外和对内会采取两种截然不同的态度呢？其实各国很清楚，节能减排和环境治理长期来讲不可避免，事关经济发展方式转变和未来新技术制高点之争；但是短期而言，尤其是在金融危机肆掠的时刻，节能减排又不可避免会消耗本来用于产出的有限资源，对经济增长和复苏带来负面影响，这让各国迟疑不决，裹足不前。其实，学术界对节能减排的影响也存在两种完全相反的观点：Porter 假说认为节能减排行为能够带来双赢机会，即环境质量和生产率会同时得到提高，社会和经济目标都得到了满足；而另一些研究者对此则提出批评，他们认为如果存在这样的双赢机会，就不需要由政府额外对企业施加节能减排成本。国外很多文献都把节能减排的这种双赢可能性作为实证问题来专门进行研究（见本章第二节的文献综述）。

中国目前是仅次于美国的第二大能源消耗国。中、美分别为全球第一和第二大煤炭消费国，大量的燃煤发电也使得两国成为了世界上温室气体排放量最大的两个国家，而且 2007 年中国的二氧化碳排放量超过了美国，因此在气候公约谈判中让中国承诺本不属于发展中国家义务的减排目标就成了美国的始终追求,中国的国际减排压力十分巨大。随着科学发展观的提出,节能减排也已经成为中国经济结构调整和转变经济发展方式不可或缺的组成部分和内在动力(蔡昉等,2008;中国科学院可持续发展战略研究组,2008)。因此,认真分析节能减排对中国经济特别是对金融危机后实体经济的产出和生产率的正反面影响,寻找未来几十年重要战略机遇期能够引致双赢发展的最优节能减排路径就是一个十分现实和紧迫的问题,这是本章研究的根本动机。众所周知,工业作为中国的主要实体经济部门也是中国二氧化碳的主要排放源,因此不可避免将成为节能减排的首要对象。然而中国已进入以重化工业快速发展为特征的工业化中期阶段,正经历着能耗和排放密集化的客观历史过程,工业增长对重化工产业的需求很大,因此,能够预见到节能减排对工业经济的负面影响也可能是最大的,因此,正确理解能源和环境与工业产出和全要素生产率之间的关系对于中国工业经济和公共决策就具有十分重要的意义。因此,笔者依然将本章的研究对象限制在中国工业部门的 38 个两位数行业,把能源作为投入要素,把二氧化碳排放作为不好的产出变量来处理,利用一个基于方向性距离函数(DDF)修正的动态行为分析模型(AAM)来刻画节能减排行为的经济学机制以检验 Porter 假说在中国的存在性,并预测从新中国成立 60 周年到 100 周年之际中国工业分行业的节能减排最优路径和双赢发展前景。

本章接下来的结构安排如下:第二节综述环境 Porter 假说及对其检验的国内外文献;第三节设计不同的节能减排路径,并嵌入 DDF 的方向向量之中从而扩展出一个动态行为分析模型;第四节对各种节能减排路径效应进行情景仿真,寻找中国工业在 2009—2049 年期间的节能减排最优路径,分别从潜在产出和全要素生产率变化两个角度来探讨双赢发展可能性;第五节为总结性评论。

## 第二节　环境 Porter 假说面面观

近二十年来,能源、环境与经济发展之间的关系始终是一个为学者和决策者所激烈讨论的话题。关于环境保护的传统认知是政府施加的额外成本会侵蚀企业的国际竞争力。Porter(1991)首先挑战该观点,他把高能耗高排放看做是某种形式的经济浪费和资源无效运用的信号,对这种生产无效性的改进将会赋予厂商改善环境质量和同时提高生产率的潜力或者说双赢机会,而环境治理努力也就是要尽可能去帮助厂商识别和去除这种阻止双赢机会的生产无效性和治理的激励不相容,因此,这些治理政策能否成功便与生产无效和浪费在工业部门特别是能源和排放密集型行业中广泛分布的程度相关。然而,由于治理体系存在缺陷使得厂商往往不能够认识到这种机会。Porter and van der Linde (1995)进一步强调,正确设计的基于经济激励导向的环境治理政策能够引致创新从而部分或全部抵消执行环境政策的成本,这种"创新抵消"的出现是由于环境治理与资源有效利用目标相容的缘故,因此他们推断,合理设计且比较严格的节能减排政策会带来生产率和竞争力改善。这些观点通常被称之为环境Porter 假说(Ambec and Barla, 2002)。当然,许多研究者批评 Porter 假说,认为这是对有效市场假说的新古典主义理论的基本挑战,他们反问,为什么企业自己不能够看到这种双赢机会呢?(Palmer *et al.*, 1995; Jaffe *et al.*, 1995; Faucheux and NicolaÏ, 1998)。

国外与 Porter 假说相关的实证研究很多。Karvonen (2001)把资本替代的生态经济观点与 Porter 的双赢假说结合起来考察芬兰过去 20 年资本密集型产业造纸工业的发展,揭示了新技术的使用是如何帮助该产业达到双赢局面以及人为资本投资是如何影响自然资本质量的。Mohr (2002)基于包含众多经济人、生产的外部规模经济和离散技术变化的"干中学"一般均衡框架推导得到了与 Porter 假说一致的结论,该模型显示内生技术改变使得 Porter 假说变得可行。Nugent and Sarma (2002)运用环境扩展的可计算一般均衡(CGE)模型对印度进行分析,发现经济、社会和环境维度政策的综合运用可以同时达到收入分配平等、环境质量提高和增长有效维持的多赢局面。Murty and Kumar (2003)利用随机参数化方法来估计印度制造业的产出距离函数,得出了厂商的技术效率随着环境规制强度的增加而增加的结论,这支持了关于环境规制的 Porter 假说。Beaumont and Tinch (2004)认为减排成本曲线是一个有效的环境治理方法,可以有助于厂商获得经济和环境的双赢局面或至少是赢平的前景。Cerin (2006)的研究支持了 Porter 假说,他基于科斯的产权和交易成本理论发现了双赢发展的私人动机,不过强烈的公共支持对于产生这种经济和环境双赢创新的动机是必须的。Greaker (2006)把竞争力定义为提高市场出口份额的能力,他基于一个政府和上游减排设备生产厂商的两部门两阶段博弈模型,提供了一个支持 Porter 假说的机制,即更严格的环境政策会通过更多的创新来增加产品出口从而提供竞争力,即使对于出口导向型的下游污染行业来说也是如此。Managi (2006)检验了是否存在污染减排的递增报酬的假设,基于美国 48 个州农业部门 1970—1997 年数据的实证分析支持递增报酬的存在。Kuosmanen and Kortelainen (2007)以及 Kuosmanen *et al*. (2009) 利用环境成本收益分析(ECBA)方法研究了温室气体减排等环境政策对经济的影响。Reddy and Assenza (2009)强调了基于经济和市场的气候保护政策能够增加双赢发展的机会。结论中性或相反的研究也有不少。Boyd and McClelland (1999)基于 Shephard 投入距离函数来直接度量环境规制可能造成的效率损失,基本结论是对 Porter 假说争论的两种观点都有所支持,即环境控制既有可能减少环境污染降低投入强度也可能产生潜在的产出损失。Xepapadeas and De Zeeuw (1999)把环境税形式的较严格的环境政策效应分解为生产率效应和利润——排放效应进行分析,指出尽管不能期待严格的环境规制能够导致排放减少同时利润增加的双赢情景,但是某种折中是可能达到的,比如生产率增加以及对利润的影响远小于减排量。

国内相似的研究也不少。魏涛远和格罗姆斯洛德(2002)利用一个中国 CGE 模型定量分析了征收碳税对中国经济和温室气体排放的影响,发现征收碳税将使中国经济状况恶化,但二氧化碳的排放量将有所下降。从长远看,征收碳税的负面影响将会不断弱化。陈文颖等(2004)设计了 6 种二氧化碳减排情景,应用中国 MARKAL-MACRO 模型进行模拟分析,定量地描述了各种减排情景下减排对 GDP 增长影响的时间模式。王灿等(2005)利用 CGE 模型分析在中国实施碳减排政策的经济影响,发现当减排率为 0—40% 时,GDP 损失率为 0—3.9%,对就业也有负面影响,但是减排有助于能源效率的提高。蔡昉等(2008)发现二氧化碳与人均收入之间的库兹涅茨曲线通常没有其他污染物那样明显,即使存在也显示出拐点远远晚于其他污染物,这隐含说明了中国二氧化碳减排需要一个长期的过程,不能一蹴而就。林伯强和何晓萍(2008)研究发现近几年油气资源的加快开发导致中国油气资源耗减成本在快速增加,通过 CGE 模型的定量分析表明,对油气开采行业征收 20 % 以下的资源税对宏观经济的负面影响并不大。国务院发展研究中心课题组(2009)应用产权理论和外部性理论,建立了一个界定各国历史和未来排放权的理论框架,该研究认为,如果各国排放权得到明确界定和严格保护,加之市场本身为正在不断加快发展的新能源等创新活动所带来的盈利机制，则节能减排就会成为一种有利可图的行为，这将为低碳技术发展和低碳经济发展方式替代传统高能耗、高排放发展方式提供强大动力。张红凤等（2009）的研究认为，经济发展不可避免要面临环境—发展两难，但通过严格而系统的环境规制政策可以改变环境库兹涅茨曲线的形状和拐点，从而使得在一个相对较低的环境污染水平越过倒 U 形曲线的拐点成为可能，以实现环境保护与经济发展的双赢。

如上所述，对 Porter 假说正反两方面的观点进行实证检验的文献很多，但是似乎并没有得出一致性的结论，这可能与不同研究采用不同的分析数据和时期或者研究对象所处的经济治理体制甚至文化不同有关，但是缺乏一个合理的分析环境和经济联系的理论框架却似乎是更主要的原因（Schaltegger and Synnestvedt, 2002）。比如通常使用的 CGE 模型更适于比较静态分析，其动态扩展在实证中使用还较少或较简单；参数化的宏观计量经济模型则受制于比较先验的方程形式和分布假定；环境成本收益分析首先需要对环境影响进行经济评估，这本身在技术上就富有挑战；基于产权、外部性和交易成本理论的分析对于量化环境规制的具体经济影响力不从心；传统的 Shephard 距离函数则无法区分 GDP 和环境污染这两种产出的不同本质，如此等等。直到方向性距离函数（DDF）的出现才为我们对 GDP 和污染进行既区分又联系的分析提供了一个合理的替代框架，DDF 的设计恰好体现了 Porter 假说中期望产出增加和非期望产出同时减少的思想，也切合节能减排的行为特征，也就是说，DDF 提供了检验 Porter 假说的最合理方法，基于 DDF 的行为分析模型允许度量同时增减的好坏产出之间的联系并评估上述所谓生产无效性。笔者在这一章将根据 Boyd, Tolley and Pang (2002)的思想分别基于环境污染自由处置和弱处置这两种 DDF 来度量节能减排的潜在收益和产出损失以及节能减排过程中生产效率和技术进步如何此消彼长并最终对全要素生产率造成影响，笔者在方向向量中引入了不同的节能减排路径，为了进行动态预测，同时又引入了时间滞后算子，这样就形成了一个基于标准 DDF 的修正的动态行为分析模型，能够动态地刻化节能减排行为的经济学特征，从而能够有效地对新中国成立 60 年到 100 年之际的中国工业 38 个两位数行业节能减排的双赢发展前景进行预测。具体方法论介绍请见下一节。

## 第三节　节能减排的经济学机制与政策路径

### 一、节能减排路径设计

未来不同的节能减排路径方案对经济成长的影响和发展方式转变的效果是不同的(Lee *et al.*, 2007; Kuosmanen *et al.*, 2009)。本章设计了5种节能情景和9种二氧化碳减排路径,计45种可替代的政策组合情景,并评估它们对中国工业分行业潜在产出和全要素生产率的不同影响,以寻找能够达到中国工业双赢发展的最优节能减排路径。

对一次能源消耗节约方案的设计是基于2006年中国"十一五"规划纲要提出的节能减排约束性指标而进行的,即2006—2010年期间单位GDP能耗降低20%。考虑到能源强度年均下降4%并不容易实现,在本章中,笔者选择单位工业总产值能耗年均降低3%这样一个幅度稍小的节能目标,基于未来中国工业产出年均增长可能达到4%、6%、8%、10%和12%这5种长期目标,可以计算获得能够达到该节能目标的相应能源消耗年均增长率分别为:0.9%、2.8%、4.8%、6.7%、8.6%。[①] 根据第三章中国工业在样本研究期间工业总产值和能耗年均增长分别为11.2%和6%的数据,本章设定的未来产出和能耗增长目标适中或稍轻,基本可以实现。[②]

本章对二氧化碳减排方案的设计则遵循循序渐进、由易到难的原则,以体现中国作为发展中国家发展仍然是第一要务的国情;同时,笔者理解的减排是一个更广义的概念,不一定排放总量下降了才是减排,排放增长率下降也是一种合理的减排。本章所设计的9种减排路径如图7-1所示,按照执行力度由轻到重的顺序分别为:(1) 工业各行业二氧化碳排放由2009年的各自增长率线

---

① 计算能源强度的分母通常使用GDP或者说增加值。由于本研究投入要素包括了中间投入品性质的能源消费,产出必须选择工业总产值,所以本章最终选择的是能耗和工业总产值组合来计算能源强度。然而,这里不管是用工业总产值还是工业增加值作为分母来计算能源强度并不影响由能源强度和产出增长的变化率所计算出来的能源消费变化率数值。

② 林毅夫(Lin, 2004)基于中国可以利用后发优势从发达国家引进技术的判断,也断言中国经济在未来二三十年仍然可以保持年均8%的高增长。因此,基于保增长、促发展的基本思路,必要的产出和能耗增长还是必须的,也是可能的,只要它们的配套能够促成能源强度年均下降3%的预定目标就可以了。

性均匀降低到 2049 年的零增长率，这与中国在 2009 年第一次披露的减排时间表即到 2050 年排量达到峰值的目标相一致；(2) 工业各行业排放由 2009 年各自增长率逐年降低到 2039 年的零增长率，在 2039 年排放达到峰值后再逐年降低到 2049 年减排率 -1% 的目标；(3) 工业各行业排放由 2009 年各自增长率逐年降低到 2029 年的零增长率，然后再逐年降低到 2049 年减排率 -1% 的目标；(4) 工业各行业排放由 2009 年各自增长率逐年降低到 2019 年的零增长率，然后再逐年降低到 2049 年减排率 -1% 的目标；(5) 工业各行业碳排放增长保持 2009 年各自增长率的一半；(6) 工业各行业排放总量始终保持 2009 年的绝对水平，即未来维持零增长率；路径 7—9 维持固定的减排率，即每年在上年的基础上分别减排 -1%、-5% 和 -10%。

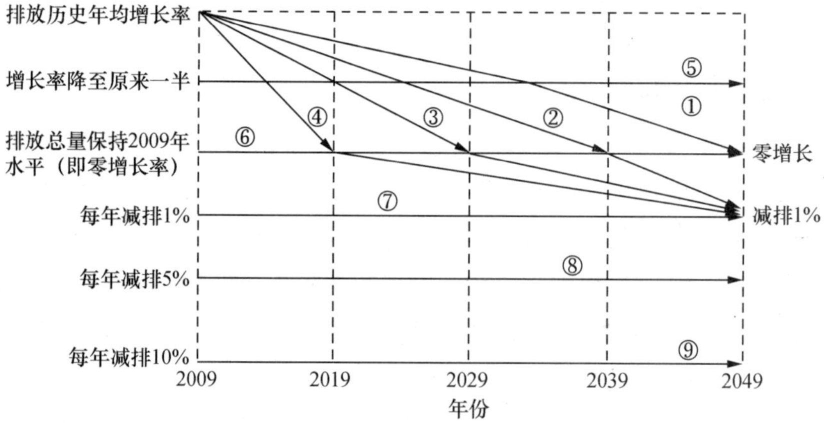


**图 7-1　中国工业二氧化碳排放减排路径设计(2009—2049 年)**

这里所设计的节能减排路径计 45 种政策组合将被合理嵌入到下一小节所要介绍的动态行为分析模型的方向向量中。[①]

① 二氧化碳的两大排放源是化石燃料燃烧和工业生产过程排放。目前而言，中国的二氧化碳排放主要由化石燃料燃烧所导致即由一次能耗决定。但是，从增长速度来看，工业生产过程中二氧化碳排放的增长速度大大高于燃料燃烧二氧化碳的增长速度；从所占比例看，工业过程排放二氧化碳所占比例也在增大，而燃料燃烧二氧化碳比例在减少，因此，未来二氧化碳排放未必主要由一次能耗决定，这就使得本章对未来节能减排路径分开设计成为可能。

## 二、动态行为分析模型

本小节介绍评估节能减排行为经济影响的动态行为分析模型(dynamic activity analysis model, DAAM),由笔者基于 Chambers, Chung and Färe (1996)和 Chung, Färe and Grosskopf (1997)所提出的标准方向性距离函数(DDF)和行为分析模型(AAM)扩展而来。在本研究中,分析对象仍然为 38 个两位数工业行业($i=1,2,\cdots,38$),预测时期跨度为 $t=2009,2010,\cdots,2049$ 计 40 年,每个行业也仍然设定为三种投入($j=1,2,3$,即资本、劳动和能源)、一种期望产出(即工业总产值)和一类非期望产出(即二氧化碳排放)。对于第 $i$ 个分行业来说,$\boldsymbol{x}^i$、$\boldsymbol{y}^i$ 和 $\boldsymbol{b}^i$ 分别表示投入、期望产出和非期望产出的列向量。则第 $i$ 个行业在 $t$ 时点的技术可以用下面的生产集来表示,

$$P(\boldsymbol{x}^i) = \{(\boldsymbol{y}^i,\boldsymbol{b}^i, -\boldsymbol{x}^i): x^i \text{ 能够生产}(\boldsymbol{y}^i,\boldsymbol{b}^i)\} \tag{7-1}$$

而方向性距离函数(DDF)和其他距离函数一样,正是描述这种生产技术的一种代表性函数,它也称为环境规制行为分析模型,形象说明了节能减排政策的经济学机制,正如第五章所言,可以有效地运用于低碳经济发展分析。图 7-2 绘制了方向性产出距离函数以及节能减排在其中的经济学作用原理。技术由 $A$ 点即$(\boldsymbol{y},\boldsymbol{b})$所隶属的生产集 $P(\boldsymbol{x})$表示。DDF 属于前沿生产函数方法,隐含假定某些决策单位(本章即工业各行业)在生产中比其他一些单位更有效。与传统 Shephard 距离函数产出向量由 $A$ 点移至 $D$ 点捕捉好坏产出同时增加不同,DDF 可以沿着 ABC 方向同时拟合产出增加和排放减少的行为,因此使得更加系统地度量 Porter 假说中所说的生产无效性就成为了可能。DDF 正式定义如下:

$$\boldsymbol{D}_o(\boldsymbol{x}^i,\boldsymbol{y}^i,\boldsymbol{b}^i;\boldsymbol{g}^i) = \sup\{\beta:(\boldsymbol{y}^i,\boldsymbol{b}^i) + \beta\boldsymbol{g}^i \in P(\boldsymbol{x}^i)\} \tag{7-2}$$

其中,$\boldsymbol{g}$ 代表好坏产出变化的方向向量,如图 7-2 的标准情形所示为 $\boldsymbol{g}=(\boldsymbol{y},-\boldsymbol{b})$。$\beta$ 则代表给定投入水平下好坏产出同比例放缩的最大可能比例,即所要度量的方向性距离函数值。

1. 生产无效性与节能减排行为的潜在生产损失

如图 7-2 所示,正是由于 $A$ 点处于有效率的生产前沿内部,这种由于高能耗高排放等因素引起的生产无效性也就赋予其通过节能减排在给定投入和现有产出基础上进一步增加产出的潜在空间,但是产出向量到底由 $A$ 点映射到 $B$

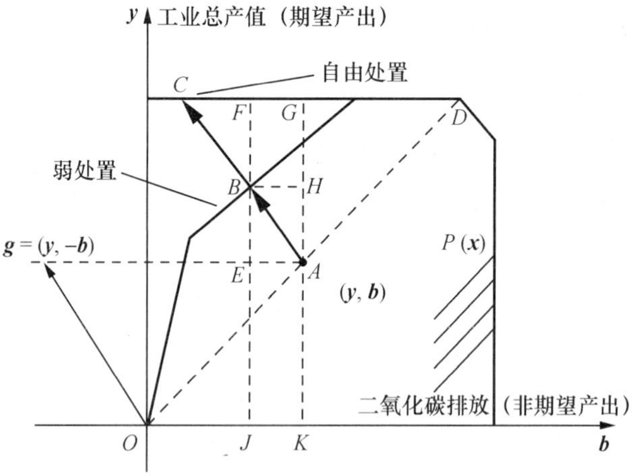


**图 7-2　方向性距离函数与节能减排的经济学机制**

点还是 C 点，则取决于非期望产出是弱处置还是自由处置的技术假定。如果假定非期望产出是自由处置的，也就是说这种处置不需要花费额外的代价，厂商则都会去自发去除这种自己也不想要的副产品，这时在现有期望产出基础上进一步的潜在产出增长就是最大的，其值等于距离函数值 $\beta_f$，也即 $AC/Og$ 的距离比，由于这种情景下能源和环境对产出并不形成制约，因此 C 点的生产是最有效的。然而现实中降低非期望产出不可能不花费代价，肯定要占用生产好产出的资源，导致在给定投入下降低好产出水平，因而这种降低坏产出的行为不是厂商自愿想做的，必须通过强制的环境治理来达到。所以与现实环境治理行为相对应的更现实的技术假定应该是弱处置的非期望产出，产出向量由 A 点投射到 B 点，这是文献中标准的 DDF 情形，其分析模型故而被称为环境治理下的（节能减排）行为分析模型。这时距离函数值 $\beta_w$ 就等于 $AB/Og$，这种潜在的期望产出增长是更多好产出和更少坏产出中间的一个折中，必然要小于强处置所度量出的最大生产无效性所对应的那个最大潜在产出 $\beta_f$。因此，$\beta_w$ 和 $\beta_f$ 之间的差异正好反映了由于可观察的自由处置的缺乏（更形象地说，由于环境治理所要求的节能减排行为）所引致的潜在生产损失①，即 $l=\beta_w-\beta_f<0$（Boyd，Tolley and Pang，2002）。如果在某一时点的当期产出基础上，该潜在产出损失的

① 事实上，不付出努力完全不可能去除坏产出比如二氧化碳排放，而这些努力都会相应转换成生产损失。环境治理所要求的坏产出处置行为就是这样一种努力。

绝对值$|l|$小于潜在产出增长$\beta_w$,则可以说,基于产出视角,节能减排行为导致了 Porter 假说里双赢情景的发生;否则节能减排就不能达到双赢发展。本章将利用此方法通过比较强弱处置两种 DDF 值来度量节能减排行为的潜在产出损失大小,并寻找可以达到最小潜在损失的最优节能减排路径。本章的潜在损失度量$l$也与 Färe *et al*. (1989)介绍的产出损失度量相似。

2. 动态行为分析模型

如上所述,DDF 中标准方向向量形式为$\boldsymbol{g}=(\boldsymbol{y},-\boldsymbol{b})$,而 DDF 值$\beta$刻画的就是在现有产出水平$(\boldsymbol{y},\boldsymbol{b})$基础上好产出$\boldsymbol{y}$和坏产出$\boldsymbol{b}$同时增减的最大可能比例($\boldsymbol{b}$前的负号表示降低坏产出)。在本研究中,为了捕捉节能减排行为的动态效应,笔者在上述标准方向向量中引入时期因素后重新定义产出的方向向量为$\boldsymbol{g}^t=(\boldsymbol{y}^t,-\boldsymbol{b}^t)=[(1+u)\boldsymbol{y}^{t-1},-(1+v)\boldsymbol{b}^{t-1}]$,这里$u$和$v$分别表示当期好坏产出在前一期基础上的变化率,可增可减(也即可正可负),在本研究中它们就等于笔者在上一小节设计的不同节能减排路径所对应的工业总产值和二氧化碳排放在未来的变化率。与此相似,笔者定义第$j$种投入向量的动态变化路径为$\boldsymbol{x}_j^t=(1+\sigma_j)\boldsymbol{x}_j^{t-1}$,$\sigma_j$为各自的变化率。其中,能源的变化率就等于上一小节设计的与工业总产值增长率配套的能耗增长率,它们的组合恰好能够保证能源强度年均降低3%的节能目标;而资本和劳动的未来变化率假定维持各自的历史平均变化率不变。

方向性距离函数通过在每个观察值的邻域施加一个分段的线性生产技术并求解一系列线性规划来进行计算。对于中国工业 38 个二位数行业的第$i$个分行业而言,在$t$时点基于$t$期观察值计算基于上述新定义的动态方向向量所构成的强弱处置两种 DDF 的线性规划分别表示如下。

弱处置方向性距离函数(非期望产出是弱处置的)如下:

$$\boldsymbol{D}_o^t(\boldsymbol{x}^{i,t},\boldsymbol{y}^{i,t},\boldsymbol{b}^{i,t};y^{i,t},-\boldsymbol{b}^{i,t})=\operatorname*{Max}_{\lambda,\beta}\beta_w$$

$$\text{s.t.}\ \sum_{i=1}^{38}\lambda^i\boldsymbol{y}^{i,t}\geqslant(1+\beta_w)(1+u)\boldsymbol{y}^{i,t-1}$$

$$\sum_{i=1}^{38}\lambda^i\boldsymbol{b}^{i,t}=(1-\beta_w)(1+v)\boldsymbol{b}^{i,t-1}$$

$$\sum_{i=1}^{38}\lambda^i\boldsymbol{x}_j^{i,t}\leqslant(1+\sigma_j)\boldsymbol{x}_j^{i,t-1}\quad(j=1,2,3)$$

$$\beta,\lambda^{i} \geqslant 0 \quad (i = 1,2,\cdots,38) \tag{7-3}$$

在线性规划(7-3)中,$\beta = 0$ 意味着该行业处于生产前沿之上,它的生产是有效率的;而 $\beta > 0$ 则表示该行业在生产上是无效的。$\beta > 0$ 的行业占总行业的比例常常用来捕捉这种生产无效性在中国工业中的普遍程度,它与节能减排行为的双赢机会相关。在上式的限制条件中,期望产出的不等式设定表明期望产出是自由处置的,即期望产出的降低不需要非期望产出的同时降低;正是非期望产出的等式设定赋予其弱处置的技术假定;而投入要素的不等式设定也说明投入是强处置的,如果投入增加,那么产出一定不会下降。强度变量则是在构造生产前沿时分配给每个行业的权重。

如(7-3)式所示,动态产出方向向量和投入向量的新定义不仅成功地把各种各样可能的节能减排路径嵌入其中①,巧妙地诠释了节能减排行为的基本经济学思想,而且使得预测节能减排行为的动态经济影响成为可能,因此笔者把基于此动态方向向量和投入向量所构造的新的 DDF 和 AAM 赋予一个新的术语:动态(节能减排)行为分析模型(DAAM)。据笔者所知,该思想和术语还是第一次在文献中出现,可以看做节能减排行为在经济学机制描述上由静态到动态的一个突破,也是本书对基于能源和环境制约的低碳经济发展模型在方法论上的一个重要创新,这是本书的重要研究目标之一。

自由处置方向性距离函数(非期望产出是自由处置的)如下:

$$\boldsymbol{D}_{o}^{t}(\boldsymbol{x}^{i,t},\boldsymbol{y}^{i,t},\boldsymbol{b}^{i,t};\boldsymbol{y}^{i,t},-\boldsymbol{b}^{i,t}) = \underset{\lambda,\beta}{\mathrm{Max}}\beta_{f}$$

$$\text{s.t.} \sum_{i=1}^{38}\lambda^{i}\boldsymbol{y}^{i,t} \geqslant (1+\beta_{f})(1+u)\boldsymbol{y}^{i,t-1}$$

$$\sum_{i=1}^{38}\lambda^{i}\boldsymbol{b}^{i,t} \geqslant (1-\beta_{f})(1+v)\boldsymbol{b}^{i,t-1}$$

$$\sum_{i=1}^{38}\lambda^{i}\boldsymbol{x}_{j}^{i,t} \leqslant (1+\sigma_{j})\boldsymbol{x}_{j}^{i,t-1} \quad (j = 1,2,3)$$

$$\beta,\lambda^{i} \geqslant 0 \quad (i = 1,2,\cdots,38) \tag{7-4}$$

从数学角度而言,弱处置方向性距离函数(7-3)中关于非期望产出的等式限制

① 比如可以嵌入动态变化的减排率序列进行计算就是该设计的一大好处,大部分文献都是设定几个固定的减排率,然后一个个模拟计算。

在线性规划(7-4)中变成了与期望产出一样的不等式以模拟强处置的非期望产出。如前所述,(7-3)和(7-4)两个 DDF 值的差用来度量节能减排行为的潜在生产损失。

由于弱处置的方向性距离函数(7-3)模拟的正是环境治理下的节能减排行为,因此也可以利用它来度量考虑了能源和环境因素后的中国工业全要素生产率的变化及其分解,这可以通过计算曼奎斯特-鲁恩博格生产率指数 MLPI 而得到。全要素生产率 MLPI 指数也可以被分解为技术效率变化(MLECH)和技术进步变化(MLTCH)的连乘积。如果 MLPI > 1,说明全要素生产率跨期得到了提高;如果 MLPI < 1,则说明生产率指数下降了。指数的具体计算过程见第五章第三节。

## 第四节　发展优先下的最优节能减排路径预测

本章也利用第二章所构建中国工业 38 个两位数行业在 1980—2008 年期间的投入产出历史面板数据对 2009—2049 年期间中国工业分行业是否获得双赢发展机会的环境 Porter 假说进行检验。期望产出为工业总产值,非期望产出为二氧化碳排放,三种投入要素分别为利用永续盘存法根据固定资产原值和净值数据估算的资本存量、从业人员年平均数和一次能源消耗量。2008 年的截面数据为预测基准数。各行业投入产出的平均变化率为几何平均数。

### 一、不同节能减排路径的双赢发展前景模拟

表 7-1 报告了基于 5 种节能方案和 9 种减排路径所组成的 45 种节能减排路径下中国工业在整个预测期间潜在产出增长 $\beta_w$ 和潜在生产损失 $l$ 的平均模拟结果以及相应的潜在产出损失净额。[①] 从表 7-1 可以看出,节能减排的潜在产出增长、潜在产出损失以及损失净额这三个重要指标的数值分布很有规律性。随着工业总产值年均增长率的提高,潜在产出增长幅度是逐步下降的,由 4% 工业总产值增长组的 73% 左右降至 10% 增长组的 60% 多一点,可见工业的

① 为了报告的方便,表 7-1 没有报告工业总产值年均增长 12% 这一组的结果。该组也遵循表 7-1 所显示的趋势,其潜在损失净额比前面 4 种工业总产值增长组都要大,因此,该组中不存在最优节能减排路径。

**表 7-1 不同节能减排路径下工业双赢发展前景模拟** 单位:%

| 二氧化碳减排路径设计 | | | 工业总产值增长 4% | | | 工业总产值增长 6% | | |
|---|---|---|---|---|---|---|---|---|
| | | | $\beta_w$ | $l=\beta_w-\beta_f$ | 净额 | $\beta_w$ | $l=\beta_w-\beta_f$ | 净额 |
| 发展型 | 路径 1 | 2049 年达到排放高峰 | 73.43 | -91.55 | -18.12 | 69.46 | -92.42 | -22.96 |
| | 路径 2 | 2039 年达到排放高峰 | 73.52 | -91.46 | -17.94 | 69.47 | -92.43 | -22.95 |
| | 路径 3 | 2029 年达到排放高峰 | 73.52 | -91.45 | -17.93 | 69.46 | -92.50 | -23.04 |
| | 路径 4 | 2019 年达到排放高峰 | 73.41 | -91.59 | -18.18 | 69.46 | -92.48 | -23.02 |
| 强制型 | 路径 5 | 增长率降至原来一半 | 74.41 | -106.58 | -32.17 | 70.30 | -101.82 | -31.53 |
| | 路径 6 | 总量保持 2009 年水平 | 74.55 | -155.68 | -81.14 | 70.17 | -152.12 | -81.95 |
| | 路径 7 | 每年减排 1% | 74.71 | -174.94 | -100.23 | 69.92 | -176.01 | -106.09 |
| | 路径 8 | 每年减排 5% | 74.81 | -201.17 | -126.37 | 69.96 | -203.87 | -133.91 |
| | 路径 9 | 每年减排 10% | 73.93 | -244.64 | -170.71 | 70.11 | -248.87 | -178.77 |

| 二氧化碳减排路径设计 | | | 工业总产值增长 8% | | | 工业总产值增长 10% | | |
|---|---|---|---|---|---|---|---|---|
| | | | $\beta_w$ | $l=\beta_w-\beta_f$ | 净额 | $\beta_w$ | $l=\beta_w-\beta_f$ | 净额 |
| 发展型 | 路径 1 | 2049 年达到排放高峰 | 63.51 | -92.95 | -29.44 | 60.68 | -97.09 | -36.41 |
| | 路径 2 | 2039 年达到排放高峰 | 63.62 | -92.71 | -29.09 | 60.67 | -97.10 | -36.43 |
| | 路径 3 | 2029 年达到排放高峰 | 63.52 | -92.81 | -29.29 | 60.66 | -97.35 | -36.69 |
| | 路径 4 | 2019 年达到排放高峰 | 63.48 | -92.90 | -29.42 | 60.68 | -97.24 | -36.56 |
| 强制型 | 路径 5 | 增长率降至原来一半 | 67.46 | -105.09 | -37.63 | 64.38 | -111.17 | -46.80 |
| | 路径 6 | 总量保持 2009 年水平 | 65.20 | -158.39 | -93.19 | 62.49 | -158.51 | -96.02 |
| | 路径 7 | 每年减排 1% | 65.59 | -178.36 | -112.77 | 62.72 | -174.66 | -111.94 |
| | 路径 8 | 每年减排 5% | 65.72 | -203.70 | -137.98 | 63.19 | -202.69 | -139.50 |
| | 路径 9 | 每年减排 10% | 65.53 | -245.96 | -180.43 | 63.17 | -248.40 | -185.23 |

较快发展会降低生产无效性的普及程度,因而潜在的产出提升空间也相对缩小;但是节能减排的潜在产出损失总体来说却保持增加趋势(虽然增长组别间数值有所交叉),两者相较可以得到潜在损失的净额实际上增加了,数值范围由 4% 增长组的[-18.12%, -170.71%]增加到 10% 增长组的[-36.41%, -185.23%],由此可见,最优节能减排路径应该在工业总产值增长较低的组别。表 7-1 把前 4 种较温和的减排路径归入渐进式发展型组,而把后 5 种较剧烈的减排路径看做限定式或强制型组。可以看到,随着减排路径由 1 到 9 的治理力度逐步加强,潜在产出增长变化不大,但是潜在生产损失却急剧增加,由减排路径 1 大约损失[-91.55%, -97.09%]一下子增加到减排路径 9 损失[-244.64%, -248.87%],净损失总体上是增加的,可见最优的节能减排路径应该在发展型组。表 7-1 用粗体标出各增长组别净损失最小的数值,综合各

组来看,净损失最小的应为4%增长组的-17.93%,对应减排路径3。考虑到工业总产值增长不宜较慢的常识,本章最终选择工业总产值年均增长6%(达至能源强度年均减少3%预定节能目标的配套能源消耗年均增长率为2.8%)的组中最小净损失-22.95%所对应的减排路径2作为中国工业未来40年的最优节能减排路径,这是一个既考虑发展问题又切实节能减排的基于中国国情的渐进式发展型路径,即通过均匀降低二氧化碳排放的年均增长率,使得二氧化碳排放在2039年达到最高峰,其后继续均匀减排至2049年的-1%的减排率。由于表7-1显示所有节能减排路径的潜在净损失都是负数,即使是最优节能减排路径似乎也不能达至中国工业的最终双赢发展。

表7-1的发现与现有文献的普遍结论比较一致。Schaltegger and Synnestvedt (2002)指出,并不是环境总量而是获得某一环境质量水平的治理路径在影响着环境和经济之间的正负向关系,环境保护行为的经济成功最终取决于这种具体选择的环境治理行为的种类而非数量。该文考虑了不同环境治理方式对经济表现的影响,并认为环境治理应该能够识别环保行为引起的经济机会和威胁,这种思路与本章的方法论基本一致。Roughgarden and Schneider (1999)使用动态整合气候—经济模型来计算最优碳税和减排率,得出降低全球气候变暖的有效政策应该是运用较小碳税和较低减排率的机制来相对适量降低温室气体排放的数量。陈文颖等(2004)的研究发现,越早开始实施减排则GDP损失率越大;若从2040年提早到2030年、2020年或2010年开始实施碳减排,GDP总损失将分别增大0.66倍、1.16倍或1.47倍。Kuosmanen *et al*. (2009)认为,如果仅仅对减排的最低经济成本感兴趣的话,最佳的减排路径是基于某个时期跨度上的均匀减排。这些文献都说明,渐进式发展型的温和减排方式确应是首选。与本章节能减排和发展问题紧密相连的基本观点相似,Reddy and Assenza (2009)也强调对发展中国家而言,气候保护政策的实行必须与发展优先的政策相结合,环境治理必须在可持续发展的框架中进行分析。当然,本章最优路径的选择也意味着偏高的产值和能耗增长组合似乎与旧的高增长、高能耗和高排放的粗放式工业发展方式相关联,并不利于中国工业双赢发展,产出增长速度的适当调整和能耗增长的适度降低也许对未来中国工业的结构转型、发展方式转变和可持续发展更加有利。

## 二、最优节能减排路径对工业未来潜在产出的影响

Murty and Kumar (2003)指出,环境治理行为所导致的双赢机会在不同的行业是不同的,对不同行业的具体分析有利于决策者制定出更加合理的环境政策。其实这也是笔者对中国工业38个二位数行业而非仅仅总量数据进行分析的初衷。因此,在上一小节得出的以2039年为排放拐点的最优节能减排路径下,笔者进一步模拟了工业分行业未来40年的潜在生产损失和收益,图7-3报告了各个行业具体的预测前景。①

表7-1显示节能减排的潜在净损失都为负数,也就是潜在生产损失的绝对值$|l|$的平均值都要大于潜在产出的平均增长$\beta_w$,即使是最优的节能减排路径也不例外。但是如果把这种加总的分析分解到如图7-3所示的各个行业和各个时点,情况实际上完全不同。图7-3中虚线表示节能减排的潜在生产损失绝对值,实线表示潜在的产出增长。可以发现,各个行业的潜在产出损失基本上都呈现由大到小逐步降低的趋势,大部分行业的潜在产出增长变化不大;除了黑金采选、纺织服装、皮革毛羽、文教体育、塑料制品和燃气煤气外,其他各个行业在2049年前某个时点后都出现了潜在产出损失小于潜在产出增长的前景,这就说明,对于大多数工业行业来说,节能减排行为在未来都会导致潜在产出收益大于潜在产出损失的双赢发展机会;即使对于上述黑金采选等5个例外的工业行业来说,潜在损失也是保持下降趋势,在2049年后某个时点也基本上会低于潜在收益,因此,双赢发展也是完全可以预期。由于各行业在较近的未来基本上都有着较大的潜在生产损失数值(仅医药工业和通信设备制造业除外),这是导致表7-1所报告的平均净损失额都为负,特别是最优路径的平均净损失也为负的根本原因,可见总量分析的结论是多么不可靠,甚至会得出双赢发展不可能的相反结论。其中,石油开采、黑金采选、木材采运和燃气煤气等能耗和排放密集型行业的潜在生产损失尤其大,这应该也是导致全行业加总的潜在损失为负的原因之一。而且,节能减排看的是最终水平效果而非累计效应,所以初期的高潜在损失影响的只是那个时期,对分析未来双赢机会并没有多大的意

① 为绘图的方便,笔者只绘制了35个二位数行业的双赢预测情景,没有包括水的生产与供应业(重工业)、化学纤维制造业(轻工业)和其他工业。这三个行业的双赢预测情景同样符合本章的基本结论。

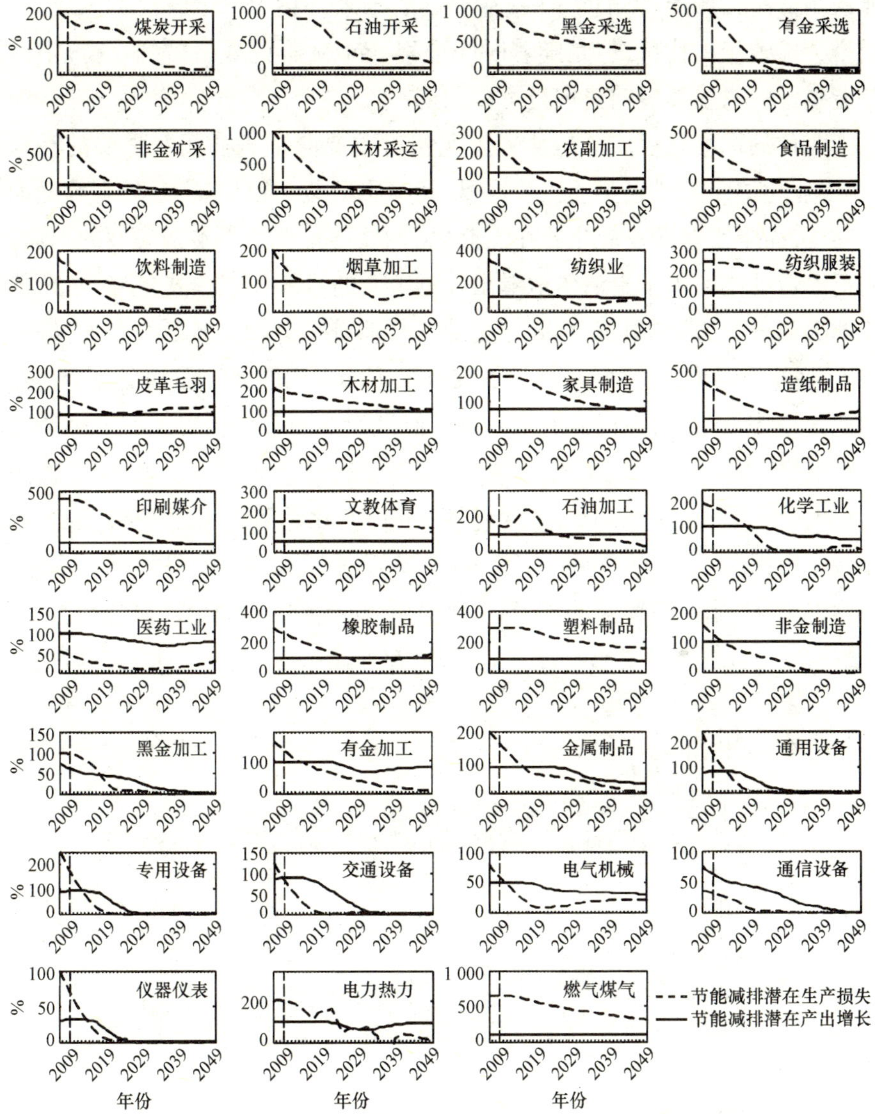


**图 7-3　最优节能减排路径下工业两位数行业的双赢发展前景预测(2009—2049 年)**

义。正如上所述,医药工业和通信设备制造业是仅有的两个在整个预测期间都保持了双赢发展的工业行业。而通用设备、专用设备、交通设备和仪器仪表制造业在 2029 年前后基本上都实现了有效率的生产,即处于生产前沿之上,这时无论节能减排与否,潜在的产出增长空间都几乎为零。总而言之,图 7-3 的分行业预测从潜在产出的角度表明，在较近的未来环境 Porter 假说不能成立，节能减排会导致产出代价，但是随着时间推移，Porter 假说最终得到支持，中国工业节能减排的双赢发展前景完全可以预期。

工业化的标准路径应该是从轻工业相对重要向重工业相对重要的转移过程，在工业化早期阶段轻工业比较重要，其本质是劳动密集型的，具有较低的资本劳动比，而重工业的发展主要在工业化的中后期，它是资本密集型的，具有较高的资本劳动比。为了更清楚地看出轻重工业的双赢发展模式差异，本章依据此前的类似分类方法，根据 2008 年工业各行业资本劳动比从低往高的排序，将 38 个行业分为轻重工业两组，然后加权算术平均求出轻重工业和工业全行业的平均变化趋势，权重为各行业的工业总产值份额。图 7-4 报告了在最优节能减排路径下轻、重工业((a)图和(b)图)和工业全行业((c)图)未来 40 年的潜在产出损失(浅色柱表示)和收益(深色柱)平均变化趋势。可以看出，轻工业组的潜在产出损失由 2009 年的 -173.95% 降低到 2049 年的 -46.85%，降幅颇大，而潜在收益则由 2009 年的 80.51% 降低到 2049 年的 46.86%，降幅较小；而重工业组的对应数据明显要小于轻工业组，潜在产出损失变化范围为[ -67.95%，

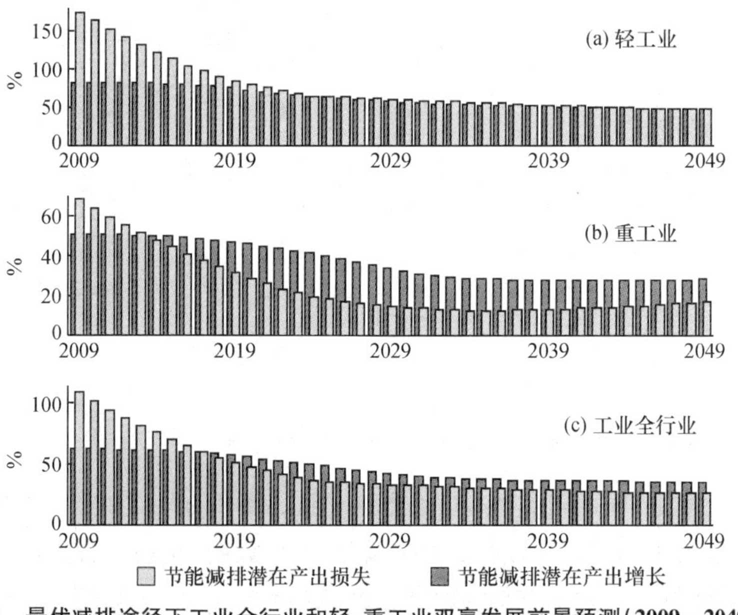


**图 7-4 最优减排途径下工业全行业和轻、重工业双赢发展前景预测(2009—2049 年)**

-16.32%],潜在收益的变化范围为[50.62%,27.75%]。显然,轻工业节能减排的潜在损失大,但是潜在收益也大,重工业正好相反;轻工业组直到2024年后才基本达到潜在损失和收益相差无几的情形,而且一直持续到2049年,勉强维持一个双赢的局面;而重工业从2014年就出现了节能减排的双赢前景,而且潜在收益相对于潜在损失存在一个较大的优势。可见,重工业更是节能减排行为的受益者,轻工业也不是节能减排的受损者。工业全行业的潜在生产损失和收益大小则介于轻重工业之间,潜在产出损失由2009年的-108.72%下降到2049年的-25.55%,潜在产出增长则由2009年的62.11%降低到预测期末的34.97%,由于重工业的权重更高,因此工业全行业显示的潜在产出变化模式更类似于重工业,从2018年就进入了节能减排的双赢发展局面,而且优势是显然的。

### 三、最优节能减排路径对工业未来生产率的影响

图7-5报告了最优节能减排路径下中国工业全行业((c)图)和轻重工业((a)图和(b)图)全要素生产率(即曼奎斯特-鲁恩博格生产率指数MLPI)及其分解(技术效率MLECH和技术进步MLTCH)在整个预测期间的平均变化趋势图,分组方法和权重选取与图7-4相同。三个子图显示出一个相似的模式,即中国工业的全要素生产率在2032—2033年前主要受技术效率的影响,环境规制引致的吸收前沿技术的追赶效应十分明显,当生产效率提高至极限和追赶效应释放完毕以后,技术进步在逐步累积中开始上升为主导力量,也即2033年后全要素生产率则主要受技术进步影响了,整个中国工业的全要素生产率基本上在按照双赢发展路径发生积极的变化。

具体而言,节能减排在初期主要对技术进步造成负面影响,而且对轻工业的影响要大于重工业,比如轻工业2023年的技术进步水平只有2022年的98.48%,生产前沿的倒退幅度达到整个预测期间的最大(-1.52%),重工业技术进步的最大倒退幅度为2026年的-0.5%,工业全行业技术进步的最大倒退幅度为2024年的-0.74%。但是由于追赶效应明显和技术效率高涨(在技术效率的高峰时刻,即轻工业在2022年达到前一年的1.016倍,重工业在2029年达到上年的1.011倍,而全行业在2023年的技术效率也是上年的1.01倍),全要素生产率将一直保持稳步上升的态势。2031年后对技术进步的负面影响逐步

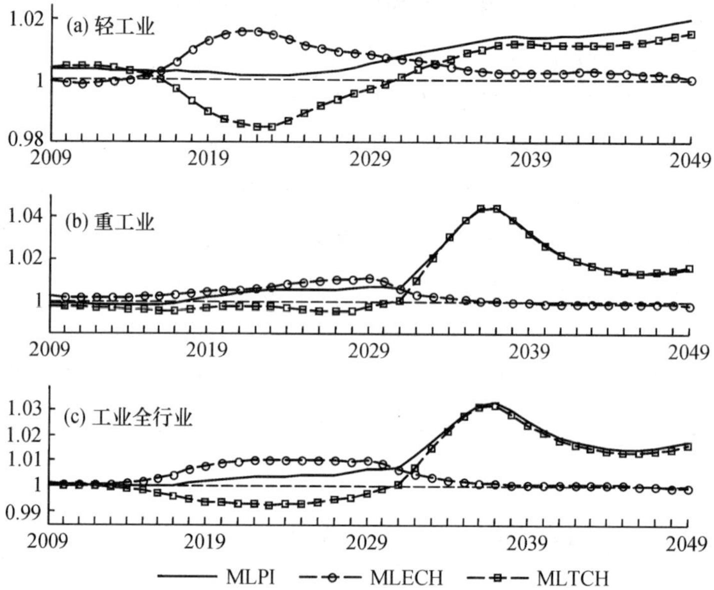


**图 7-5 最优节能减排路径下工业全行业和轻、重工业生产率及其分解变化(2009—2049 年)**

消退,技术进步率由负转正发生质变作用显现,稍后三、四年赶超效应逐步消失(尤其在重工业部门);2037 年左右,由于长期的引进、吸收、消化和创新,技术进步终于达到其高峰(特别是在能源和排放密集的重工业,技术进步在 2036 年达到了上年的 1.044 倍);此后轻工业的技术进步和生产率维持稳定稍有上升,重工业和主要受重工业影响的全行业的技术进步和全要素生产率由于排放拐点后减排力度的增加将回落到一个稍低但更稳定的上升路径。整体而言,从全要素生产率的视角来看,节能减排行为主要在初期对工业部门的技术进步造成一定负面影响,对技术效率和合成的全要素生产率的影响则是正面的:在 2009—2049 年整个预测期间全要素生产率得到稳步提升,轻重工业和工业全行业的平均全要素生产率增长分别达到 0.81%、1.11% 和 1%;在 2049 年的全要素生产率增长将分别达到 2.02%、1.54% 和 1.72%。全要素生产率提高了,节能减排目标实现了,这也是一个双赢发展的前景,经济转型正在其中。

## 第五节　节能减排:经济转型与发展方式转变的倒逼机制

为了应对全球气候变暖的挑战和促进国内经济转型和发展方式转变,节能减排和发展低碳经济已成为各国未来可持续发展的必由之路,能源利用水平和环境保护能力也必将成为评价未来中国特色新型工业化道路是否成功的重要指标。然而,节能减排必然会占用正常生产的有限资源,造成产出和竞争力下降等负面影响,尤其在金融危机肆掠的时刻。各国在节能减排问题上的游移也切实反映在学术观点的争论之上,即所谓环境 Porter 假说的支持和质疑之争。本章利用恰好能够体现 Porter 假说好坏产出同时增减思想的方向性距离函数,扩展了一个动态(节能减排)行为分析模型(DAAM),以刻化节能减排行为的经济学特征,并对中国工业 38 个两位数行业未来 40 年(2009—2049 年)的节能减排双赢发展前景进行预测分析,以验证 Porter 假说在中国的存在性。

基于产出视角的预测分析结果表明,节能减排行为在初期会造成较大的潜在生产损失,但长期来看,潜在生产损失将会逐步下降,最终会低于潜在产出增长,达到 Porter 假说所描述的双赢发展前景。当然,相对于轻工业,节能减排行为的这种双赢机会在重工业和主要受重工业影响的全行业里要来得更大。比如,2049 年工业全行业的潜在产出损失和收益将分别达到 -25.55% 和 34.97%,潜在生产净增长将达到 9.42 个百分点。基于全要素生产率角度的预测分析表明,节能减排在初期会对技术进步造成较大的负面影响,特别是对轻工业而言,但是由于前一半预测期赶超效应明显和技术效率高涨以及后一半时期技术进步上升为主导力量,中国工业的全要素生产率并没有受到影响,而是始终保持稳步逐年小幅提高的态势,在 2009—2049 年整个期间,轻重工业和工业全行业的平均生产率增长分别达到 0.81%、1.11% 和 1%。总体而言,尽管在初期会造成一定的影响或损失,特别会造成能耗和污染排放密集型行业的产出降低,从长期来看,节能减排行为不仅会达至提高环境质量的既定目标,而且能够通过结构调整、要素重置、技术进步或生产效率提高来提高全要素生产率并促进经济发展方式转型,未来 40 年中国工业将最终实现竞争战略之父波特所预言的“双赢”发展可能。本章的预测分析支持了环境 Porter 假说。

可见,节能减排并不一定带来增长降速,长远来看反倒有助于经济运行质量的提升与飞跃。不过，倘若不能够跳出一时一地的利益割舍和政绩不彰纠结，这种以直接的数量扩张方式，通过高能耗、高排放驱动的高增长，早晚会碰到要素边际报酬递减规律的“红线”，是不可持续的，届时长期增长将严重受损。只有切实执行节能减排环境政策，以技术进步、自主创新和生产效率提高的方式，通过实施结构调整政策，使得能源、资源、资本、劳动等要素在不同部门之间有效重置，从而带动环境全要素生产率持续改善，才能从根本上推动发展方式向质量效率型转变，这才是终将被实践证明的可持续的节能减排红利，这才能达到最终的双赢发展可能。因此，节能减排所带来的初期增长受损是值得承受的短期压力和阵痛，节能减排的“倒逼机制”必将诱导经济从高位运行平稳“软着陆”到稍低的增长区间，从而为下一步的经济发展方式转变创造有利的条件。当然，节能减排殊非易事，一蹴而就是不现实的。而且如何具体执行本章选择的通向未来中国工业双赢发展的最优节能减排路径，或者说如何控制工业能耗和二氧化碳排放增长率（或减排率）于预定水平更需要合理的、系统的政策措施来实施。现借用（稍作修改）解振华（2008）序言中的观点来结束本章：科技进步是节能减排的关键所在、生态税制是节能减排的重要措施、深化改革是节能减排的内在动力。

# 第　八　章

# 中国二氧化碳强度减排指标能够实现吗？

## 第一节　中国二氧化碳排放现状

为了深入贯彻落实科学发展观，加快转变发展方式，努力控制温室气体排放，建设资源节约型和环境友好型社会，2009 年 11 月 25 日国务院常务会议决定，为加快转变发展方式，将到 2020 年我国单位国内生产总值二氧化碳排放比 2005 年下降 40%—45% 作为约束性指标纳入国民经济和社会发展中长期规划，并制定相应的国内统计、监测、考核办法。中国不仅第一次提出了碳减排指标，也是世界主要国家中第一个把碳减排与 GDP 指标挂钩而非单纯总量减排的国家。中国在应对气候挑战上的表率作用既赢得了国际社会的好评，维护了中国负责任的大国形象，而且以碳强度作为相对减排指标也充分考虑到了中国作为发展中国家发展是第一要务的国情，符合低碳经济的发展方向，有利于形成助推中国经济转型的倒逼机制和长效机制（陈诗一，2010b）。当然，也有人认为这个减排指标还是太高了，不容易实现。本章将在对中国二氧化碳排放现状分析的基础上，对中国特别是工业部门的碳强度变化模式进行研究，探讨我国未来碳强度减排的可行性，并分解出其背后的影响因素，试图为减排的政策措施提供有益的建议，须知二氧化碳等环境污染的减排切实关乎着低碳转型和经济发展方式转变的前景，有必要对此进行专门的研究。

### 一、二氧化碳排放总量

新中国成立 60 年来，中国经济取得了世界瞩目的成就，GDP 年均增长率达到8%，特别是1978年改革开放以来，GDP增长更是高达9.8%。如前所述，中国的这种高增长带有明显的高投资、高能耗和高污染排放的粗放型特征。以大气污染的主要成分二氧化碳排放为例，中国二氧化碳排放从1953年的1.46亿吨一路上升到1996年的34.5亿吨，在这个平稳增长期间中只有"大跃进"时期碳排放有所跃升。1996年后，碳排放出现了短暂的五六年下降或停滞，其后开始一路飙升到2008年的67.3亿吨，整个期间二氧化碳排放年均增长达到7.2%（可参见图3-1）。从世界主要国家的比较来看，图3-2已经给出，中国的二氧化碳排放在20世纪60年代到70年代比较低，与德国、日本相差无几，随后中国的碳排放开始显著上升，甩开了德国、日本和印度，开始不断逼近美国。以2006年为例，中国二氧化碳排放为58.8亿吨，接近于美国的63.6亿吨，远高于印度、日本和德国的13.9亿吨、13.6亿吨和8.8亿吨。有研究指出，中国已经于2007年超过美国成为全球二氧化碳最大排放国，这无疑给中国的碳减排更增加了来自国际方面的压力（陈诗一，2010a；王锋等，2010）。[①]从二氧化碳排放的产业构成来看，工业部门是二氧化碳的主要排放源，其中包括化石燃料燃烧和水泥、石灰、钢铁等工业生产过程的排放。图3-1显示，改革开放以来，平均来说只占全国40%左右的工业GDP的取得却伴随全国84.2%的二氧化碳排放；特别是21世纪以来，随着工业再次重型化，工业二氧化碳排放占全国排放的比例更高达90%以上。中国正处在工业化过程之中，能源和污染排放密集型行业在可以预见的将来仍然会在经济中发挥不可替代的基础作用，因此，本章仍然主要分析中国工业部门的二氧化碳减排。

## 二、二氧化碳排放强度

虽然除了20世纪90年代中后期之外中国工业的二氧化碳排放总量一直处于上升趋势，但是由图8-1可见，工业二氧化碳排放强度在整个改革开放期间基本上还是保持着下降趋势的。[②] 工业碳强度定义为单位工业增加值伴生的二氧化碳排放量，其倒数即碳生产力，就是单位二氧化碳排放所产出的工业增加值。碳强度的总体下降意味着碳生产力的提高，这说明了中国工业的二氧化

① 中国能源和碳排放研究课题组（2009）给出的中国碳排放超越美国的时间点是2008年。

② 图中工业全行业二氧化碳排放强度根据两位数行业碳强度加权平均而得，权重为各自工业总产值份额。

碳减排在整个改革开放期间还是卓有成效的，中国的工业化事实上处在低碳化进程之中。

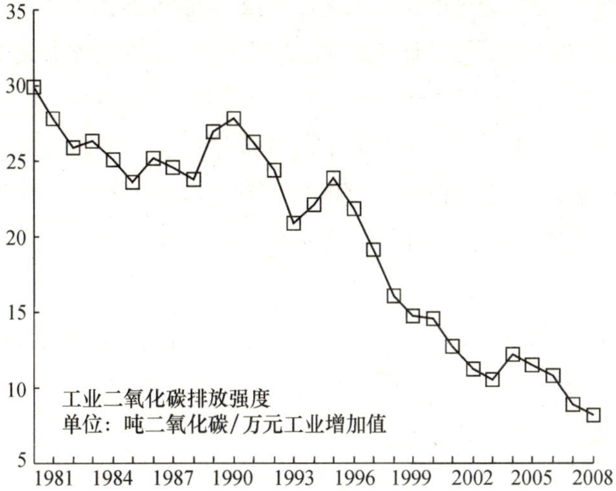


**图 8-1　工业二氧化碳排放强度分时期变化（1980—2008 年）**

由于二氧化碳排放主要由化石燃料的燃烧所产生，因此二氧化碳减排与化石能源的使用状况是紧密相关的。为应对能源短缺，中国政府早在 1980 年就确定了能源节约政策，而且随着以乡镇企业为代表的轻工业的迅速发展，如图 8-1 所示，改革初期工业碳强度即有所下降；但是 20 世纪 80 年代总的政策还是鼓励能源生产，以小煤矿为代表的能源和排放密集型小企业也在快速发展，这虽然缓解了能源供应的紧张局面，但也造成了资源过度开发和严重环境污染，80 年代后期碳排放强度回升，政府不得不从 80 年代末开始对煤炭市场进行整顿治理。随着 90 年代初全球可持续发展概念的提出，中国也建立起真正的环保意识，再次强调了 1980 年提出的“节约与开发并举”的能源方针，对能源生产从 80 年代的鼓励改变为 90 年代后的限制生产，因此，我们看到了 90 年代后碳强度的再次下降。特别是 20 世纪 90 年代中期到 21 世纪初，与“抓大放小”的国企改革相对应，中国关停并转了大量能源和污染排放密集型中小企业，这导致中国二氧化碳排放绝对量在此前一直上升的基础上首次出现了较大下降或停顿（见图 3-1 和图 3-2），碳排放强度在该期间也出现了最大下降落差，下降幅度达 56%（见图 8-1）。尽管从 21 世纪初，中国再次出现了重化工业化倾向，2004 年碳强度一度升高到每万元增加值 21. 1 吨二氧化碳，但是其后碳强度下降趋势依然得到了保持。这与2004年颁布《节能中长期专项规划》、2005年制定《可再生能源法》、2006年“十一五”规划提出节能减排约束性指标以及2007年出台《中国应对气候变化国家方案》等政策和措施不无关系。中国的二氧化碳强度虽然一直在下降，而且比美国快很多，但是数值仍然很高，以2004年为例，中国每百万美元GDP（2000年可比价）排放出2 755吨二氧化碳，是美国同年549吨排放量的5倍多，由此可见中国碳强度减排的空间还是很大的。本章接下来将通过分解技术找出驱动二氧化碳强度如此变化的主要因子，试图为未来10年碳强度减排约束性指标的实现提供一些政策性建议。

## 第二节 碳排放分解及分解技术文献综述

### 一、分解技术文献综述

能源和环境领域的因素分解方法包括对能源消耗和能源强度、能源消费弹性、二氧化碳排放和排放强度的分解，具体分解形式又分加法和乘法分解两种。从分解技术来看，主要分为指数分解法、投入产出结构分解法和基于非参数距离函数的分解法等三种类型。Ang and Zhang (2000)曾对1999年前124篇关于指数分解的文献进行了综述，Ang *et al.* (2003)又作了补充综述。指数分解法最初主要是Laspeyres指数和Paasche指数分解法，流行于20世纪70、80年代。该类指数法的代表性研究如Doblin (1988)和Ang (1993)，其中Park (1992)对拉氏方法作了很好的总结。沿用与拉氏指数分解类似的方法还可以把劳动生产率分解为经济各部门内部的增长效应和各部门间的结构调整效应，称为份额转移(shift-share)法，比如Timmer and Szirmai (2000)、李小平和卢现祥(2007)等。Boyd *et al.* (1987)稍后提出了算术平均Divisia指数方法，并将其运用于美国工业能耗分析。Liu *et al.* (1992)提出了适应性加权Divisia指数方法(AWD)。因而，Divisia指数分解法在20世纪90年代开始流行起来，代表性研究如Greening *et al.* (1998)以及后续的Fisher-Vanden *et al.* (2004, 2006)、Liu (2006)等。

1995年前提出的分解方法存在两个问题，即分解残差项的存在（比如Laspeyres指数分解残差项最大，AWD分解的残差较小）和零数值影响计算的问题。为此，Sun (1998) 提出了一个修正的 Laspeyres 指数分解法，即根据“联合产生均等分配”的原则把残差均摊给各主要因素，最终导致完全分解，使用该方法对中国能源进行分解研究的文献有 Zhang (2003)、张军和刘君(2008)、Zhang *et al*. (2009)。而 Ang and Choi (1997) 和 Ang *et al*. (1998) 则提出了一个修正的分别基于乘法和加法的 Divisia 分解方法，即对数均值 Divisia 指数分解法(logarithmic mean Diviais index, LMDI)，该法可以导致完全分解且零数值也可以技术处理。根据 Fisher 提出的理想指数所要满足的三项检验，即时间互换检验、因子互换检验和循环检验，也只有修正 Laspeyres 指数分解法和 LMDI 方法能够通过这三项理想指数检验。由于修正的 Laspeyres 指数分解法只适合加法分解，而且因素多于三个的话公式非常复杂，而 LMDI 方法能够进行加法和乘法分解并可以互相转换，因此，实际应用中 LMDI 方法要优于修正 Laspeyres 指数分解法。[①] 使用 LMDI 方法的研究文献也很多，如 Wang *et al*. (2005)、主春杰等(2006)、刘红光和刘卫东(2009)、宋德勇和卢忠宝(2009)、王锋等(2010)。最新发展起来的能够进行完全分解的方法还有 Chung and Rhee (2001) 提出的均值变化率指数法(MRCI)和 Albrecht *et al*. (2002) 提出的 Shapley 数值法，不过其应用尚不多见。

投入产出结构分解法利用投入产出比较静态技术把产业(或部门)之间或内部的结构效应从能源消耗或二氧化碳排放中分解出来，该方法可以看做 Laspeyres 指数分解法的一个更详细版本，由于采取矩阵运算形式，因此也只能进行加法分解或增量分解，具体可见 Rose and Casler (1996) 与 Hoekstra and Van den Bergh (2002) 的综述。一般来说，指数分解法适用于时间序列数据或面板数据，既可以进行跨期研究，也可以进行连续时点环比分析；而结构分解法使用隔几年才发布的投入产出表，只能进行跨期研究，但是时点少也许赋予其更丰富的截面信息，可以进行更多的结构分解分析。Hoekstra and Van den Bergh (2003) 对指数分解和结构分解两种方法进行了详细比较。另外，结构分解具有非唯一性，即分解为 $n$ 个因素的结构分解形式有 $n!$ 个，为避免海量计算，实际中分解因素只是采用两极分解平均值，这降低了计算量，但是得到的也只是近似值。使用投入产出结构分解法的文献也不少，比如 Chang *et al*.

---

① Ang (2004) 从理论基础、适应性、易于使用和解释等角度给出了优先选择 LMDI 分解法的结论。

(2008)、Guan *et al*. (2008), Kahrl and Roland-Holst (2009)、Weber (2009)、Wood (2009)、Zhang (2009, 2010)、张友国(2010)等。还有一类因素分解研究利用非参数产出距离函数把能源生产率分解为生产效率和技术进步等因素,如Wang (2007);把产出增长分解为要素投入效应、环境全要素生产率、环境结构效应和污染管制效应等,如涂正革和肖耿(2009)。

## 二、对中国碳排放分解的文献综述

对中国碳排放进行因素分解的主要研究文献简述如下。Wang *et al*. (2005)对我国家1957—2000年的二氧化碳排放进行了分解,发现代表技术因素的能源强度的降低是减少碳排放的最重要的因素,而能源结构和对可再生能源的投入也起到一定的作用,经济增长带来碳排放的增加。Wu *et al*. (2005)则从行业、能源种类和地区三个维度把中国省际二氧化碳排放完全分解为结构效应、强度效应和规模效应三个部分,发现20世纪90年代中后期中国二氧化碳排放的下降或停滞主要由能源强度的降低和工业部门劳动生产率增速减慢所引起,结构调整的碳减排效应并不明显。主春杰等(2006)将二氧化碳排放总量的变化分解成五个主要影响因素,即化石燃料的排放系数、能源消费结构、能源强度、人均GDP和人口总数。发现我国在二氧化碳总量上实现了很大程度的减排,这主要归因于1996年后我国能源环境政策对环境保护提供了良好的政策环境,而主要影响因素是能源强度的提高。Liu *et al*. (2007)把1998—2005年期间工业36个行业的二氧化碳排放分解为五个因素,发现工业经济发展和工业终端能源强度是最重要的驱动因素。他们也因工业统计口径所限无法研究1997年前的数据。Chang *et al*. (2008)对1989—2004年期间台湾二氧化碳排放的影响因素进行分解,发现能源强度、能源结构的低碳化变化、出口水平和内部最终需求是重要的影响因子。Cole *et al*. (2008)分析了1997—2003年中国工业污染排放的影响因素,发现能源消耗、物质资本强度、人力资本强度显著正向影响污染强度,而工业生产率和工业研发支出负向影响污染强度。Ang (2009)研究了中国1953—2006年二氧化碳排放的影响因素,结论表明技术进步和经济对国外技术的吸收能力与二氧化碳排放负相关,而能源消费、高收入和高贸易开放度则与碳排放正相关。刘红光和刘卫东(2009)将1992—2005年工业碳排放量分解为六个因素,即能源消费总量、能源消费结构、技术因素、中间投入量、行业结构和工业总量。结果显示,我国经济总量的增长、能源利用效率低以及以煤为主的能源消费结果是导致我国碳排放大量增加的主要原因,而行业产值结构和技术等因素对碳减排的作用并不明显。宋德勇和卢忠宝(2009)也从三种一次能源和六个部门两个层次分解了1990—2005年中国碳排放的影响因素及其周期性波动,发现20世纪90年代以来,四个阶段不同经济发展方式的差异是碳排放波动的主要动因,特别是2000—2004年高投入、高排放、高能耗的经济发展方式直接导致了碳排放的显著增加。Zhang (2009)对中国1992—2006年的二氧化碳排放强度进行了结构分解分析,该期间碳强度下降了3/4(减排量达20亿吨),发现1992—2002年间碳强度的下降主要由行业内部的能源强度等生产模式的改变引起,而2002—2006年间碳强度的下降则主要由投入结构的改变所导致。需求模式的变化对碳强度下降也有解释力。Zhang *et al*. (2009)把1991—2006年以来中国分产业部门的二氧化碳排放分解为四个因素(碳强度、能源强度、结构变化、经济发展),发现经济发展对二氧化碳排放有最大的正向效应,能源强度降低则对碳排放起到了较大的抑制作用。王锋等(2010)从六个产业部门和八种能源两个维度来对中国1995—2007年间二氧化碳排放的影响因素进行分解,发现人均GDP是二氧化碳排放的最大驱动因素,其中1997—1999年期间中国二氧化碳排放下降的主要驱动因素是工业部门能源生产率的提高或能源强度的下降。Zhang (2010)对1992—2005年中国二氧化碳排放进行了结构分解分析,发现由行业增加值份额所度量的供给面结构变量是重要的影响因素,1992—2002年期间由于制造业行业的快速成长增加了二氧化碳排放,而2002—2005年期间由于碳密集型行业份额的下降又导致二氧化碳排放的减少。张友国(2010)分析了1987—2007年经济发展方式变化对中国GDP碳排放强度的影响,发现生产部门能源强度是促成碳排放强度下降的最重要因素,而分配结构、三次产业结构、制造业内结构和中间投入结构等的变化却导致碳排放强度上升。

## 第三节　对数均值Divisia指数完全分解法

本章使用的指数分解法为乘法形式的对数均值Divisia指数(LMDI)分解法,该方法不仅能够完全分解,不产生不可解释的残差项,而且计算方便、解释合理,在文献中又大量运用。令 $Y$、$C$ 和 CI 代表工业全行业工业增加值、二氧化碳排放及其强度,$i$ 和 $j$ 分别表示 38 个工业两位数行业和三种一次能源种类(煤炭、原油和天然气)①,$C_{ij}$、$E_{ij}$、$\mathrm{EC}_{ij}$、$\mathrm{ES}_{ij}$分别表示第 $i$ 个行业和第 $j$ 类能源的二氧化碳排放、能源消费、二氧化碳排放系数和能源消费种类结构,$E_i$、$Y_i$、$\mathrm{EI}_i$、$S_i$ 代表第 $i$ 个行业的能源消费、工业增加值、能源强度和工业结构(工业增加值份额)。则工业全行业的二氧化碳排放强度可以等价表示成

$$\mathrm{CI} = \frac{C}{Y} = \frac{\sum_{i=1}^{38}\sum_{j=1}^{3} C_{ij}}{Y} = \sum_{ij}\sum \frac{C_{ij}}{E_{ij}} \cdot \frac{E_{ij}}{E_i} \cdot \frac{E_i}{Y_i} \cdot \frac{Y_i}{Y} = \sum_{ij}\sum \mathrm{EC}_{ij} \cdot \mathrm{ES}_{ij} \cdot \mathrm{EI}_i \cdot S_i \tag{8-1}$$

定义如下的对称对数权重方程:

$$L(a,b) = \begin{cases} \dfrac{a-b}{\ln a - \ln b} & a \neq b \\ a & a = b \end{cases} \tag{8-2}$$

则工业全行业二氧化碳排放强度环比指数按照 LMDI 乘积分解方法可以分解为以下三个影响因子项:

$$\begin{aligned} \mathrm{RCI} &= \mathrm{CI}^t/\mathrm{CI}^{t-1} = \mathrm{RCI}_{ec} \cdot \mathrm{RCI}_{es} \cdot \mathrm{RCI}_s \cdot \mathrm{RCI}_{ei} \\ &= \exp\left[\sum_{ij}\sum \frac{L(\mathrm{CI}_{ij}^t, \mathrm{CI}_{ij}^{t-1})}{L(\mathrm{CI}^t, \mathrm{CI}^{t-1})} \ln\left(\frac{\mathrm{ES}_{ij}^t}{\mathrm{ES}_{ij}^{t-1}}\right)\right] \\ &\cdot \exp\left[\sum_{ij}\sum \frac{L(\mathrm{CI}_{ij}^t, \mathrm{CI}_{ij}^{t-1})}{L(\mathrm{CI}^t, \mathrm{CI}^{t-1})} \ln\left(\frac{S_i^t}{S_i^{t-1}}\right)\right] \\ &\cdot \exp\left[\sum_{ij}\sum \frac{L(\mathrm{CI}_{ij}^t, \mathrm{CI}_{ij}^{t-1})}{L(\mathrm{CI}^t, \mathrm{CI}^{t-1})} \ln\left(\frac{\mathrm{EI}_i^t}{\mathrm{EI}_i^{t-1}}\right)\right] \end{aligned} \tag{8-3}$$

其中,$t$ 和 $t-1$ 表示相邻两期,RCI 代表碳强度总发展指数,$\mathrm{RCI}_{ec}$、$\mathrm{RCI}_{es}$、$\mathrm{RCI}_s$ 和 $\mathrm{RCI}_{ei}$则是分解而成的四个因子环比发展指数,即碳排放系数指数、能源结构指

① 《中国能源统计年鉴》将能源消费种类划分为九类(煤炭、焦炭、原油、汽油、煤油、柴油、燃料油、天然气和电力)。本章只选择其中的煤炭、原油和天然气三种一次能源进行分解。由于在部门终端能源消费中,电力消费并不直接产生二氧化碳,属于二次能源,因此没有把电力归入能源分解种类中。许多文献在分解能源种类时既包括原油又包括成品油,这容易造成重复估算二氧化碳排放的问题,本章没有采纳。

数、工业结构指数和能源强度指数。由于本章计算二氧化碳排放时三种一次能源的碳排放系数是固定不变的，因此方程右端的 $RCI_{ec}$ 项实际为 0，实际上最终分解而成的只有三项。①

通过如下的代数运算可以证明该方法可以完全分解，不产生残差项：

$$
\begin{aligned}
& RCI/(RCI_{ec} \cdot RCI_{es} \cdot RCI_{s} \cdot RCI_{ei}) \\
&= \frac{CI^{t}}{CI^{t-1}} \Big/ \exp\left[\sum\sum_{ij} \frac{L(CI_{ij}^{t}, CI_{ij}^{t-1})}{L(CI^{t}, CI^{t-1})} \ln\left(\frac{EC_{ij}^{t} ES_{ij}^{t} S_{i}^{t} EI_{i}^{t}}{EC_{ij}^{t-1} ES_{ij}^{t-1} S_{i}^{t-1} EI_{i}^{t-1}}\right)\right] \\
&= \frac{CI^{t}}{CI^{t-1}} \Big/ \exp\left[\sum\sum_{ij} \frac{L(CI_{ij}^{t}, CI_{ij}^{t-1})}{L(CI^{t}, CI^{t-1})} \ln\left(\frac{CI_{ij}^{t}}{CI_{ij}^{t-1}}\right)\right] \\
&= \frac{CI^{t}}{CI^{t-1}} \Big/ \exp\left[\frac{\sum\sum_{ij} (CI_{ij}^{t} - CI_{ij}^{t-1})}{L(CI^{t}, CI^{t-1})}\right] \\
&= \frac{CI^{t}}{CI^{t-1}} \Big/ \exp\left[\frac{CI^{t} - CI^{t-1}}{L(CI^{t}, CI^{t-1})}\right] \\
&= \frac{CI^{t}}{CI^{t-1}} \Big/ \exp\left[\ln \frac{CI^{t}}{CI^{t-1}}\right] \\
&= 1 \qquad (8\text{-}4)
\end{aligned}
$$

数据不同，选择的分解方法自然也不同。由于本章也采用第二章估算的1980—2008 年中国工业 38 个两位数行业的面板数据来进行分析，因此选择了从 38 个行业和三种能源这两个维度对中国工业二氧化碳排放强度进行分解的 LMDI 方法，这样既可以进行 Laspeyres 指数分解法所不能的乘法分解和环比发展指数分析，又可以进行结构分解法受限于投入产出表而不能的连续时点环比分析。本章的研究对象集中于工业部门，而且分析了近 40 个两位数行业，研究行业数目之多在现有文献中少见；本研究跨度为 1980—2008 年，在现有文献中这是最长的研究样本区间，可以进行其他文献所不能进行的改革开放 30 年及各子时期的不同碳强度变化模式研究，这一点可以看做本章与已有文献的主要不同。如综述所叙，有些文献分解的因素较多，部分原因是由于它们使用了包

① 王锋等（2010）和张友国（2010）所分解的第一个因素也都是碳排放系数效应，他们采用与本章一样的处理方法假定各种化石能源的碳排放系数均保持不变，因此最后该效应或为 0，或只剩下化石能源之外的电力热力的碳排放系数变化。

含三次产业部门和省级地区维度数据，但是因素较多带来的一个共同问题就是变化模式也太多，进行兼容性解释比较困难，而且大部分文献只是对分解后的因素变化描述一番，鲜有给出其背后合理的经济和政策解释的，即使因素细分成许多，也仍然没有超出强度效应、结构效应、产出效应和规模效应这几个大方面的因素。基于此，本章才把碳强度变化只分解成强度效应和结构效应两大因素，后者再进一步分为能源结构和工业结构两个因素，本章旨在集中对这些因素变化模式后的历史经验和政策寓意进行解释和分析，这也将是本章不同于其他分解文献的地方。由于不是对二氧化碳排放总量进行分解，所以一般不要分解出产出效应和规模效应。

## 第四节　能源生产率、结构调整与二氧化碳强度变化

图 8-2 绘制出了中国工业全行业二氧化碳排放强度环比发展指数及其分解组分指数的趋势图。由该图可见，碳强度指数虽然波动较大，但是更多的年份体现负增长，近 30 年中只有 7 个年份是正的增长，其中 1995 年后只有 2004 年一年碳强度是增加的。显然，二氧化碳排放指数的变化模式更多由能源强度指数或者说能源效率来解释，它们表现出高度相似的波动性，两条指数线很多重叠。虽然能源结构效应和工业结构效应的与碳强度指数的相关性较弱，但是还是体现一定的解释力的。表现在表 8-1 各时期碳强度指数和三种因子指数的平均值上①，显然能源强度指数与碳强度指数更相近，而能源结构指数和工业结构指数的数值则和碳强度指数相去较远。就整个改革开放时期而言，工业二氧化碳排放强度指数平均下降了 4.55 个百分点，其中，能源强度指数平均下降就有 3.82 个百分点，工业结构指数只下降了 1.23 个百分点，而能源结构指数却上升了 0.48 个百分点。下面分别就三个影响因素的变化模式来进行具体讨论。

---

① 表 8-1 各子时期是根据图 8-1 工业全行业碳强度变化模式不同进行划分的。

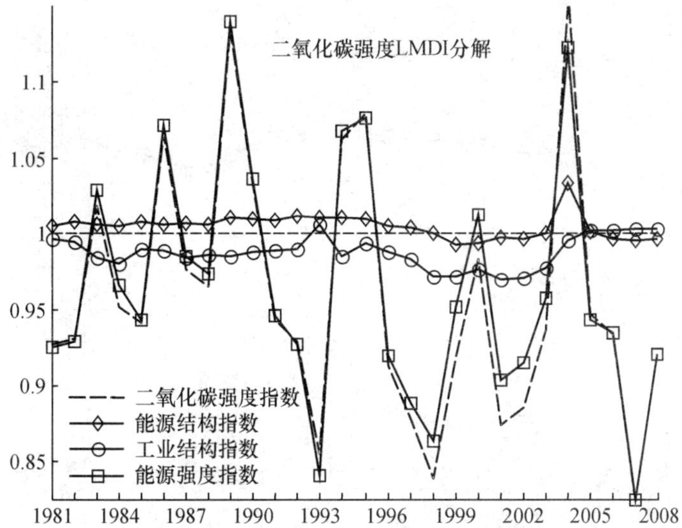


**图 8-2　中国工业二氧化碳排放强度环比发展指数及其因素效应分解(1981—2008)**

**表 8-1　工业碳强度指数及其 LMDI 因素分解跨期平均值**

| 时期区间 | 碳强度指数 | 因素分解 | | |
|---|---|---|---|---|
| | | 能源结构指数 | 工业结构指数 | 能源强度指数 |
| 1981—1990 年 | 0.9883 | 1.0069 | 0.9877 | 0.9938 |
| 1990—1995 年 | 0.9615 | 1.0101 | 0.9915 | 0.9600 |
| 1995—2004 年 | 0.9206 | 0.99995 | 0.9781 | 0.9412 |
| 2004—2008 年 | 0.9502 | 1.0045 | 1.0015 | 0.9445 |
| 1981—2008 年 | 0.9545 | 1.0048 | 0.9877 | 0.9618 |

## 一、能源结构效应

由图 8-3 可见,煤炭是我国的主要能源资源,其次为石油。在工业一次能源消费中,煤炭平均约占 74.2%,是世界上几个以燃煤为主的国家之一,同时也是全球煤烟型污染最为严重的地区,这是造成我国二氧化碳排放强度高的主要原因。正如上一小节二氧化碳排放估算中提及的,在化石能源当中,不洁净的煤炭的二氧化碳排放系数高于石油和天然气。因此,能源结构的变化对工业碳强度是有影响的。

从图 8-3 可以看到,从改革初期到 1995 年,煤炭占比由 68% 逐年升高到最

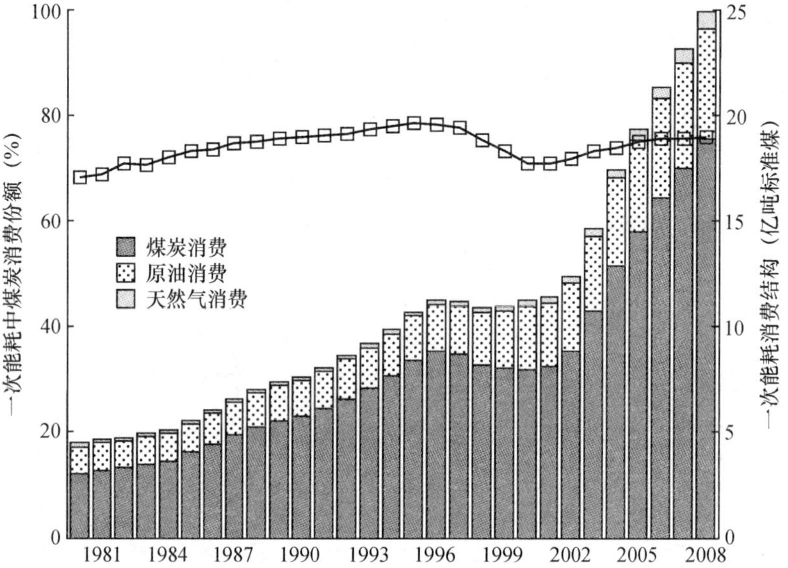


**图 8-3　中国工业能源消费种类构成（柱形）与相应煤炭份额变化（曲线）（1980—2008 年）**

高的 78.4%，这与整个 20 世纪 80 年代国家为了缓解长期计划经济造成的能源短缺对能源生产的鼓励政策紧密相关。这个时期煤炭、石油、电力等行业先后实行了以行业包干为特征的承包责任制改革，其中市场化最为彻底就是煤炭产业，小煤矿不断增加。截至 1994 年，煤炭双轨制价格在所有资源性产品中率先基本放开，煤炭市场完全形成。小煤矿等能源密集型小企业的盲目发展，虽然缓解了中国的能源紧缺问题，但是煤炭生产过剩，造成了煤炭资源的严重破坏和浪费以及环境的严重污染。反映在图 8-2 上，能源结构效应是唯一与碳强度指数降低反向变化的因子，这段时期碳强度指数下降了 1.17%—3.85%，而能源结构指数却上升了 0.69%—1.01%。随着中国政府大量关停并转小煤矿等能源和污染密集型的小企业并对能源生产由鼓励转为限制，如图 8-3 所示，1995 年之后到 21 世纪初煤炭消费占比出现了整个改革时期唯一的下降进程，其占一次化石能源的比例降至 2000 年最低的 70.89%。如果包括非化石一次能源的话，煤炭消费量比重则降至 2000 年的 66.0%，石油、天然气、水电、核电、风能、太阳能等所占比重上升到 2000 年的 34.0%。所以反映在图 8-2 和表 8-1，这段时期是能源结构效应唯一对碳强度降低起促进作用的时期，也是三个因子平均指数同时下降的时期，尽管能源结构指数负增长数值很小。随着 21 世纪以来的工业再次重型化，煤炭占比又开始回升，2008 年达至新高 75.9%；相应地，能源结构指数又出现 0.45% 的正增长，导致整个时期的最终正增长效应，对碳强度的降低起着一个阻碍的作用。

当然，能源结构对碳强度的影响总体上是比较小的，这是因为调整能源结构在根本上受到能源资源禀赋的制约，各个国家在统计能源消费种类构成时数值一般比较一致。比如，中国和美国分别为全球第一和第二大煤炭消费国，大量的燃煤发电也使得两国成为了世界上温室气体排放量最大的两个国家。因此，考虑到我国以煤为主的能源资源结构和消费结构，短期内我国通过调整能源结构来减少二氧化碳排放量和降低碳强度的潜力并不大。

## 二、工业结构效应

从图 8-2 和表 8-1 可以看出，相对于能源结构效应只有一个时期对碳强度减排起促进作用，工业结构效应则总体上对碳强度下降都起着正面的作用，只有重化工业化的最后一个时期其作用是负面的。工业结构是经济结构的重要组成部分，工业结构的调整就是指在工业经济增长过程中，生产要素在技术、效率和效益不同的工业行业之间重新流动和配置并最终达到各行业产值比重发生变化的过程。结构调整是经济可持续增长的重要源泉，也是当今各国转变经济发展方式的根本途径，Timmer and Szirmai（2000）曾经把结构调整对经济增长的正向影响称为结构红利假说。

具体到本章，工业结构调整被刻画为生产要素在低能耗、低污染、低排放的轻工业和高新技术行业与高投资、高能耗、高排放、高污染的重化工业行业之间的流动。图 8-4 分别根据 2004 各行业能源消费和二氧化碳排放的由低到高的排序把所有行业分为低能耗组和能耗密集型组别、低排放组和污染排放密集型行业，并绘制出两个组别工业增加值份额的变化趋势曲线。很显然，改革开放以后，中国已经一改新中国成立以来重工业优先发展的赶超发展战略而为轻重工业并重发展，以乡镇企业、民营企业和外资企业为代表的轻工业得到了快速发展，所以，图 8-4 所示的低能耗和低排放组别的工业增加值份额在 20 世纪 80 年代和 90 年代都呈上升趋势，对称地，能耗和排放密集型组别的产出份额逐年下降。图 8-2 和表 8-1 所示的工业结构指数呈现与碳强度指数同向的负增长，可见，生产要素向更高效率的低能耗低排放组的重新配置对碳强度降低有着促进作用,结构红利是存在的。尤其要指出的是,为了应对国有企业的财务危机,中央从90年代中期开始大刀阔斧地实行“抓大放小”、减员增效、以建立现代企业制度为目标的国有企业改革,其中包括关闭大量能耗和排放密集型的小企业,所以这一段时期能耗和排放密集型重化工业行业的增加值份额下降更快,它对二氧化碳排放强度降低的正向促进作用也是最大的,工业结构指数下降达2.19个百分点。21世纪以来的工业再次重型化在图8-4上也显示得很清楚,排放密集型行业的增加值份额停止了20年来的下降趋势,与低排放组别的份额基本持平,而能源密集型行业的产出份额则显示有所上升,且高于70%,因此,表现在图8-2和表8-1上,工业结构指数第一次出现0.15个百分点的正增长,对碳强度下降也由促进转为阻碍作用了。

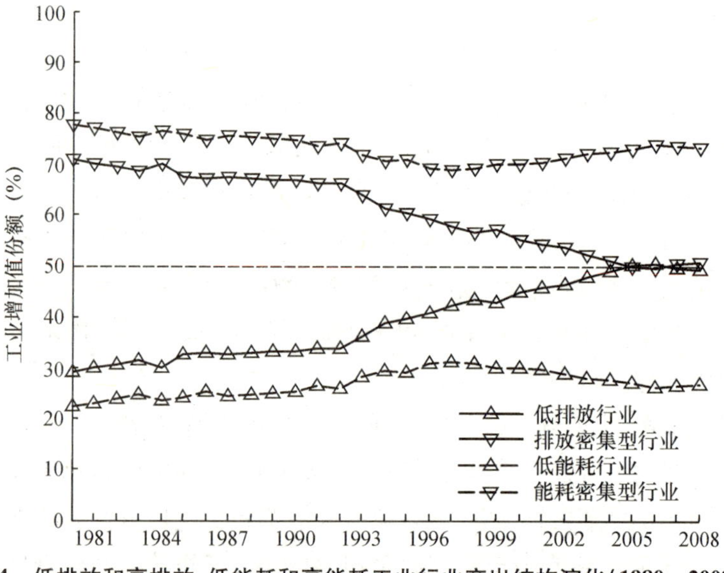


**图8-4　低排放和高排放、低能耗和高能耗工业行业产出结构演化(1980—2008年)**

整体而言,能源结构效应和工业结构效应对碳强度降低的影响力都不大,但是影响方向相反,前者主要起阻碍作用,后者起到了促进作用,有必要进一步促进生产要素由能耗和排放密集型行业向高加工度化和技术集约化的轻工业和高新技术行业流动,这是走中国特色新型工业化道路、加快工业发展方式转变的必由之路。

### 三、能源强度效应

与大多数对二氧化碳排放或强度进行分解的研究文献一样，本研究也得出了能源强度变化是驱动碳强度降低的主要因素，能源强度指数与碳强度指数最为接近（表 8-1），两条指数曲线大部分时期重叠，只在能源结构和工业结构变动比较剧烈的 20 世纪 90 年代中后期相差远一些（图 8-2）。由此可见，二氧化碳排放的实质是能源消耗，而碳排放强度减排根本上取决于能源强度的降低或者说能源生产率的提高（能源强度和能源生产率互为倒数），节能减排密不可分。

新中国刚成立的 1953 年，能源消费只有 0.54 亿吨标准煤，改革开放初期的 1978 年，能源消费为 5.7 亿吨标准煤，而到了 2008 年，能源消费已经达到了 28.5 亿吨标准煤。图 8-5 绘制了工业全行业能源消费总量和能源强度变化（（a）图）以及 1980—2008 年期间能源强度降低的分行业贡献（（b）图），其中，工业全行业能源强度变化以及分行业贡献份额计算所使用的权重也是工业总产值。1980 年和 2008 年工业能源消费分别为 4.48 亿吨和 24.9 亿吨标准煤，占到了全国能源消费的 74% 和 87%，可见能源在工业部门的投入需求变得越来越大。与此对应，图 3-1 中显示的 1980 年和 2008 年工业二氧化碳排放占全国排放的比例分别高达 76.1% 和 96.3% 就不奇怪了，较高的煤炭消费份额和较高的煤炭的二氧化碳排放系数在其中更起到了一个放大作用。

图 8-1 和表 8-1 根据二氧化碳排放强度的变化模式把整个改革时期分为了四个阶段，图 8-5（a）能源消耗及其强度的变化也大致服从相似的模式。在 1995 年前，能源消耗稳步提高，能源强度波动性下降，平均下降了 2.28 个百分点。同样地，从 1996 年到 21 世纪初工业的剧烈改革时期，工业能源消费一改此前的上升趋势转而原水平踏步不前，工业能源强度也出现了整个改革时期最长的下降进程，从 1995 年每万元增加值 9.14 吨标准煤下降到 2003 年的 4.15 吨标准煤，平均下降了 7.68 个百分点，能源生产率显著提高。21 世纪以来重化工业化现象的再次出现也反映在能源消费和能源强度的变化上，房地产和汽车工业的快速发展、基础设施投资的持续加大、机电和化工等资源密集型产品出口份额的增加，所有这些都带动了采掘业、石油和金属加工业、建材及非金属矿物制品业、化工和机械设备制造等能源密集型行业的急剧膨胀，如图 8-5（a）所示，工业能源消耗陡峭上升，能源强度在大的下降趋势中出现了短暂回升。工

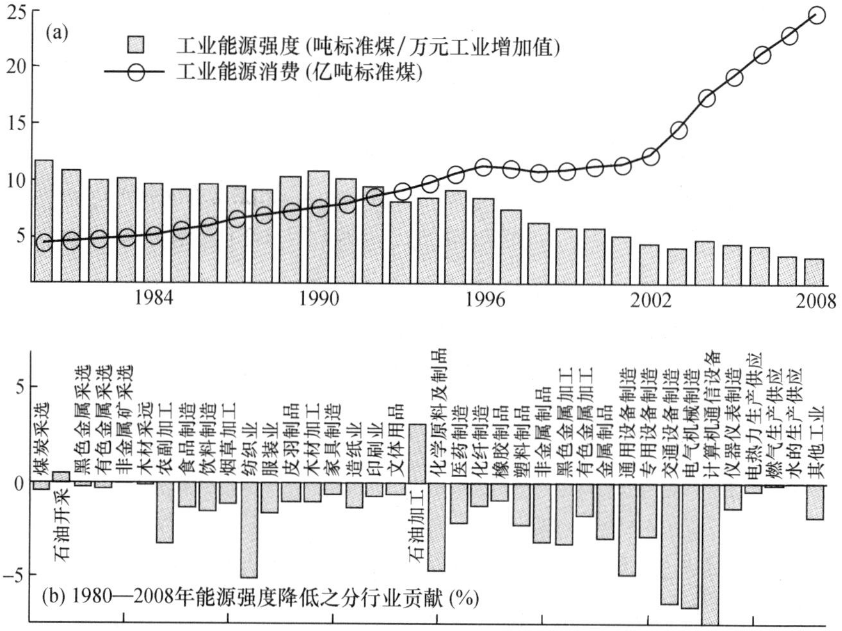


**图 8-5　工业全行业能源消费总量、能源强度变化及其分行业贡献(1980—2008 年)**

业的再次重型化也表现在中国能源消费弹性系数上,2009 年《中国统计年鉴》表 6-8 显示,2003—2005 年是仅有的弹性系数值超过 1 的三年,表明需要更高的能源消费增长才能够带动 1 个百分点的工业增加值增长,能源强度在上升。图 8-5(b)则绘制了工业全行业能源强度 2008 年相对于 1980 年的下降百分比中各个两位数行业的贡献份额。中国工业全行业 1980 年每万元增加值消耗 11.7 吨标准煤,2008 年则下降到 3.2 吨标准煤,累计下降幅度大约 73 个百分点。其中,计算机、电子与通信设备制造业引致下降 9 个百分点,贡献最大;医药制造业、金属制品业、通用设备制造业、专用设备制造业、交通运输设备制造业、电气机械及器材制造业也都分别贡献了 2—6 个百分点,累计降低能源强度 26 个百分点;近一半的能源强度降低由以上高新技术行业完成,说明了大力发展高新技术行业不仅是工业信息技术革命的需要,还能够为工业发展方式转变所必需的低碳转型作出重大贡献。轻工业行业也是工业能源强度降低的重要贡献者,比如纺织业贡献了 5 个百分点的下降幅度,农副食品加工业、食品制造业、饮料制造业、烟草加工业、服装业、皮羽制品业的贡献份额也分别在 1—3 个百分点左右。当然，传统重工业行业的节能减排和更新改造对工业全行业能源强度的降低也功不可没，比如化学原料及化学制品制造业的贡献幅度近5个百分点，塑料制品业、非金属矿物制品业、黑色金属冶炼及压延加工业、有色金属冶炼及压延加工业、化学纤维制造业、造纸及纸制品业贡献的下降额度都分别有1—3个百分点，17个重化工业行业累计降低能源强度大约21个百分点。所有38个两位数行业只有两个行业对工业整体能源强度的下降起到了反向的抑制作用，这就是石油和天然气开采业以及石油加工及炼焦业，它们分别引致能源强度上升0.5和3.1个百分点，未来对这两个行业的能源生产率提高要备加重视。

中国工业能源强度的整体下降趋势说明了能源生产率在持续改善之中，许多文献都在探求中国能源生产率提高背后的原因。Garbaccio *et al.*（1999b）研究认为技术进步是中国能源强度下降的主要原因。由于技术是一种无形资本，所以许多文献往往用研发支出来间接推算技术进步。Fisher-Vanden *et al.*（2004, 2006）研究发现煤炭价格改革、能源部门R&D支出推动的技术创新[①]、国企所有制改革[②]和高能耗行业向低能耗行业的工业结构调整是1997—1999年中国工业能源强度下降的主要驱动因素，而内部技术发展对通过FDI或市场转移的外国技术的吸收具有重要作用。Mukherjee and Zhang（2007）也把技术进步看做是中国工业改革成功的关键。Fisher-Vanden and Jefferson（2008）则指出过去25年中国的科技创新激励已经由国家主导下放到企业、研究机构和大学主导，技术市场也在迅速发展。[③] 王锋等(2010)也把1997—1999年中国工业部门能源强度下降的深层次原因归结为研发经费支出大幅度提高所推动的技术进步和工业企业所有制结构的变化。

如前所述，改革开放以来，中国能源生产率有了很大提高，中国能源强度下

---

① 即便不是能源要素节约型的技术偏向路径，至少也是能源中性的技术进步。

② 大量研究认为非国有企业比国有企业具有更高的技术效率和资源利用效率，比如姚洋和章奇(2001)等。

③ 《中国科技统计年鉴2009》给出的历年数据显示，全国R&D支出由1995年的348.7亿元增加到2008年的4616亿元。其中，研究与开发机构由1995年占用146.4亿元增加到2008年的811.3亿元；高等学校由1995年占用42.3亿元增加到2008年的390.2亿元；而企业占用由2000年的537亿元上升到2008年的3381亿元，特别是大中型工业企业占用的R&D支出由1995年的141.7亿元增加到2000年的353.4亿元，在维持40%左右的份额后快速增加到2008年的2681.3亿元，其份额也上升到58.09%。

降相对于其他主要经济体是最快的，只是在2002年后有所回升；但是，中国的能源强度绝对值还是太高，仍然有很大的下降空间。以2004年为例，中国能源强度为每万美元GDP（2000年价格）消耗9.9吨标准油，这个数值远高于美国、德国、日本、香港的2.3吨、1.9吨、1.1吨和1.4吨标准油，即使比印度的6.5吨标准油也要高。而从能源消费总量的跨国比较来看，中国节能的国际压力更大。改革开放后，中国能源消耗快速增加，特别是21世纪以来急剧飙升，直逼美国。2006年，中国能源消耗量为1 696.8百万吨油当量，仅次于美国的2 326.4百万吨油当量，远高于日本、印度和德国的520.3百万吨油当量、423.2百万吨油当量和328.5百万吨油当量。国际能源署的最新能源报告甚至认为中国在2009年已经超过美国成为世界第一大能源消耗国。从能源加工、转换、贮运和终端利用综合效率来看，不同的能源品种和能源结构会产生不同的组合效率，虽然我国目前的能源利用效率比1980年已经提高了近10个百分点，但是根据吴巧生和成金华（2006）提供的2004年各国能源利用效率的比较看，中国为36.46%，比美国、日本、法国的49.9%、51.43%和65.45%低很多，由此可见，中国的能源利用效率也有很大的提升空间。

## 第五节　中国未来的碳强度减排指标能够实现吗？

根据图8-1的数据进一步计算可得，以1980年中国工业的碳强度（每万元工业增加值排放29.9吨二氧化碳）作为计算基准的话，2008年该数值下降到8.1吨，近30年间下降了73%；如果以1995年的碳强度（23.9吨/万元增加值）为基准，截至2008年近15年间碳强度下降了65.9%；如果再以2005年数值（11.5吨/万元增加值）作为计算基础，4年间碳强度下降了29.2%。可见，从工业部门碳强度下降的历史速度来看，中国政府确立的到2020年把全国碳排放强度在2005年基础上减少40%到45%的约束性指标完全可以实现。再看对碳强度减排影响最大的工业能源强度指标变化（见图8-5），中国工业能源强度2005年为每万元工业增加值消耗4.5吨标准煤，2008年该数值已经下降到3.2吨标准煤，总计下降了29.3%，超过了“十一五”规划所要求的全国能源强度在2005年基础上下降20%

的约束性指标。① 虽然工业部门的历史能耗和碳排放占据了全国的绝大部分,然而上述数据显示,工业部门的节能减排成效要优于全国平均情况,当然如此乐观结论的得出也与图 8-1 和图 8-5 通过分行业碳排放强度和能源强度的加权平均来计算工业全行业数据可能相关,与统计年鉴直接获得的加总数据反映的信息也许有所不同。中国能源和碳排放研究课题组(2009)指出,1980—2000 年,中国实现了能源消费翻一番保证经济翻两番的目标,能源消费弹性系数降至 0.5 左右,对减少二氧化碳排放作出了重要贡献。然而"十五"期间能源消费状况偏离了 2020 年的中国能源发展战略目标,2003—2005 年连续三年能源消费弹性超过 1,因此,"十一五"规划才第一次把能源强度降低 20% 作为限制性指标,如果中国在 2020 年前的几个五年计划里能够持续实施降低 20% 能源强度的节能目标的话,就可以继续实现 2020 年能源翻一番保障经济翻两番的目标,有力地保证 2020 年中国二氧化碳强度减排目标的成功实现。

基于本章对中国工业 38 个两位数行业在 1980—2008 年间二氧化碳排放强度的 LMDI 分解结果,可以得出结构效应(能源结构和工业结构)和能源强度是影响工业碳强度减排的主要因素,其中,能源强度又最为重要。未来应该紧紧围绕这些影响因素来实施合理的节能减排政策,特别是执行能够切实提高能源生产率的措施,为我国未来碳强度约束性指标的成功实现提供充分的政策保障。具体而言,可以从如下几个方面多花工夫:

(1) 加快建立能源价格形成机制,适时开征必要的环境税收(比如碳税),依赖价格杠杆和市场机制来促成能源生产率的提高。虽然我国煤炭价格早已放开,2009 年初也开始征收燃油税,但是我国资源市场的价格形成机制还远未合理建成,能源低价格管制反而刺激了能耗污染密集型和资源性产业的发展,也部分导致了近年来的重化工业化。因此,只有当要素市场真正建立起来,当能源价格能够充分反映资源稀缺程度和环境治理成本,才能向各市场主体传递正确信号,从根本上促进节能降耗和能源强度下降。

(2) 多渠道增加能源研发支出和科技创新经费投入,建立企业为主体、市场为导向、产学研相结合的科研开发和技术创新体系,突破能源发展的技术瓶颈,依

① 魏楚等(2010)也讨论了"十一五"规划中 20% 的能源强度降低目标和 10% 的污染物总量减排目标在理论上是完全可以实现的。

靠技术进步来提高能源生产率。超前部署先进能源技术的研发和推广应用,比如,加强生物质能源和可再生能源等新技术研究,引领能源产业和能源技术实现跨越式发展;开展诸如洁净煤技术的基础研究,增强能源科技的自主创新能力;把节能技术作为优先研发方向,重点攻克高耗能领域的节能关键技术,大力提高一次能源和终端能源利用效率;依托国家能源重点工程,提高关键技术和重大装备制造水平。同时进一步优化外商投资环境,拓宽利用外资领域,大力引进、消化和吸收国际先进技术,注重提升引进技术再创新能力。

(3) 由于重化工业行业对中国工业整体的能源强度降低贡献还不大,某些行业甚至还在推动能源强度上升,因此要特别重视这些行业的节能减排。现阶段这些行业的能源强度降低潜力要远大于轻工业,它们在技术装备水平和管理水平上的提升空间都很大。考虑到这些行业在工业化进程中的基础性作用,更要加快淘汰落后产能,加大运用高新技术和先进适用技术对其更新改造和升级换代的力度和速度。陈佳贵和黄群慧(2005)指出,我国再次重化工业化不能遵循传统老路,必须依靠绿色技术革命,使重化工业能够以最小的资源和环境代价实现自身的快速发展。同时,大力发展对降低能源强度贡献显著的高新技术行业和轻工业,以信息化推动节能减排,优化工业内部结构,早日实现中国工业发展方式由传统重工业向集约式重工业、由重工业化向高加工度化和技术集约化的集约型发展方式转变。

(4) 产业结构升级始终是降低中国能源强度的有效途径。2008 年中国第三产业 GDP 份额为 40.1% ,只有美国、日本等发达国家的一半多一点;中国第二产业 GDP 份额为 48.6% ,相当于美国的两倍和日本的 1.5 倍还多;而中国工业能耗份额却高达 87.5% 。显然,工业部门的能源强度远高于农业和服务业。发达国家产业结构演变经验显示,农业比例持续下降,工业构成会经历先上升后下降的驼峰形态,而服务业比重将持续增加。未来应该通过大力发展现代服务业特别是生产性服务业来进一步优化产业结构,伴随着中国三次产业结构的逐步升级,中国整体的能源生产率水平必将得到根本提高。

张坤民等(2008)已经指出,低碳经济模式的实质就是要提高能源生产率、创建清洁能源结构,核心就是技术创新、制度创新和实现发展观的转变。陈诗一(2010a)也指出,合理设计且比较严格的节能减排政策最终可以促成环境质量提高和经济健康增长的双赢发展可能。中国的节能减排政策已经取得了很好的成绩，只要我们能够持续并重点关注这些与二氧化碳强度减排息息相关的主要影响因素，只要我们能够合理采纳并坚决执行上述建议的各种相关政策和措施，又何愁中国未来的二氧化碳强度减排约束性指标不能够实现呢？如此，低碳转型将成功在望。

# 第九章

# 节能减排与发展方式转变：不仅仅单向作用，也不仅仅工业

## 第一节 经济发展方式转变与二氧化碳减排

金融危机给各国带来了转变经济发展方式的良机，而节能减排无疑提供了发展方式转变的重要杠杆和有效推手。即使是美国这样的发达国家，为了实现经济复苏和抢占新一轮世界经济增长的制高点，也把新能源和低碳技术作为催生经济增长模式转变的重点领域来投入，全力打造具有全新基础的经济增长“岩上之屋”。而中国为了贯彻落实科学发展观，加快转变经济发展方式，也于2009年第一次正式提出了二氧化碳强度减排的约束性指标，即到2020年我国单位GDP二氧化碳排放比2005年下降40%—45%，以期形成中国经济转型的倒逼之手。本章仍然研究与中国经济发展方式转变息息相关的二氧化碳排放状况，但是侧重于以上海市为例进行东、中、西部地区以及与全国的比较分析，以为不同地区的二氧化碳减排提供不同的政策建议。

本章以终端能耗引致的二氧化碳排放作为研究对象。① 改革开放以来，中国终端能耗二氧化碳排放从1995年的17亿吨上升到2007年的33亿吨，同期上海市碳排放则从3 987万吨上升到10 663万吨，其占全国碳排放的比例是逐

① 终端能源消费指在一定时期内全国生产和生活消费的各种能源扣除了加工转换中间过程中二次能源消费和损失之后的数量，以2007年为例，其占能源消费总量的比例达到95.6%。

年上升的（比如从 1995 年的 2.4% 上升到 2007 年的 3.3%）。图 9-1 和图 9-2 分别绘制了全国和上海市由终端能源消费引致的二氧化碳排放的产业结构变化。两张图显示的较大不同是，全国的碳排放在“九五”期间和“十五”开端出现停顿甚至略有负增长，而上海市碳排放同期仍然增长较快；而相同的趋势则是 2003 年后全国和上海市的碳排放都出现飙升，使得中国于 2007 年跃过美国成为世界头号二氧化碳排放国。二氧化碳排放产业构成的主要不同是，虽然工业都是头号排放源，且 1995 年时上海市工业碳排放占总排放的比例与全国结构水平相同，都在 69% 左右，但是其后全国工业碳排放比例基本维持不变，上海市工业发展却开始萎缩，导致工业碳排放比例持续下降，2007 年已经不足 50%；上海市第三产业中的交通运输业碳排放占比一直比全国高（平均分别占 26% 和 10%），而且上升也更快，从 1995 年的 15% 一路上升到 2007 年的 36%，部分体现出上海以航运中心为代表发展现代服务业的方向；而上海市的居民生活碳排放比例却小于全国（平均值分别为 9% 和 14%），而且占比都呈下降趋势。

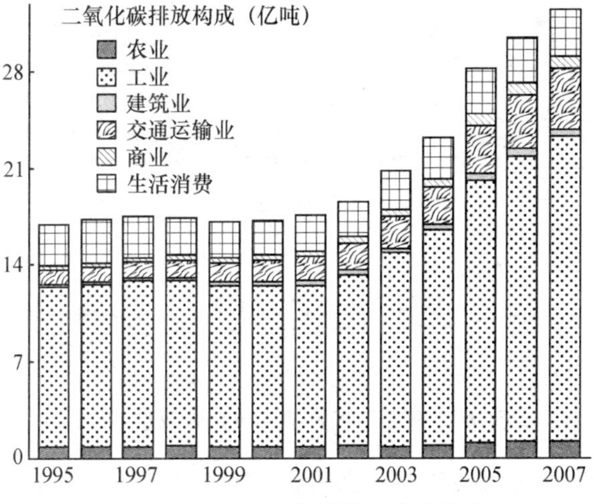


**图 9-1　中国二氧化碳排放产业构成**

图 9-3 和图 9-4 绘制了全国和上海市不同部门的二氧化碳强度变化趋势。总体上，上海市生产部门和生活部门的碳强度绝对值都低于全国对应值，显示出更高的碳生产力；而且上海市和全国生产部门的碳强度都在下降，只在 2005、2006 年左右有所回升后又继续下降，生活部门的碳强度略降后升，绝对水平远

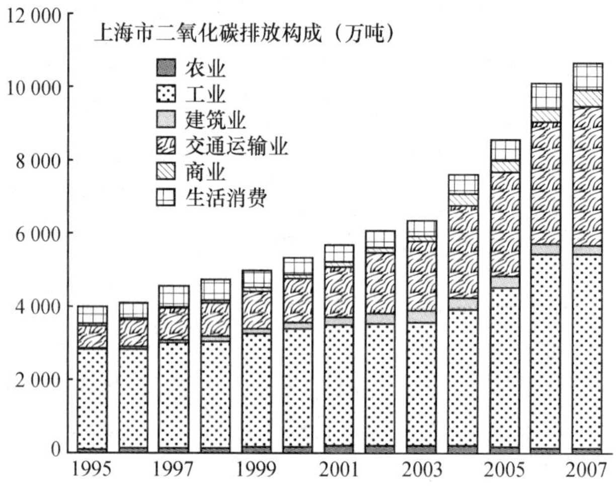


**图 9-2　上海市二氧化碳排放产业构成**

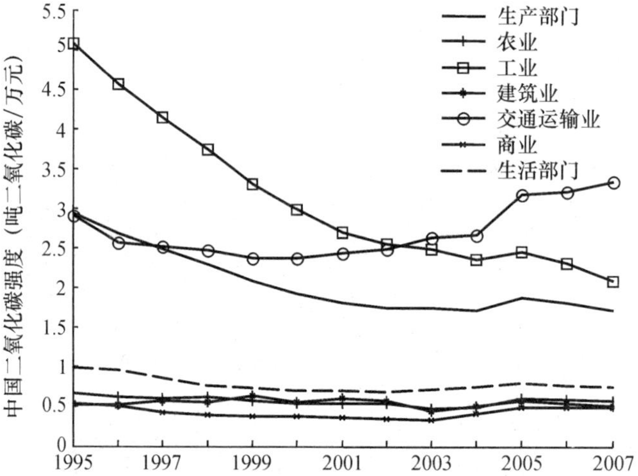


**图 9-3　中国不同产业二氧化碳强度变化**

小于生产部门；从生产部门各行业来看，只有交通运输业的碳强度明显逆势而上，其他部门至多略有上升或波动中变化不大。这里上海市与全国明显不同的是，上海市交通运输业的碳强度比全国高很多，而且 2001 年后急剧上升（从 1995 年每万元 GDP 排放 3.2 吨 $CO_2$一直到 2007 年的 7.4 吨 $CO_2$），该部门在未来碳减排时应予以特别重视；全国工业的碳强度下降很快，从 1995 年每万元 GDP 排放 5.1 吨 $CO_2$下降到 2007 年的 2.1 吨 $CO_2$，而上海工业的碳强度远小于

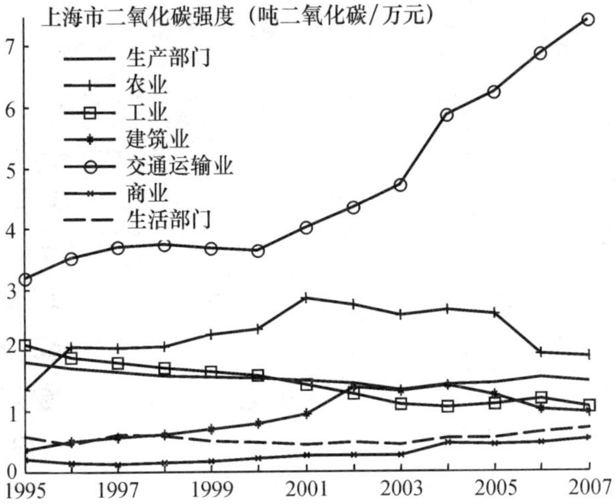


**图 9-4 上海市不同产业二氧化碳强度变化**

全国工业(平均值分别在 1.5 吨和 3.1 吨 $CO_2$/万元 GDP),显现较高的碳生产力,但是改善没有全国快;另外,上海市农业和建筑业的碳强度也高于全国平均水平。图 9-5 分地区[①]生产部门碳强度显示,上海市生产部门的碳强度与东部地区平均水平相仿,不仅低于全国平均水平,也远远低于中部地区和西部地区;不过它们都显示先下降后反弹再下降的共同趋势,只是与图 9-2 对应,上海市碳强度在“九五”和“十五”前期下降最慢。

急剧增加的二氧化碳排放已经给全国以及上海市经济转型带来了极大的压力,给未来二氧化碳强度减排带来了极大的难度。本章将利用基于产业、省份、能源种类的三维 LMDI 分解法对全国二氧化碳排放的影响因素进行分解,并与基于产业和能源种类的二维 LMDI 分解的上海市二氧化碳排放影响因素进行比较,以便为未来有效减排二氧化碳提供有益的政策建议。

目前对全国二氧化碳排放和强度进行分解分析的文献不少,可见 Chen (2010)以及上一章的文献综述。下面对研究上海碳排放的文献进行简单综述。陈长红和王冰妍(2003)认为通过实施能源结构调整和产业结构升级政策,上海

① 本章的东、中、西部地区划分参照陈诗一和张军(2008)的标准,即东部地区包括北京、天津、上海、浙江、江苏、福建、广东、辽宁、山东、河北、海南 11 个省、市,中部地区包括山西、吉林、黑龙江、安徽、江西、河南、湖北、湖南 8 个省份,西部地区包括内蒙古、广西、四川、重庆、贵州、云南、陕西、甘肃、青海、宁夏、新疆 11 个省、自治区,计 30 个省、市、自治区。没有包括西藏和台湾。

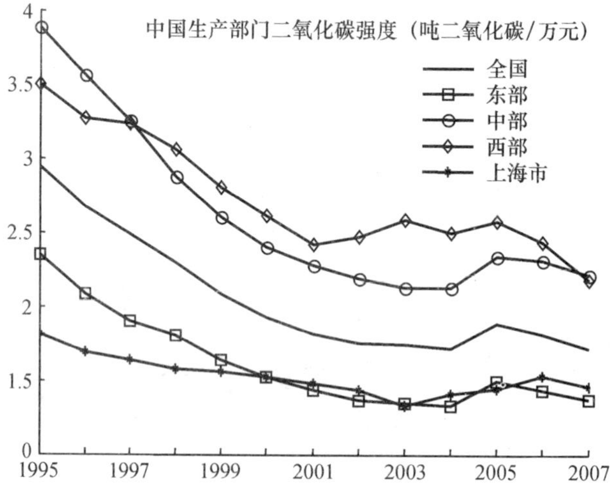


**图 9-5　中国分地区二氧化碳强度变化**

市可获得明显减缓二氧化碳排放增长速度的附加效应。钱杰和俞立中(2003)发现增加天然气和石油消耗比例、减少煤炭比例可以减轻上海市碳排放强度。郭茹等(2009)认为上海为了控制碳排放,要加快形成以服务业为主的产业结构,降低高耗能产业比例,大力发展清洁能源和可再生能源,积极加强绿地、湿地和耕地等碳汇建设。梁朝晖(2009)指出交通运输业为上海未来碳减排的重要部门。赵敏等(2009)指出能源结构调整和第三产业比重上升是上海市碳排放强度降低的重要影响因子。郭运功等(2010)也运用 LMDI 法对上海市物质生产部门终端能源利用导致的二氧化碳排放量进行了分解分析,发现上海市二氧化碳排放量不断增加,其中产业结构和能源效率因素起抑制作用,产业增加值起促进作用。

本章将进行比现有文献方法更复杂、驱动因子也更丰富的三维 LMDI 分解,具体方法论和数据介绍见下一节。第三节和第四节则对全国和上海市的二氧化碳排放驱动因素分解结果进行分析,并重点讨论有利于碳减排的结构和强度因子。最后一节为总结性评注和政策含义讨论。

## 第二节　分省（地区）、产业、能源种类三维分解与数据

### 一、二氧化碳排放的三维 LMDI 分解

本章选择 LMDI 分解法对二氧化碳排放总量进行分解，这与上一章的碳强度分解有所不同。而且本章将参照 Ang and Liu（2001）的研究从中国 30 个省、市、自治区（$i=1,2,\cdots,30$）、八个产业部门（$j=1,2,\cdots,6$ 分别代表农业、工业、建筑业、交通运输业、商业以及居民消费）、三种一次能源（$k=1,2,3$，代表煤炭、石油和天然气）这三个维度来对全国二氧化碳排放总量进行 LMDI 分解，这与上一章的两维分解也不相同。考虑到资本深化这一中国独特的转轨特征，本研究将试图分解出该驱动因子并分析其对二氧化碳排放的影响，这在现有其他文献中则从来没有出现过（陈诗一等，2010）。全国层面二氧化碳排放总量三维分解形式如下：

$$\begin{aligned}C &= \sum_{i=1}^{30}\sum_{j=1}^{6}\sum_{k=1}^{3} C_{ijk} \\ &= \sum_{i=1}^{30}\sum_{j=1}^{5}\sum_{k=1}^{3} \frac{C_{ijk}}{E_{ijk}}\frac{E_{ijk}}{E_{ij}}\frac{E_{ij}}{Y_{ij}}\frac{Y_{ij}}{Y_i}\frac{Y_i}{K_i}K_i + \sum_{i=1}^{30}\sum_{j=6}\sum_{k=1}^{3} \frac{C_{ijk}}{E_{ijk}}\frac{E_{ijk}}{E_{ij}}\frac{E_{ij}}{\mathrm{TPI}_{ij}}\mathrm{PI}_{ij}\mathrm{PN}_{ij}\end{aligned} \tag{9-1}$$

其中，$C_{ijk}$ 代表第 $i$ 个省第 $j$ 个产业部门第 $k$ 种能源终端消费产生的 $CO_2$ 排放量，$E_{ijk}$ 代表第 $i$ 个省第 $j$ 个产业部门第 $k$ 种能源的终端消费量，$E_{ij}$ 为第 $i$ 个省第 $j$ 个产业部门能源的终端消费量，$Y_{ij}$ 表示第 $i$ 个省第 $j$ 个产业部门生产总值，$Y_i$ 是第 $i$ 个省国内生产总值，$K_i$ 代表第 $i$ 个省资本存量，$\mathrm{TPI}_{ij}$ 为第 $i$ 个省居民总收入，$\mathrm{PI}_{ij}$ 是第 $i$ 个省居民人均收入，而 $\mathrm{PN}_{ij}$ 为第 $i$ 个省居民总人数。

对公式（9-1）作如下替换：$\mathrm{CF}_{ijk}=C_{ijk}/E_{ijk}$ 代表 $CO_2$ 排放系数，即第 $i$ 个省第 $j$ 个产业部门第 $k$ 种能源的单位终端能耗所产生的 $CO_2$ 排放量；$\mathrm{ES}_{ijk}=E_{ijk}/E_{ij}$ 代表能源结构，即第 $i$ 个省第 $j$ 个产业第 $k$ 种能源消费占总能源消费的比例；$\mathrm{EIP}_{ij}=E_{ij}/Y_{ij}$ 表示生产部门能源强度，即第 $i$ 个省第 $j$ 个产业（$j=1,\cdots,5$）单位产出所消耗的终端能源；$\mathrm{SP}_{ij}=Y_{ij}/Y_i$ 为生产部门产业结构，即第 $i$ 个省第 $j$ 个产业（$j=1,\cdots,5$）的产出在该省总产出中所占比例；$\mathrm{ACP}_i=Y_i/K_i$ 则是资本生产

率,即第 $i$ 个省单位资本存量的产出;$K_i$ 为第 $i$ 个省的资本存量;$EIR_{ij}=E_{ij}/TPI_{ij}$ 代表生活部门能源强度,即第 $i$ 个省居民部门($j=6$)单位收入的终端能耗;$PI_{ij}$ 为第 $i$ 个省的居民人均收入;$PN_{ij}$ 为第 $i$ 个省的居民总人数。则公式(9-1)可改写为

$$C=\sum_{i=1}^{30}\sum_{j=1}^{5}\sum_{k=1}^{3}CF_{ijk}ES_{ijk}EIP_{ij}SP_{ij}ACP_{i}K_{i}+\sum_{i=1}^{30}\sum_{j=6}\sum_{k=1}^{3}CF_{ijk}ES_{ijk}EIR_{ij}PI_{ij}PN_{ij} \tag{9-2}$$

由于 $CF_{ijk}$ 在化石燃料碳排放计算中假定为常数,因此其对 $CO_2$ 排放量的变化并无贡献,这样实际上可以分解出 8 个因子,即 $ES_{ijk}$、$EIP_{ij}$、$SP_{ij}$、$ACP_i$、$K_i$、$EIR_{ij}$、$PI_{ij}$、$PN_{ij}$。

定义一个同第八章第三节一样的对称对数权重方程 $L(a,b)$,并且令 $W_{ijk}=\dfrac{L(C_{ijk}^{t},C_{ijk}^{t-1})}{L(C^{t},C^{t-1})}$,则依据 LMDI 方法,公式(9-2)可以变换为如下表达式:

$$\begin{aligned}\frac{C^t}{C^{t-1}}\equiv&\exp\left[\sum_{i=1}^{30}\sum_{j=1}^{6}\sum_{k=1}^{3}W_{ijk}\ln\left(\frac{ES_{ijk}^{t}}{ES_{ijk}^{t-1}}\right)\right]\\&\times\exp\left[\sum_{i=1}^{30}\sum_{j=1}^{5}\sum_{k=1}^{3}W_{ijk}\ln\left(\frac{EIP_{ij}^{t}}{EIP_{ij}^{t-1}}\right)\right]\times\exp\left[\sum_{i=1}^{30}\sum_{j=1}^{5}\sum_{k=1}^{3}W_{ijk}\ln\left(\frac{SP_{ij}^{t}}{SP_{ij}^{t-1}}\right)\right]\\&\times\exp\left[\sum_{i=1}^{30}\sum_{j=1}^{5}\sum_{k=1}^{3}W_{ijk}\ln\left(\frac{ACP_{i}^{t}}{ACP_{i}^{t-1}}\right)\right]\times\exp\left[\sum_{i=1}^{30}\sum_{j=1}^{5}\sum_{k=1}^{3}W_{ijk}\ln\left(\frac{K_{i}^{t}}{K_{i}^{t-1}}\right)\right]\\&\times\exp\left[\sum_{i=1}^{30}\sum_{j=6}\sum_{k=1}^{3}W_{ijk}\ln\left(\frac{EIR_{ij}^{t}}{EIR_{ij}^{t-1}}\right)\right]\times\exp\left[\sum_{i=1}^{30}\sum_{j=6}\sum_{k=1}^{3}W_{ijk}\ln\left(\frac{PI_{ij}^{t}}{PI_{ij}^{t-1}}\right)\right]\\&\times\exp\left[\sum_{i=1}^{30}\sum_{j=6}\sum_{k=1}^{3}W_{ijk}\ln\left(\frac{PN_{ij}^{t}}{PN_{ij}^{t-1}}\right)\right]\end{aligned} \tag{9-3}$$

为证明公式(9-3)的正确性,令其左边和右边分别用 $L$ 和 $R$ 表示,对其右侧变形如下:

$$\begin{aligned}R=\exp\Bigg[&\sum_{i=1}^{30}\sum_{j=1}^{5}\sum_{k=1}^{3}W_{ijk}\ln\left(\frac{ES_{ijk}^{t}EIP_{ij}^{t}SP_{ij}^{t}ACP_{i}^{t}K_{i}^{t}}{ES_{ijk}^{t-1}EIP_{ij}^{t-1}SP_{ij}^{t-1}ACP_{i}^{t-1}K_{i}^{t-1}}\right)\\&+\sum_{i=1}^{30}\sum_{j=6}\sum_{k=1}^{3}W_{ijk}\ln\left(\frac{ES_{ijk}^{t}EIR_{ij}^{t}PI_{ij}^{t}PN_{ij}^{t}}{ES_{ijk}^{t-1}EIR_{ij}^{t-1}PI_{ij}^{t-1}PN_{ij}^{t-1}}\right)\Bigg]\end{aligned}$$

$$
= \exp\left[ \sum_{i=1}^{30} \sum_{j=1}^{5} \sum_{k=1}^{3} \frac{L(C_{ijk}^{t}, C_{ijk}^{t-1})}{L(C^{t}, C^{t-1})} \ln\left( \frac{\mathrm{ES}_{ijk}^{t} \mathrm{EIP}_{ij}^{t} \mathrm{SP}_{ij}^{t} \mathrm{ACP}_{i}^{t} K_{i}^{t}}{\mathrm{ES}_{ijk}^{t-1} \mathrm{EIP}_{ij}^{t-1} \mathrm{SP}_{ij}^{t-1} \mathrm{ACP}_{i}^{t-1} K_{i}^{t-1}} \right) \right.
$$

$$
\left. + \sum_{i=1}^{30} \sum_{j=6} \sum_{k=1}^{3} \frac{L(C_{ijk}^{t}, C_{ijk}^{t-1})}{L(C^{t}, C^{t-1})} \ln\left( \frac{\mathrm{ES}_{ijk}^{t} \mathrm{EIR}_{ij}^{t} \mathrm{PI}_{ij}^{t} \mathrm{PN}_{ij}^{t}}{\mathrm{ES}_{ijk}^{t-1} \mathrm{EIR}_{ij}^{t-1} \mathrm{PI}_{ij}^{t-1} \mathrm{PN}_{ij}^{t-1}} \right) \right]
$$

$$
= \exp\left[ \frac{\sum_{i=1}^{30} \sum_{j=1}^{5} \sum_{k=1}^{3} (C_{ijk}^{t} - C_{ijk}^{t-1}) \Big/ \ln(C_{ijk}^{t}/C_{ijk}^{t-1})}{L(C^{t}, C^{t-1})} \ln(C_{ijk}^{t}/C_{ijk}^{t-1}) \right.
$$

$$
\left. + \frac{\sum_{i=1}^{30} \sum_{j=6} \sum_{k=1}^{3} (C_{ijk}^{t} - C_{ijk}^{t-1}) \Big/ \ln(C_{ijk}^{t}/C_{ijk}^{t-1})}{L(C^{t}, C^{t-1})} \ln(C_{ijk}^{t}/C_{ijk}^{t-1}) \right]
$$

$$
= \exp\left[ \frac{\sum_{i=1}^{30} \sum_{j=1}^{5} \sum_{k=1}^{3} (C_{ijk}^{t} - C_{ijk}^{t-1}) + \sum_{i=1}^{30} \sum_{j=6} \sum_{k=1}^{3} (C_{ijk}^{t} - C_{ijk}^{t-1})}{L(C^{t}, C^{t-1})} \right]
$$

$$
= \exp\left[ \frac{\sum_{i=1}^{30} \sum_{j=1}^{6} \sum_{k=1}^{3} (C_{ijk}^{t} - C_{ijk}^{t-1})}{L(C^{t}, C^{t-1})} \right]
$$

$$
= \exp\left[ \frac{C^{t} - C^{t-1}}{(C^{t} - C^{t-1})/(\ln C^{t} - \ln C^{t-1})} \right] = \exp\left[ \ln \frac{C^{t}}{C^{t-1}} \right] = \frac{C^{t}}{C^{t-1}} = L
$$

从上述证明过程可见本章所用的分解方法不会导致残差。公式(9-3)可以简化为

$$
I_{\mathrm{TOT}} = I_{\mathrm{ES}} I_{\mathrm{EIP}} I_{\mathrm{SP}} I_{\mathrm{ACP}} I_{K} I_{\mathrm{EIR}} I_{\mathrm{PI}} I_{\mathrm{PN}} \tag{9-4}
$$

这八个因子指数又可以粗略分为三大类,即结构因素(能源结构指数 $I_{\mathrm{ES}}$、生产部门产业结构指数 $I_{\mathrm{SP}}$)、强度因素(生产部门能源强度指数 $I_{\mathrm{EIP}}$、生活部门能源强度指数 $I_{\mathrm{EIR}}$、生产部门资本生产率指数 $I_{\mathrm{ACP}}$、居民部门人均收入指数 $I_{\mathrm{PI}}$)、规模因素(生产部门资本存量指数 $I_{\mathrm{K}}$、居民部门总人口指数 $I_{\mathrm{PN}}$)。

对上海市二氧化碳排放总量基于六个产业和三种能源种类的两维分解公式依此类推,不再赘述。

## 二、数据

本研究因素分解所涉及变量为 1995—2007 年中国 30 个省、市、自治区六个产业部门的终端能源消费及其构成(煤炭、石油、天然气消费)、二氧化碳排

放、生产总值以及各省资本存量、居民人均收入、居民总人数，这些数据与本书前面章节所使用第二章所构建统计数据库不同。其中生产总值、能源消费、人均收入、总人数等数据摘自《新中国 60 年统计资料汇编》、历年《中国能源统计年鉴》和《中国统计年鉴》，而二氧化碳排放和资本存量数据则须估算。这里，对二氧化碳排放的估算方法参照本书第二章第四节提供的方法[①]；对各省资本存量的估算参照张军等(2004)的方法。所有价值量数据都平减为以 1995 年为基年的实际数值。

## 第三节 二氧化碳排放变动模式及其驱动因素总分解

图 9-6 和图 9-7 分别绘制出全国和上海市二氧化碳排放逐年环比发展指数及其分解因子指数的分期平均变化。表 9-1 则报告了全国和上海市按五年规划划分的三个子时期以及整个样本期间碳排放指数及其八种因子指数的几何均值。可见，"九五"期间(1996—2000 年)，全国的节能减排政策执行效果很好[②]，二氧化碳排放发展指数平均仅增加 0.24%，近乎为零增长，这与该期间政府为执行"抓大放小"的所有制改革关闭了大量高污染的小企业有关；而政府性公司主导经济发展的"上海模式"延缓了"九五"期间上海市的国企改革步伐，削弱了同期节能减排政策的效果，导致二氧化碳排放达到很高的 5.7 个百分点。"十五"期间(2001—2005 年)上海市和全国一样都经历了急剧的重化工业化，二氧化碳排放平均增长都高达 10% 左右。为此，中国不得不在"十一五"期间加强节能减排力度，并首次制定量化的约束性指标，即 2010 年能源强度要比 2005 年降低 20%，我们看到，2006—2007 年全国碳排放已经开始下降到了 7.2%，但是上海市碳排放却依然高歌猛进，增长率高达 12%，这显然与上海市政府在"十五"期间为促增长确定的六大重点支柱产业(即石油精细化工、钢材、生物医药、电子信息、成套设备和汽车)大部分都为耗能排放大户有关，这种产业结构使得上海市的节能减排难度要大于全国平均水平。

① 本章最终所估算的中国煤炭、石油和天然气的二氧化碳排放系数为每万吨标准煤分别排放 2.763 万吨、2.145 万吨和 1.642 万吨二氧化碳。

② 参见 2006 年 6 月 5 日国务院新闻办公室发布的《中国的环境保护(1996—2005)》白皮书。

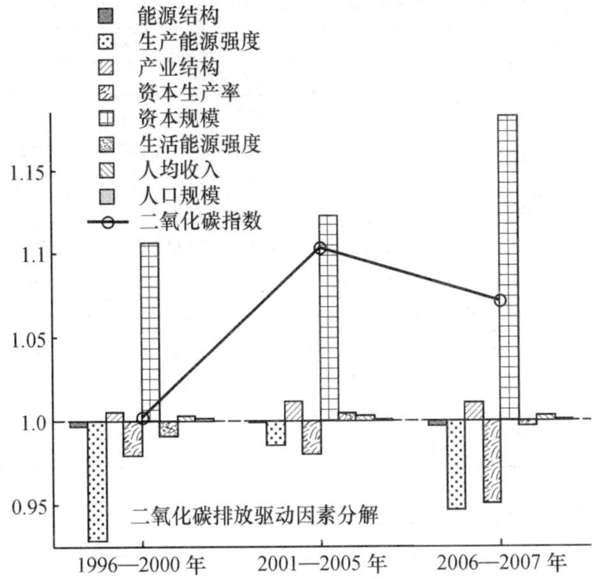


**图 9-6　中国二氧化碳排放指数总分解**

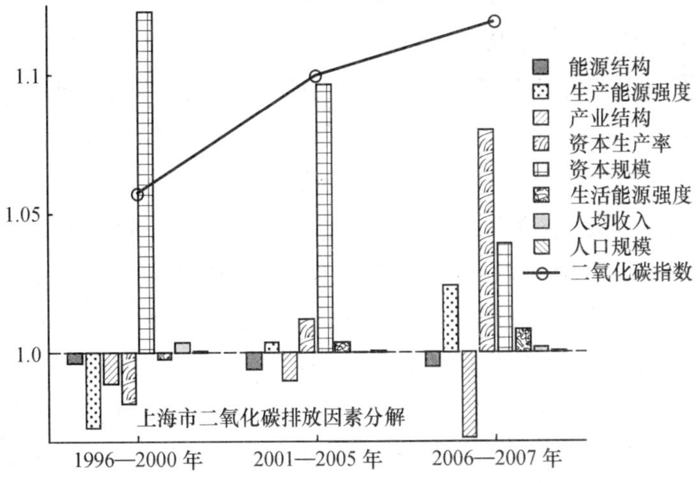


**图 9-7　上海市二氧化碳排放指数总分解**

**表 9-1　中国和上海市二氧化碳排放环比发展指数驱动因子分解比较**

| | 时期 | 二氧化碳排放指数 | 驱动因素分解 | | | | | | | |
|---|---|---|---|---|---|---|---|---|---|---|
| | | | 能源结构指数 | 生产部门 | | | | 生活部门 | | |
| | | | | 能源强度指数 | 产业结构指数 | 资本生产率指数 | 资本规模指数 | 能源强度指数 | 人均收入指数 | 人口规模指数 |
| 中国 | 1996—2000 年 | 1.0024 | 0.9970 | 0.9283 | 1.0050 | 0.9790 | 1.1060 | 0.9911 | 1.0026 | 1.0015 |
| | 2001—2005 年 | 1.1034 | 0.9990 | 0.9855 | 1.0111 | 0.9802 | 1.1220 | 1.0043 | 1.0028 | 1.0008 |
| | 2006—2007 年 | 1.0715 | 0.9966 | 0.9466 | 1.0107 | 0.9503 | 1.1819 | 0.9969 | 1.0031 | 1.0008 |
| | 1996—2007 年 | 1.0550 | 0.9978 | 0.9548 | 1.0085 | 0.9746 | 1.1250 | 0.9976 | 1.0028 | 1.0011 |
| 上海市 | 1996—2000 年 | 1.0572 | 0.9960 | 0.9729 | 0.9887 | 0.9818 | 1.1224 | 0.9974 | 1.0037 | 1.0003 |
| | 2001—2005 年 | 1.0997 | 0.9940 | 1.0035 | 0.9898 | 1.0121 | 1.0963 | 1.0036 | 1.0000 | 1.0004 |
| | 2006—2007 年 | 1.1186 | 0.9948 | 1.0238 | 0.9691 | 1.0797 | 1.0388 | 1.0082 | 1.0017 | 1.0005 |
| | 1996—2007 年 | 1.0849 | 0.9950 | 0.9940 | 0.9858 | 1.0102 | 1.0972 | 1.0018 | 1.0018 | 1.0004 |

由这两个图显然还可以发现，无论是全国还是上海市，二氧化碳排放指数的变化模式主要还是由生产部门的资本规模、能源强度、产业结构和资本生产率来依次解释。其中，由资本规模所代表的资本深化主要对二氧化碳排放的增长负责，而能源强度、资本强度和产业结构的影响虽然不尽相同，但都在相应时期对全国和上海市的二氧化碳减排作出了重要贡献，下一节将对它们进一步分析；六个产业部门加总的能源结构指数解释力弱之，但都是促进二氧化碳减排的，下一节将一并分析。居民部门三个因子的解释力比较弱，不是碳减排的重要考量，这既与全国和上海市居民生活碳排放比例低且逐年下降有关，也与发达国家碳减排的重点放在与居民生活息息相关的领域不同。由表 9-1 可知，就整个研究期间而言，中国和上海市二氧化碳排放平均增加了 5.5 和 8.5 个百分点。其中，全国生产部门的资本规模指数和产业结构指数以及居民部门的人均收入指数和人口规模指数作用为正（12.5%、0.85%、0.28% 和 0.11%），其他四个因子指数影响为负，尤以生产部门的能源强度指数和资本生产率指数为最，平均引致碳排放下降幅度达 4.5 和 2.5 个百分点，而生活能源强度指数和能源结构指数只导致二氧化碳下降了 0.2% 左右。就上海而言，正向影响因子多达五个，为生产部门的资本规模指数（9.7%）、资本生产率指数（1.02%）和居民部门的三个因子（0.04%—0.18%），而能源结构指数和生产部门的能源强度指数、产业结构指数促进二氧化碳减排，减排率分别为 -0.5%、-0.6% 和 -1.42%。下面首先就资本规模指数和居民部门的影响指数进行解释。

生产部门资本规模指数对二氧化碳排放有着最大的正向促进效应,这样高的影响水平说明了二氧化碳排放的急剧增加仍然与中国资本积累驱动型的粗放增长方式更紧密相关。张军(2002)把由资本规模代表的资本深化现象看做经济粗放增长的重要总量特征。Zhang (2003)指出,相对于劳动来说,中国固定资产总投资增长过快。Qin and Song (2009)也发现计划经济伴随的资本过度投资在当今中国仍然存在。而上海市的投资模式更有特色,可以看做曾取得浦东开发辉煌的所谓“上海模式”的主要特征。与“温州模式”和“苏南模式”不同,“上海模式”主要由政府主导对城市各种资源进行配置来推动经济发展。数据显示,上海自1992年到2007年的15年间,共投资26 000多亿元,其中,“八五”期间全社会投入3 900亿元,“九五”期间9 600亿元,“十五”期间13 000亿元,分别占到全国1/11—1/25的不等比例,由政府主导的投资模式显然功不可没,这种投资驱动式的粗放增长模式在上海开发浦东、从单一工商业城市向经济中心城市转变过程中曾经发挥了重要作用。张军(2002)认为资本的形成速度最终必将受制于递减的边际报酬规律而使得要素驱动型的增长在长期不能维持。吴敬琏(2006b)也指出,现代经济增长相对于早期经济增长已经不是靠资本积累,而靠效率提高来实现,这种现代的经济增长模式才能体现新型工业化道路的特征。因此,资本规模指数的影响模式隐含指出了改变资本驱动型的粗放型发展方式为集约型、可持续的发展方式才是二氧化碳减排的必由之路。事实上,资本深化对全国和上海市碳排放的影响虽然都很巨大,但并不相同,全国资本深化对碳排放的影响仍在逐期增加,而上海市资本积累对碳排放的正向影响力在逐期下降。全国碳排放下降趋势中资本深化影响的继续增加,以及上海市碳排放增加趋势中资本积累影响力与之相反的逐年降低,也许说明了上海市经济发展方式的转变相对于全国而言已经初有起色。

再看居民部门,全国居民碳排放占总排放14%,在本章研究的六个部门中排名第二,仅次于工业部门,而上海居民碳排放占比为9%,排在工业和交通运输业之后(见图9-1和9-2),因此对居民部门影响二氧化碳排放的因子值得关注,虽然它们的影响力要小于生产部门的因子。总体而言,居民部门中能源强度指数和人均收入指数对碳排放的影响要大于人口规模指数,后者接近于1,这是因为居民人口数规模通常变化很小,对碳排放影响也几乎不变,作为八个因子中影响力最小的因子是可以理解的。全国生活部门的能源强度指数促进碳排放下降0.24个百分点，尤以“九五”期间促降效应最大，唯有“十五”期间促进碳排放增加，这与该期间全国由消费结构升级部分引致的重化工业化浪潮相关；而上海市生活能源强度对碳排放的促进作用从第二个时期还进一步延伸到2006—2007年，导致上海生活能源强度对碳排放的整体效应为正，这是因为上海市在2003年开始的重化工业化浪潮中由汽车工业特别是房地产的疯狂扩张导致的消费结构变化更为剧烈。人均收入指数对二氧化碳排放也起促进作用，这说明中国仍然处在环境库兹涅茨曲线的上升阶段，经济发展水平的提高要以污染排放为代价，何时能够达到中国碳排放的拐点与中国所处的经济发展阶段以及未来的二氧化碳减排政策息息相关。①

## 第四节　再论促进碳减排的结构调整效应和强度变化效应

### 一、能源结构与产业结构的调整效应

能源结构指数是唯一一个包含了生产和生活所有六个产业部门影响的因子，而且无论对于全国还是上海市而言，在三个子时期和整个研究期间都对二氧化碳排放起着一个促降的作用，且上海市能源结构减排效应比全国平均值稍大（分别为-0.5%和-0.22%），尽管绝对影响还较低。由图9-8和图9-9绘制的中国和上海市能源消费种类构成可见，全国而言，煤炭是绝对的主要能源资源，平均占比达到64%左右；但是，煤炭消费比重已经由1995年的73%逐年下降到2007年的57%，而石油和天然气消费占比都在上升，由于煤炭的碳排放系数比石油和天然气更高，因此全国层面这种能源结构的变化趋势有利于二氧化碳减排。而上海的能源结构则完全不同于全国情形，石油消费平均比重高达68%，煤炭平均只占30%；而且石油消费占比已从1995年的57%上升到2007年的81%，煤炭占比则从1995年的43%下降到2007年的15%，上海市的这种能源结构及其变化不仅赋予其减排$CO_2$的作用，而且减排效应高于全国平均水平。

① 第七章预测中国二氧化碳排放的拐点在2039年。林伯强和蒋竺均（2009）基于环境库兹涅茨曲线的预测发现中国二氧化碳排放的理论拐点在2020年，并发现影响中国人均二氧化碳排放的主要因素除了人均收入外，还包括能源强度、产业结构和能源消费结构，特别是能源强度中的工业能源强度。

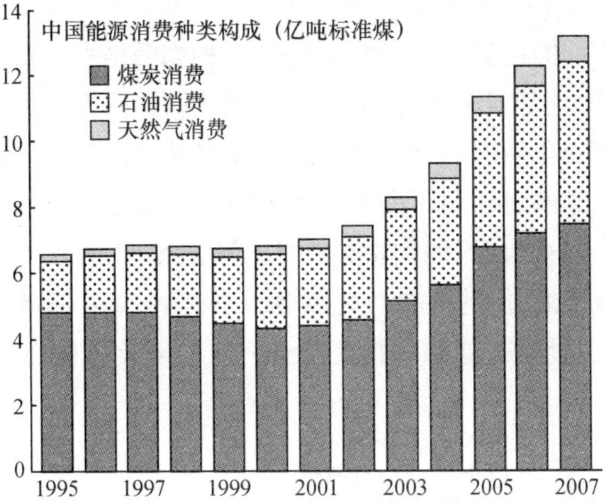


**图 9-8　中国能源消费种类构成**

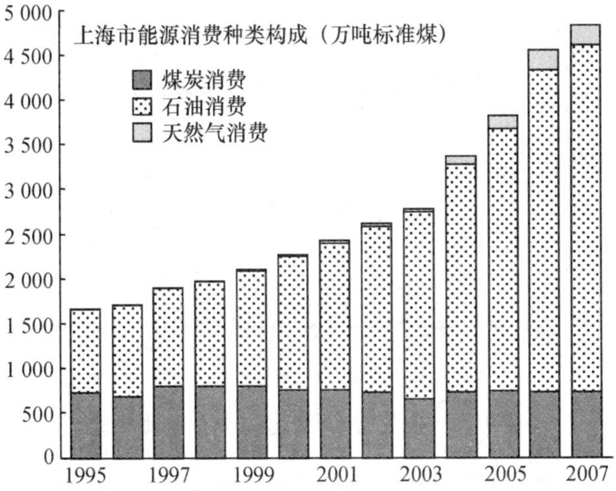


**图 9-9　上海市能源消费种类构成**

图 9-10 则显示，上海市六个产业部门中农业、建筑业和商业的能耗比较少，用能大户是工业、交通运输业和生活消费，它们的增长巨大，这和全国情形一样。而且工业和居民部门的煤炭比例也和全国一样都在下降，比如，最大能耗源的工业部门中煤炭占比从 1995 年的 49% 下降到 2001 年的 47% 和 2007 年的 27% 左右，生活消费中的煤炭占比降幅更大，从 1995 年的 82% 下降到 2001 年的 47% 和 2007 年的 19%，与之相对应，2007 年工业和居民部门石油消费的

比例已经增加到了67%和63%（全国对应值则为21%和32%）。与全国情形最不同的是新兴的能耗部门即交通运输业，它的能源消费由石油及其制成品构成的比例更高，而且基本保持在99%左右，因此该部门煤炭和天然气消费的比例也极低且几无变化（相反，全国交通运输业中煤炭和石油的消费比例还有一个明显的减增），这些都说明了图9-9显示的上海能源消费中石油比例为什么那么高。[①] 总体上这种由石油和煤炭消费比例增减所刻画的能源结构变化是有利于二氧化碳减排的，但是目前绝对影响还比较小，随着清洁能源和可再生能源消费比例的不断增加，能源结构优化必将对二氧化碳减排发挥越来越大的作用。

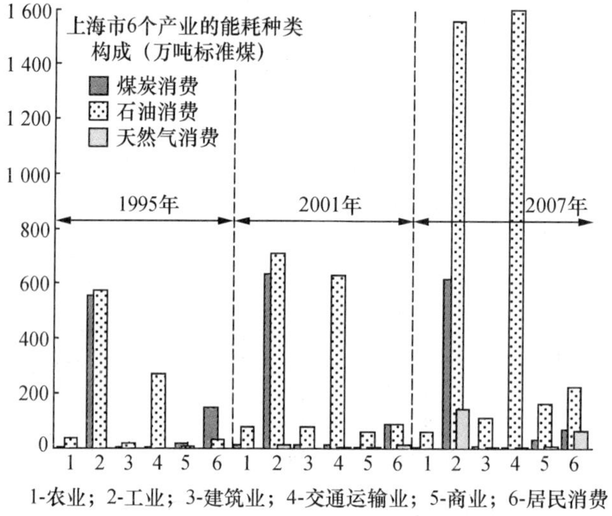


**图9-10　上海市六个行业能耗的种类构成**

同样作为结构要素，生产部门产业结构指数对二氧化碳排放变化的影响要更大；不同的是，全国和上海市能源结构指数都是促进碳减排的，而全国生产部门产业结构指数在整个阶段却是促进碳排放增加，只有上海市的产业结构演变是有利于二氧化碳减排的。图9-6和图9-7以及表9-1具体揭示了"九五"期间产业结构指数促进全国碳排放增加0.5%，促进上海市碳减排1.1%；"十五"期

① 梁朝晖(2009)指出车辆拥有量的迅猛上升是上海市石油消费快速增长、比重不断上升的主要原因，因此交通运输业成为了上海碳排放的重要部门。

间产业结构指数促进全国碳排放增加到 1.1 个百分点,促进上海市碳减排 1%；2006—2007 年全国产业结构的碳排放效应回落到 1 个百分点左右,而产业结构变化对上海市碳减排的影响达到了 3%；整个研究期间生产部门产业结构指数对全国和上海市碳排放的影响分别为 0.85% 和 -1.4%。生产部门产业结构指数对全国和上海市二氧化碳排放的不同影响模式显然与各自的不同产业结构演化情形相关。图 9-11 和图 9-12 分别绘制出中国和上海市三次产业的产出结构演化图。从全国而言,第一产业产出比重持续下降,这与产业结构调整的国际经验相似;第三产业 GDP 比重先上升,但是从本世纪以来又出现了略微下降,这与服务业比重应该持续增加的标准模式不同,这主要归因于中国第二产业 GDP 比重的持续增加(从 1995 年的 55% 一直增加到 2007 年的 69%),这与发达国家产业结构调整中第二产业的驼峰模式不同,说明全国层面而言,产业结构调整仍然处在中前期阶段,产业升级任重道远。由于第二产业包含了最大碳排放源的工业部门,因此产业结构指数对中国二氧化碳排放的正向促进作用也就不难理解了。上海市的情形就不同了,第一产业 GDP 比重只有 1—2 个百分点,远小于全国平均 19% 的比重,其变化对碳排放影响不大;但是,上海市第三产业发展迅猛,其比重从 1999 年开始就超过了第二产业,而且占上海市 GDP 的一半以上。由图 9-10 可知,以交通运输业为代表的上海市第三产业的能源消费绝大部分由比煤炭更洁净的石油组成,因此,上海市产业结构演化是有利于二氧化碳减排的,这不同于全国平均情形。当然,上海市第三产业的发展还没有强劲到甩开第二产业,它们的比重相差不大,2003—2006 年第三产业比重甚至回落到 50% 左右,直到最近两年才稍微拉开差距(2008 年三二产比重分别为 54% 和 46%,历年差距最大),因此,第三阶段产业结构对上海市碳减排的影响在所有因子中也是最大的,达到 3%。

能源结构和产业结构都是经济结构的重要组成部分,而经济结构调整是经济可持续增长的重要源泉,也是当今各国转变经济发展方式的根本途径,整体而言,目前阶段产业结构调整对碳排放的影响要大于能源结构变化,其中能源结构演化是有利于碳减排的,而产业结构只有如上海市那样合理变化才能促进碳减排。如表 9-1 所示,能源结构和产业结构指数是后两个子时期仅有的两个促进上海市二氧化碳减排的因子,所以说,优化经济结构是中国未来成功减排二氧化碳、实现经济转型的必由之路。

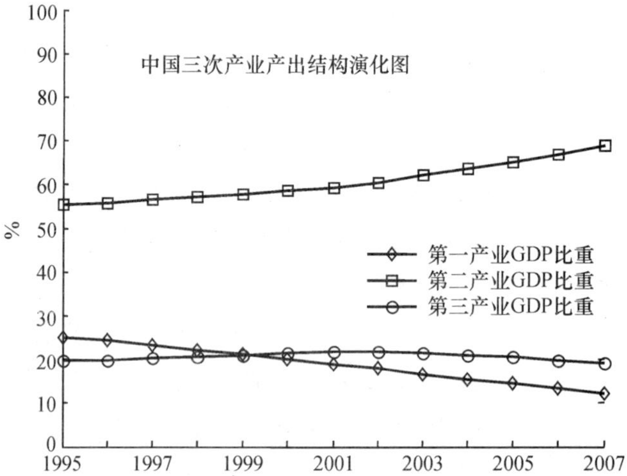


**图 9-11 中国三次产业结构演化**

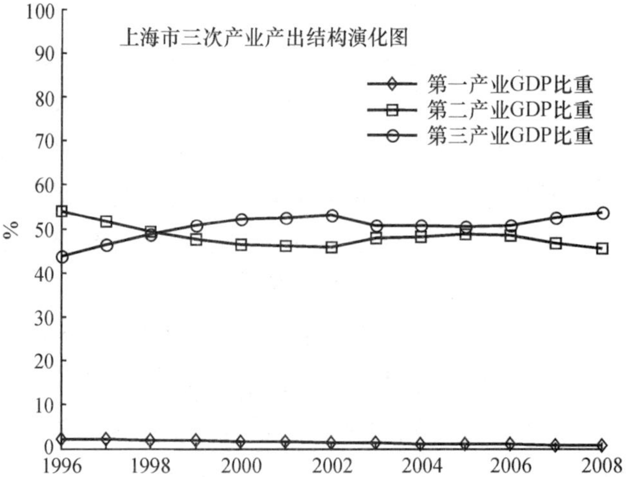


**图 9-12 上海市三次产业结构演化**

## 二、能源强度和资本强度的降低效应

正如吴敬琏(2006b)指出的,现代经济增长必须靠效率提高来实现,这包括了能源的使用效率和资本生产率,也称为单要素生产率,这一小节将通过能源强度和资本强度来进行说明,因为能源效率和资本生产率分别为能源强度和资本强度的倒数。许多研究发现,二氧化碳排放的实质是能源消耗,碳减排根本上取决于能源强度的降低或者能源生产率的提高,节能减排密不可分。图 9-6 和图 9-7 以及表 9-1 显示,全国层面而言,生产部门能源强度的下降对全国二氧化碳起着最大的减排效应(除了第二个子时期减排效应仅次于资本生产率之外),有效地克服了资本深化所带来的碳排放急剧增加;而上海市不同于全国情形,仅在第一个时期由于能源强度的较大下降促进二氧化碳减排,后两个时期则由于上海市的能耗强度停止下降甚或转而上升开始促进二氧化碳排放的增加,当然整个时期来说上海市的能源强度指数还是促进碳减排的(平均 0.6%)。

具体而言,“九五”期间,全国层面能源强度对碳排放促降作用最大(-7.2%),正如前述,这是一个全国节能减排成效最佳的时期,伴随着“抓大放小”的国企改革,中国政府第一次取缔关停了近 10 万家能耗和污染密集型小企业,直接导致能源消费总量和图 9-1 显示的二氧化碳排放总量一改此前的上升趋势转而在该期间下降或停顿;这一时期尽管上海市的国企改革和节能减排成效不如全国(比如图 9-2 显示同期上海市碳排放仍处于逐年上升之中),但这仍然是能源强度对上海市碳排放唯一促进减排的时期(-2.7%),这一时期也是上海市生产部门能源强度下降幅度最大的时期,从 1995 年每万元 GDP 消耗 0.76 吨标准煤下降到 2000 年消耗 0.65 吨标准煤。“十五”期间,快速城市化和再次重化工业化极大地拉动了高能耗行业的急剧膨胀,导致了能耗和碳排放的急剧增加(见图 9-1),全国能源强度指数在这一阶段下降最少,只有 0.4%(见图 9-13),2003—2005 年中国能源消费弹性系数是仅有的数值超过 1 的三年,因此,该时期能源强度对全国碳排放的促降作用最小(只有 1.45%);而从第二阶段开始,上海市能源强度指数转而开始促进二氧化碳排放增加了,这是与全国完全不同的模式,究其原因是上海市在“十五”期间确定的六大重点支柱产业个个都是耗能大户,上海市的重化工业化高潮更甚于全国,上海汽车、宝钢、金山石化、上海电气和众多大船厂等带动了上海经济的突飞猛进发展,直接导致了上海市的能源强度在达到 2003 年最低的 0.58 吨标准煤/万元后逆势转而逐年上升到 2006

年的0.69 吨标准煤/万元。① “十一五”期间,全国及时制定了在2005 年基础上降低能源强度20%的约束性指标,导致2006—2007 年全国能源强度对碳减排的作用又开始增大到5.3%;但上海市由六大支柱产业形成的产业结构使得其降低能源强度极为艰难,虽然2007 年上海在全面排查基础上把“两高一低”企业都关闭了,导致能源强度下降到0.66 吨标准煤/万元,但是很难关闭占全市工业总产值60%以上的这六大产业,因此,2006—2007 年上海市能源强度指数对碳排放的促进作用进一步增加到2.38%。虽然,2009 年上海市政府出台了《关于加快推进上海市高新技术产业化的实施意见》,明确了发展新能源、民航制造、先进装备、生物医药、电子信息制造、新能源汽车、海洋工程装备、新材料、软件和信息服务等九大高科技产业的制造业战略,以取代2005 年确立的六大支柱产业定位,但其成效还有待观望,这超出了本章的研究期间。②

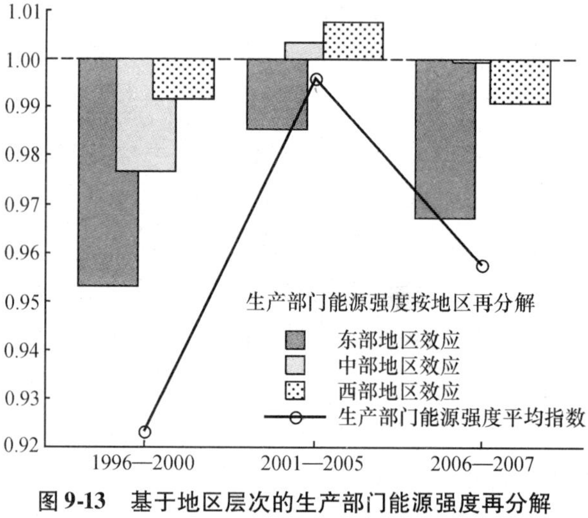


**图 9-13 基于地区层次的生产部门能源强度再分解**

图9-13 和图9-14 对生产部门能源强度指数分别根据不同地区和省份进行了进一步的分解。图9-13 揭示,能源强度环比发展指数本身在第一期下降最

① 唐忆文等(2005)也发现“十五”期间上海市能源消费弹性系数急剧增加,并把这个现象归因于六大支柱产业特别是高能耗的钢铁和石化两大行业和交通运输业的高速发展。夏梅兴和唐忆文(2006)发现,2003 年交通运输业增加值能耗达到了2.19 吨标准煤/万元,是服务业增加值能耗的4 倍,说明交通运输业已经成为当之无愧的高能耗产业。

② 据国家统计局初步核定,2009 年上海市能源强度同比下降6.17%,年度下降率处于全国前列,“十一五”前四年累计下降17.12%,扭转了前几年节能降耗目标完成情况落后于时间进度的不利局面。

大（ -7.7%），第二期下降最小（ -0.42%），第三期下降又有所增加（ -4.2%）。其中，东部地区对生产部门能源强度变化影响最大，三个时期分别促成能源强度下降 4.7%、1.5% 和 3.3%；东中西部地区的变化模式都和生产部门能源强度平均指数相似，特别是“十五”期间，全国能源强度降低幅度减少与中部和西部地区带来的能源强度增加相关，这极大消减了东部地区带来的能源强度降低。图 9-14 提供的几个省的例子表明，广东省遵循与东部地区相似的能源强度贡献模式，但是上海市在第三个时期能源强度贡献增加，北京市在“九五”期间能源强度影响也是正向的；后面四个省与中西部地区贡献模式也大体相似，只是吉林省和山西省在最后一个时期仍在促进能源强度增加，倒是内蒙古在该时期降低能源强度较多。无论如何，就整个研究期间而言，全国和上海市的能源强度总体上在下降，虽然其中某些年份有所上升，这说明了能源生产率在持续改善之中，这是有利于二氧化碳减排的。不少文献发现技术进步、能源价格改革、R&D 支出、所有制改革等可以解释能源生产率的这种提高（Garbaccio *et al*.，1999a；Fisher-Vanden *et al*.，2004、2006；王锋等，2010）。然而，中国和上海市的能源强度虽然有所下降，但是绝对值相对于其他经济体还是太高，未来仍有很大下降空间。对上海市而言，由于本地几乎不出产一次能源，经济发展所需能源基本都是从省外调入或从国外进口，能源需求外向依存度高达 90% 以上，属于典型的外源型能耗大都市，因此，提高能源使用效率尤为迫切。

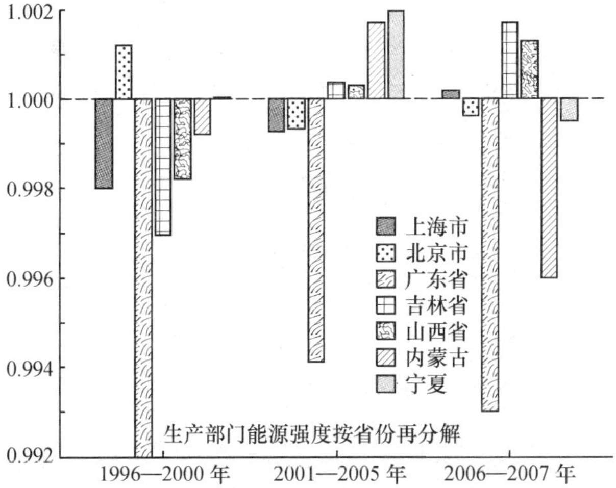


**图 9-14　基于省级水平的生产部门能源强度再分解（部分）**

前面的图表显示，生产部门的资本生产率指数对全国和上海市二氧化碳排放的影响也是不同的。对于全国而言，虽然资本生产率指数在下降，但是这种下降的幅度在减少，资本的使用效率在不断改善之中，因此，生产部门资本生产率指数每期都对全国碳减排起着促进作用（分别为 -2.1%、-2% 和 -5%），在整个研究期间减排作用平均达 -2.5%。图 9-15 和图 9-16 对于全国资本生产率指数基于不同地区和省份进行了再分解。地区分解显示，全国层面生产部门资本生产率指数的这种变化模式主要由东部地区引起，它们遵循相似的变化模式，东部地区在第三期对资本生产率的正向贡献（0.33%）更是这种投资效率改善的主因；而中西部地区对资本生产率提高存在着负面影响，且这种负面影响还在增加，特别是中部地区，在前两个时期对资本生产率指数的贡献还微弱为正，但是 2006—2007 年对资本生产率的负面贡献竟然达到了 -1.3%，高于西部地区的 -1.1%。省份分解显示，同东部地区平均模式一样，上海市和北京市虽在前两个时期对全国资本生产率的贡献为负且数值较大，但在 2006—2007 年对资本生产率贡献都转而为正，而广东省在整个研究期间一直在促进资本生产率增加且力度逐期增强；后四个省则显示与中、西部地区相似的模式，即随时间推移在降低资本生产率。分地区和分省分解说明未来全国进一步提高资本生产率主要要从中部和西部地区入手，东部地区最近几年对全国资本生产率的贡献还是正向的，尽管每个省份的情况并不完全一样。

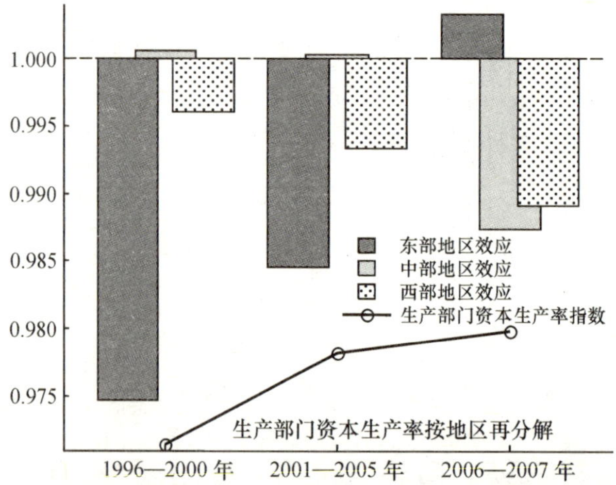


**图 9-15 基于地区层次的生产部门资本生产率再分解**

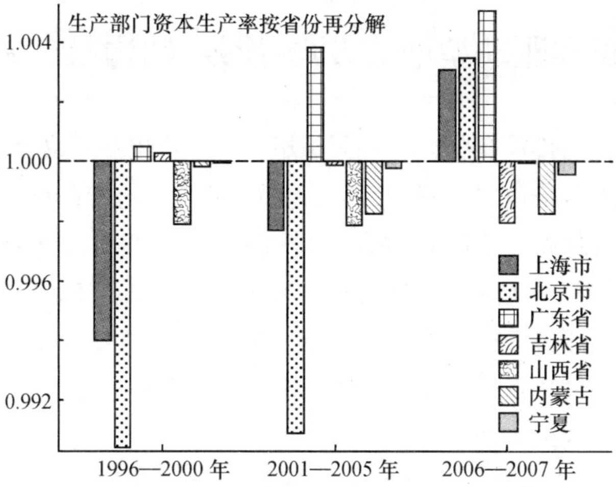


**图 9-16　基于省级水平的生产部门资本生产率再分解(部分)**

但是图 9-7 和表 9-1 显示的上海市生产部门资本生产率指数对上海市二氧化碳排放的影响模式却与全国有很大不同。“九五”期间上海市资本生产率还同全国一样促进碳减排，平均作用为 -1.8%，但是“十五”期间资本生产率指数对上海市二氧化碳排放转而促进其增加，平均作用达 1.21%，2006—2007 年这种促增作用更高达 7.97%，竟然超过了资本规模指数(3.88%)而位居第一，导致整个研究期间生产部门资本生产率指数对上海市二氧化碳排放的影响是正向的(1.02%)。对这种现象的解释也离不开由政府主导的投资驱动型“上海增长模式”。这种模式虽然在 20 世纪 90 年代开始的上海浦东新区开发中取得了辉煌成绩，但是政府主导之下的经济弊端也是明显的，经济主体仍以国企为主，所有制改革严重滞后，经济手段以行政性为主，投资效率不高，极大地抑制了市场化力量的发展。上海社科院 2005 年发布的《上海市经济增长方式转变》研究报告就指出，从 20 世纪 90 年代开始，上海市由政府主导的总体经济投资的边际效应事实上呈现出持续下降的趋势，投资效率在不断恶化。这样的增长模式和发展思路也直接导致了上海市政府在“十五”期间为保增长确定的六大支柱产业政府主导色彩浓厚，虽然它们是上海市 GDP 高速增长的强力推动器，产出了上海市一半以上的工业总产值，可是也消耗了更大比例的能耗、释放出更多的二氧化碳，由此就不难理解资本生产率指数对上海市碳排放的促进作用了，碳减排的这种压力也说明了上海经济发展方式的转变是必然的，而且更为迫切。

## 第五节 资本驱动型增长方式、能效、结构与二氧化碳减排

中国二氧化碳排放在"九五"期间经历了一个停顿甚或减少的时期，而同期上海市的二氧化碳排放与众不同，仍然保持了5.7%的较高增长；"十五"期间全国和上海市皆保持了10%左右的碳排放高增长；2006—2007年全国的碳排放增长下降到7%，但是上海市碳排放增长进一步增加到12%。本章利用LMDI分解法对全国和上海市1995—2007年期间这种由终端能耗引致的碳排放的不同变化模式分别进行了三维和两维驱动因素分解的比较分析，得到以下一些基本结论和相应的政策建议。

首先，无论对全国还是上海市而言，影响二氧化碳排放变化的主要因子都在生产部门，这与发达国家碳减排重点在居民部门不同。在生产部门中，由资本规模所代表的资本深化又是全国和上海市二氧化碳排放增加的主要责任者，因此，不改变这种资本积累驱动的粗放型发展方式，二氧化碳减排难以取得实效。不同于全国情形的逐期增加，资本深化对上海市碳排放的影响在逐期减少，资本要素驱动力的降低也许意味着上海市的经济发展方式转变已经取得初步成效。

除少数例外，单要素生产率提高和结构调整主要促进二氧化碳减排，其中，前者可以看做直接减排，即通过提高能源和资本的使用效率来进行减排，后者则属于间接减排，本章研究结果显示直接减排效应要大于间接减排。先看能源结构调整效应，在全国层面和上海市它都是促进碳减排的。上海市的煤炭和石油消费比例平均为30%和68%，要优于全国的能源消费结构（对应比例为64%和32%），但与世界发达国家相比，上海市天然气消费比例明显偏低，只有2%（上海市发展和改革委员会，2006）。因此，未来提高电厂燃煤效率、控制煤炭消费增长、降低煤炭消费比重仍是碳减排的重要内容，尤其对全国而言。[①] 上海市则要扩大天然气来源，抓紧开拓天然气市场，重点发展天然气发电、城市燃气和工业用气，力争尽快实现天然气消费量在一次能源结构中的比重达到10%

① 世界发达国家能源消费品种构成中，煤炭比重基本上都低于25%，其中法国更是不到5%（唐忆文等，2005）。

以上。

再看产业结构调整,它对碳排放的影响要大于能源结构调整。全国层面产业结构的正向效应要求实行第二产业尤其是工业的驼峰型发展,大力发展现代服务业。而上海市产业结构演化的碳减排效应从节能减排的角度肯定了上海市二、三产业"双轮"驱动协调发展但是第三产业更快发展的战略。吴敬琏(2006b)指出,现代经济增长要靠效率提高来实现,而效率提高的源泉之一就是制造业和服务业的一体化以及信息化。上海市产业结构调整的方向无疑是国务院确立的以金融和航运为主导的服务业方向,但服务业的活力之源在于中小企业的市场竞争环境,不能再以政府垄断要素的方式进行,而且制造业的发展是服务业的一个重要组成部分。为此,2008 年上海市出台了《关于加快促进上海非公经济发展的若干意见》,以改变上海市制造业"国强民弱"的格局,2009 年上海市确立了九大高科技产业作为发展先进制造业的核心,这与同年开始的新一轮上海国企改革步调一致,未来几年将是上海市实现新产业革命的重要阶段。

能源强度降低是驱动全国二氧化碳排放下降的最重要因素,对于上海市而言,其减排作用也仅次于产业结构调整;资本生产率的改善也对全国二氧化碳减排起着重要作用,但是政府主导型投资效率的恶化却增加了上海市的二氧化碳排放,因此未来碳减排必须在切实提高能源生产率和资本生产率上花工夫。正如前述,虽然我国和上海市的能源强度一直在下降,但是还是远高于发达经济体,降低空间很大。笔者研究发现,2004 年中国能源强度为每万美元 GDP(2000 年价格)消耗 9.9 吨标准油,这个数值远高于美国的 2.3 吨标准油,即使比印度的 6.5 吨标准油也要高。唐忆文等(2005)数据显示,2003 年上海每万元 GDP 能耗为 1.07 吨标准煤,是 2000 年世界平均水平的 2.4 倍、德国的 4.9 倍、日本的 6.7 倍和韩国的 2 倍。地区分解指出,未来进一步降低能源强度要继续发挥东部地区的促降主导作用。而后两个时期上海市能源强度对碳排放的促进作用进一步凸显出发展九大高科技产业以替代传统六大支柱产业的必要性。从产业结构角度看,降低能源强度应该主要从工业和交通运输业部门入手,对于上海市而言更要侧重交通运输业节能,因为相对于全国水平,上海市交通运输业的能源强度要远高于其工业部门。

全国层面来看,资本生产率在下降,但是下降幅度在降低,资本使用效率的改善有利于二氧化碳减排,其中东部地区(包括上海市、北京市、广东省等)近年来对资本生产率的贡献为正,未来应该主要通过提高中西部地区的资本生产率来改善资本配置效率,以推动全国二氧化碳减排。就上海市而言,后两个时期资本生产率对二氧化碳排放由促减到促增的变化以及整个期间最终的碳排放促进作用说明了由政府主导的投资效率的持续恶化和与之相关所确定的六大高能耗支柱产业的过时,这意味着改革政府投资驱动型的旧有"上海增长模式"、尽早实现上海经济发展方式的根本转变势在必行且更具迫切性。

# 第十章

# 结束语

## 第一节　节能减排、结构调整与发展方式转变：我们知道了什么

### 一、高能耗、高排放增长模式不可持续

正如第三章所强调指出的，随着 20 世纪 70 年代以来三次国际石油危机相继爆发对世界经济造成严重冲击以来，能源在经济增长的重要作用开始逐渐被人们所认知，能源以及衍生的环境问题成为了各国政府关心的主要话题，能源和环境变量也首次进入了经济增长理论研究者的视野。可持续发展概念最初就是在能源危机和环境灾害频发基础上发展起来的，后来才被延伸至经济发展的其他领域。随着化石能源的过度耗竭性开采，能源投入成本必定越来越高，21 世纪以来国际石油价格的一度飙升就是很好的证明，而化石能源的滥用又带来了环境污染和全球气候变暖等一系列问题，所有这些都预示着能源和环境在经济发展中的重要性更大了。

作为一个发展中国家，能源消费在中国经济增长中的作用更大，由此带来的环境污染也更为严重。新中国成立以来实行了重工业优先发展的赶超发展战略，能源和投资一样被优先配置到能源和资本密集型的重工业部门，可以说，改革前中国的经济增长更多是由高投资、高能耗和高排放所驱动的。正如图 10-1 所示，1957 年和 1958 年两年的能源消费增长最高，达到了 82% 和 36%，相应的，二氧化碳排放也达到了最高的 86% 和 36% 的增长率，这促成了 1958 年

的最高 GDP 增长(21%);而 1960 年和 1961 年能源消费增长又跌至历史最低的 -33% 和 -19%,二氧化碳排放也同样跌到了最低的 -34% 和 -20%,我们看到,1961 年的 GDP 增长也跌到了谷底(-27%)。图 10-1 显示能源消费、二氧化碳排放和 GDP 增长有着比较相似的变化模式,这在改革前的时期更为明显,显现出典型的高能耗、高排放和高增长、高波动特征。1978 年后中国改变了此前的赶超战略,开始实行轻重工业并重发展的战略,以乡镇企业、民营企业和外资企业为主要代表的轻工业得到了快速发展,能源消费和二氧化碳排放以比改革期更小的增长速度驱动了更为平稳的 GDP 增长。这在前面的章节中多有叙述,这里不再重复。正如第三章关于改革后中国工业分行业增长核算研究显示的,能源是仅次于资本之后的第二大驱动工业经济增长的要素引擎,但是劳动和碳排放对工业增加值的贡献度并不大,甚至作用为负。

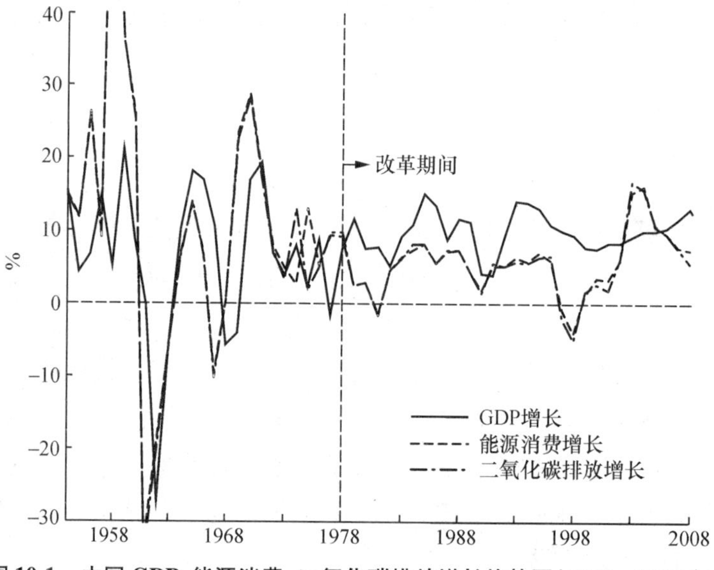


**图 10-1 中国 GDP、能源消费、二氧化碳排放增长趋势图(1953—2008 年)**

目前有关能源、环境和经济增长(所谓 3E)的研究文献已经十分浩瀚,这些研究通常根据投入要素和产出之间的关系来判断某个经济体的发展方式。粗放式增长主要依赖于投入要素的持续扩张,其关键特征就是投入要素增长率快于产出增长率。根据这个标准,由图 10-1 可以看出,改革开放前中国很多年份能源消费增长超过了 GDP 增长,而 21 世纪以来也有三年如此,至少可以确定这些年份中国经济是要素驱动型的粗放式增长，当然其他年份也不能排除就不是粗放型增长。新古典理论认为，边际报酬递减规律使得要素驱动型的增长在长期是不可持续的，只有技术、效率和生产率不断得到提高的集约型增长才是可持续的，由此可见，中国这种高能耗、高排放的增长模式没有出路。克鲁格曼也曾经据此得出东亚经济体是要素推动的不可持续增长的结论。

目前有不少研究得出中国的经济发展方式在改革中前期也是粗放式的，但是随着生产率增长的不断提高，其贡献度已经超过了投入要素，中国的增长方式正在向集约型方向转变。本书第三章和第四章得出了类似的结论。但是，这些研究要么往往基于传统的资本和劳动要素，并没有考虑能源和环境因素；要么就是没有寻找到更能合理捕捉能源消费和二氧化碳排放行为的计量方法，因此结论过于乐观。本书从第五章到第七章开始引入至今最为合理刻画能源和环境变量的方向性距离函数和节能减排行为分析模型来研究能源和环境在结构调整和发展方式转变转变中的真正作用，这是低碳转型的一个合理分析框架。通过把能源作为投入、把环境污染排放作为与好的 GDP 产出相区别的具有负外部性的非期望产出来进行分期研究，发现全要素生产率对产出的贡献份额最高也就是 20 世纪 90 年代的 27%，21 世纪以来下降到 17%。全要素生产率产出贡献远远落后于投入要素数量贡献的事实表明，中国目前仍然处在资本和能源驱动的不可持续的发展阶段，经济发展方式的转变依然任重道远（陈诗一，2010d）。

粗略地说，投入要素对经济增长的影响也分为直接和间接两个渠道。直接渠道指通过数量水平扩张直接增加产出，又称为数量贡献；而间接渠道则是指通过提高单要素生产率引致技术进步、通过管理创新提高生产效率、通过结构调整促进要素从低生产率部门向高生产率部门流动来推动全要素生产率提高和经济增长，这是一种质量贡献或称为效率效应。目前能源、资本等投入要素对中国经济增长的水平效应仍然远高于效率效应，低碳转型之路依然漫长。从图 10-2 可以看出，改革开放后，中国的能源强度虽然出现了持续下降，但是随着再次重化工业化，能源强度又开始上升。能源强度的倒数就是能源生产力，这说明中国能源的使用效率得到了改善，但是 2003 年后又恶化了。特别是与世界其他主要经济体相比，中国的能源强度值还太高。以 2004 年的能源强度值为例（单位：千克标准油/1 美元 GDP），中国为 0.99，美国为 0.23，德国为

0.19,日本为0.11,香港为0.14,即使印度也只有0.65。这些都是造成能源消费对经济增长的效率效应太低的原因。

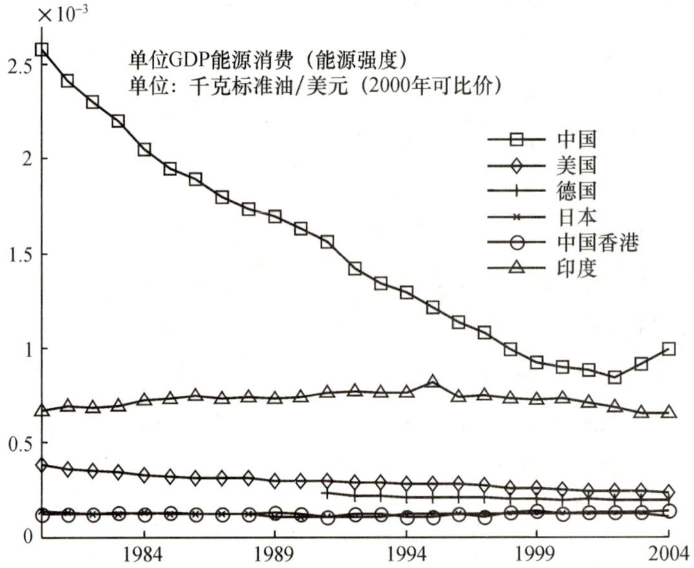


**图 10-2 主要经济体能源强度比较(1980—2004 年)**

## 二、节能减排助推结构调整:加快发展方式转变的重要路径

正如第一章图 1-1 已经告诉我们的,要实现科学发展,就必须下决心转变经济发展方式,通过节能减排助推经济结构调整,提高投入要素的效率效应来提高全要素生产率水平,最终推动经济发展由粗放型向集约型转变。吴敬琏(2006a)年就指出,现代经济增长相对于早期经济增长已经不是靠资本等要素的积累,而要靠效率提高来实现。但是要改变几十年的能源消费和污染排放惯性来降低能源消费强度和二氧化碳排放强度并不容易,根据国内外的成功经验,要做到这一点只有对不合理的经济结构进行根本的调整。即使像美国这样的经济发达国家,在金融危机的冲击下,也把经济刺激投资主要用于结构调整,把技术产业的升级锁定在新能源和环保等领域,试图以此来转变美国经济的未来增长模式。对中国而言,结构调整更为艰难和紧迫,党的十七届五中全会即明确其为转变方式的重要路径,要求把经济结构战略性调整作为加快转变经济发展方式的主攻方向。

正如第八章所指出的，环境问题的实质还是能源问题，二氧化碳减排与节约能源紧密相关，所以，从能源消费维度来讨论与能源和环境相关的结构调整路径是合理的。具体而言，结构调整主要从工业结构和能源结构两方面入手。第四章曾给出经济学上结构调整的最初含义，即指劳动力等要素随着经济增长从农业部门流入工业和服务业部门的现象，也称之为库兹涅茨事实。我们知道，工业是能源消费的主体，我国工业能源消费占全国的比例已经从1980年的74%提高到了2008年的87%（见第三章），大力发展现代服务业显然是降低该份额的途径之一。从工业内部结构来看，支持低能耗、低排放、节能减排技术高的高新技术行业的更快发展也是有效途径之一。在第八章笔者曾把工业两位数行业按照能源消费量高低分为高低能耗两组发现，我国能源密集型组别的工业增加值份额一直居高不下，20世纪80年代初为77%，1996—1998年曾经下降到70%以下，但是2008年又增加到73%（见图10-3），所以我国工业结构由重化工业化向高加工度化和技术集约化调整的空间仍然很大。能源结构由于受各国能源资源禀赋制约，短期内调整空间不大。但是长期而言，通过大力发展洁净煤技术和核电、水电、风能、太阳能等清洁能源以及鼓励新能源和可再生能源的开发，实现以煤炭为主体的能源结构向清洁能源结构方向发展是提高能源效率的重要途径。如图10-3所示，目前我国的煤炭消费占能源消费总量的比例已经由建国初的94%下降到了2008年的69%，而水电、核电和风电等的消费份额则从1953年的1.8%上升到了2008年的8.9%，能源结构调整还是有成绩的。

当然，节能减排和结构调整也许会在短期内对产出（特别是能耗和污染排放密集型重工业行业的产出）造成负面影响，但是长期来看节能减排会通过结构调整和要素重置来提高全要素生产率和促进经济发展方式转型，最终实现竞争战略之父波特教授所预言的“双赢”发展可能（见第七章）。目前，节能减排这个倒逼之手正引致中国经济从高位运行平稳软着陆到稍低的增长区间，从而为进一步的发展方式转变创造有利条件，但是必须清醒地认识到，调整几十年遗留淤积的结构弊端殊非易事，这需要时间，不要幻想一蹴而就，也需要放弃，为了不错失这最后的调整机会，所以坚持和勇气就显得尤为宝贵。

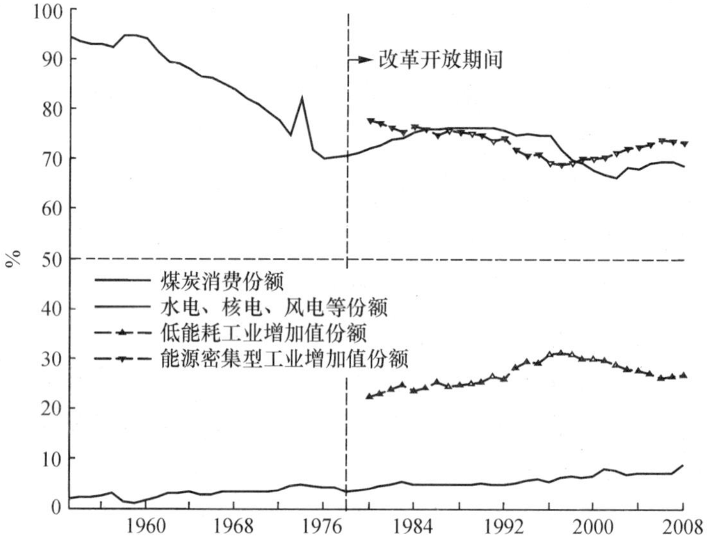


**图 10-3　中国煤炭与洁净能源消费结构(1953—2008 年)和改革后工业结构演化**

# 第二节　进一步研究与政策建议

## 一、理论研究

未来进一步研究和探讨能源和环境在经济发展方式转变中的作用离不开对发展方式转变指数的测算,实际上就是可持续发展指数的度量,这通常基于庇古的福利概念来进行,有能力提供这种福利的资本存量可以粗略分为经济资本、自然和环境资本两种。前者也称为狭义经济福利;而后者则为非经济福利,其度量离不开绿色核算(即需要评估所消耗自然资源的价值和环境污染的负外部性价值);两者加总就是广义社会福利。根据不同形式资本之间是否具有替代性可以把可持续发展分为弱和强两种范式(诺伊迈耶,2006)。弱可持续发展又称为 Hicks-Hartwick-Solow 弱可持续模型,隐含假定不同形式资本之间可以互相替代,但是总的资本存量或者说广义社会福利必须非负,否则就是弱不可持续的(Hartwick, 1977; Solow, 1974; Pearce and Atkinson, 1993; Hamilton, 1994)。而强可持续发展假定资本之间不可替代,所有的资本都必须非负才是可持续的(Hueting and Reijnders, 1998)。由于弱可持续发展相对更容易达到且实现路径也更多,未来将尝试构建中国工业的弱可持续发展指数(Weak Sustainable Development Index, WSDI)来量化各行业在不同时期的发展方式转变情况。

度量以二氧化碳、二氧化硫、废水和固体废物为代表的主要环境污染的影子价格则是弱可持续发展指数构建中的难点内容,这可以在第六章二氧化碳影子价格度量的基础上进一步进行拓展研究。根据估算的各种环境污染的影子价格分别乘以它们的排放量并加总可以得到污染的损害价值总量作为环境资本的代理,它与好产出(即工业增加值,由工业总产值减去包括能源消费的中间投入而得)之和就是所要度量的工业弱可持续发展指数(WSDI),其值非负代表发展是弱可持续的;其值为负则说明是弱不可持续的。杨缅昆(2003)等曾计算过类似的可持续发展指数。为了探讨影响发展方式转变的主要影响因素,拟在WSDI的基础上新定义一个隐含的工业发展方式转变指数(Transformation Index of Development Model, TIDM)作为回归分析的被解释变量。即

$$\text{TIDM} = \begin{cases} 1 & \text{WSDI} \geqslant 0 \\ 0 & \text{否则} \end{cases} \tag{10-1}$$

以上定性反应模型可以通过 logit 或 probit 面板数据概率模型来进行估计。新古典理论认为,边际报酬递减规律使得要素扩张型增长在长期不可持续,只有生产率才能驱动发展方式不断向可持续方向转变。因此,第五章基于曼奎斯特-鲁恩博格指数计算的全要素生产率(MLPI)及其分解成分(技术进步率MLTCH和效率变化MLECH)可以用做最重要的解释变量,分析它们是如何影响发展方式向可持续方向转变的概率的,以探讨生产率在工业发展方式转变中的引擎作用大小。Chen *et al.* (2010)研究发现,结构调整对全要素生产率乃至经济发展方式转变发挥着实实在在的作用。由于能源投入不仅通过水平数量效应来影响增长,也会通过结构调整引致要素重置来推动生产率进而促进增长,后者属于质量效应。因此,拟在回归分析中加入结构调整与生产率及其分解组分的交互项,以寻找促进发展方式转变的合理结构调整路径。陈诗一(2011a)研究发现,能源结构和轻重工业结构对碳减排有着重要作用,应是节能减排所推动的主要结构变化。因此,这里与生产率及其分解项交互的两个结构调整变量设定为能源结构(ES,即煤炭占一次能耗比重)和工业结构(IS,即各行业工业增加值份额)。则 logit 面板数据模型拟设定如下:

$$\mathrm{TIDM} = \alpha + \alpha_i + \alpha_t + \beta_1 \mathrm{MLPI} + \beta_2(\mathrm{MLPI} * \mathrm{ES}) + \beta_3(\mathrm{MLPI} * \mathrm{IS}) + \varepsilon_i \tag{10-2}$$

$$\mathrm{TIDM} = \alpha + \alpha_i + \alpha_t + \beta_1 \mathrm{MLTCH} + \beta_2(\mathrm{MLTCH} * \mathrm{ES}) + \beta_3 \mathrm{MLECH} + \beta_4(\mathrm{MLECH} * \mathrm{IS}) + \varepsilon_i \tag{10-3}$$

其中,$\alpha_i$ 和 $\alpha_t$ 分别代表行业个体效应和时期效应,$\varepsilon_i$ 为满足古典假定的随机干扰项。

基于上述受限因变量模型,未来拟从历史回归分析中来探求促进发展方式转变的合理结构调整政策路径。从理论上讲,中国是一个富煤国家,大量的燃煤发电导致了严重的环境污染,通过大力发展清洁能源和新能源技术,实现能源结构向清洁能源结构方向发展是未来提高能源生产力和技术进步的重要路径。从工业内部结构来看,支持低能耗、低污染排放的轻工业或高新技术行业相对于能源和排放密集型重化工业行业的更快发展则是提高生产技术效率的有效路径。

总而言之,除了体现于第五章至第七章方向性距离函数分析框架中的环境污染作为非期望产出的负外部性作用和能源作为中间投入要素发挥的数量效应之外,能源(污染的实质还是能源)还如上所述能够发挥出质量效应,通过提升生产率而促进工业发展方式的转变。而实现效率效应的有效政策路径则是结构调整,并以清洁能源和新能源技术发展引致的能源结构调整和轻重工业间能源要素重置的工业结构调整为主要代表。只有确立了明晰合理的结构调整路径和相应的政策实施措施,能源和环境才能既从数量扩张更从生产率提高方面助推经济发展方式的转变。

## 二、政策研究

基于本书主题的基础研究,可以知道,能源价格改革、环境税制改革和经济结构改革应该成为未来需要着重推行的政策改革措施,以达到节能减排助推结构调整,提高要素配置效率和全要素生产率,最终成功转变经济发展方式。

### 1. 能源价格改革

正如前面反复提到的,经济发展过于依赖能源消耗的背后,是资源价格体制的长期扭曲,因此在"十二五"期间要加快仍然没有放开或理顺的能源产品价格改革,让能源要素市场真正发挥调节配置资源的功能。能源价格是决定能源需求的最基本变量,能源价格上涨必然会使能源需求下降,逼迫高耗能企业通过技术改造等手段降低自身能耗,促进节能减排和产业结构调整。

事实上,“十一五”末期,国家已经启动了能源价格改革。在论证和等待了十年之久后,在2008年末物价下行以及国际油价一路下跌的背景下,国务院于2009年1月1日起实施成品油税费改革,取消原来在成品油价外征收的六项收费,将价内征收的成品油消费税单位税额大幅提高,完善成品油价格形成机制,以反映石油资源稀缺程度和企业生产成本。进口天然气占比的上升使得理顺天然气价格关系的改革在所难免。2010年6月发改委宣布调整国产陆上天然气出厂基准价格,吹响了天然气价格改革的号角。中国一直对居民电价采取低价政策,近年来虽然由于能源供应紧缺电力价格有所上涨,但居民电价的调整幅度和频率均低于其他行业用电。国外居民电价一般是工业电价的1.5倍至2倍,而中国居民电价低于工业电价,一直由后者补贴。2010年10月国家发改委公布了《关于居民生活用电实行阶梯电价的指导意见》,拟推行居民用电“阶梯式累进电价”,此举宣告了低电价时代的结束,虽然调价幅度不大,但凸显中国推进能源价格改革的决心。

然而,2009年初开始执行的成品油定价机制改革实行一年多来一直争议不断,今年来全面爆发的柴油荒进一步暴露出成品油定价机制的缺陷,因此,国家发改委决定加速实施成品油定价新规改革,尽快实现成品油的真正市场化。但是,中石油和中石化企业过于庞大,基本垄断了成品油市场,通过控制资源造成成品油市场紧缺,导致批零倒挂和汽柴油搭售屡禁不止,因此,现在还不具备把定价权下放给企业的市场环境,成品油价格仍然需要政府进行监控来平衡行业内的垄断。而在当前通货膨胀压力加大的情况下,能源价格改革的阻力会加大,新规可能不会很快出台,因为新规出台后国内成品油价变动将更频繁,按照目前国际油价走势,国内成品油价将上涨,从而牵动农产品、食品、运输业等涨价,这不利于目前控制通胀的总体局势。

2. 环境税制改革

我国传统的环境政策通常是行政命令式的,由于较少考虑污染部门情况差异而施加一刀切的减排义务,因此在经济上往往无效,它实际上增加了政策执行成本甚至造成对环境政策的抵制。由于污染行业缺乏在规定的减排标准之外进一步减排的激励,因而它在环境上也是无效率的。比如,到目前为止,我国环保措施主要是以收费为主、征税为辅，这些少量的税收措施零散地存在于资源税、消费税、增值税和车船税等中间，还不属于真正意义上的环境税（Andrews-Speed，2009）。比如，我国于1982年开始向企业征收排污费，目前全国每年征收额近200亿元左右，但这一排污费仅是污染处理的实际成本，仍然没有计入外部环境成本。再比如，资源税主要是调节资源级差收入，与环境资源保护相干不大，也没有专门针对能耗和环保的能源税。因此，中国环境税制改革势在必行，开征环境税已是大势所趋。环境税通过两种途径影响污染减排：一是直接途径，即通过提高能源价格，刺激各单位采取节能减排措施，发展新能源，促进能源消费结构的转变；二是间接途径，环境税不应该被看做一项永久的财政收入，而应该通过环境税收入的再分配，再投资于低碳技术以及对旧有税制的各种扭曲现象进行调整。总之，环境税征收是节能减排、构建资源节约型和环境友好型社会的一项十分紧迫的重要任务，是我国未来调整经济结构和加快转变经济发展方式的重要经济杠杆，而市场经济体系的建立和完善以及税制改革的不断深化也使得我国环境税改革具备了基本的经济和税制条件。

国家相关部门对环境税开征也十分重视，早在2007年，研究开征环境税就已被国务院列入《节能减排综合性工作方案》。2009年5月国务院又批转发改委《关于2009年深化经济体制改革工作意见的通知》，其中第四条提出“大力推进资源性产品价格和节能环保体制改革，努力转变发展方式”，第九条提出“加快理顺环境税费制度，研究开征环境税”。目前中国面临的温室气体减排压力空前增加，而且随着贸易保护主义的抬头，美国和欧盟为保护自己的产业又在酝酿对来自不强制减排温室气体国家的进口商品征收碳关税的情况下，碳税作为环境税形式之一，其征收显得比其他环境税改革更加迫切。完全可以把碳税征收作为打破绿色贸易壁垒，把税收留在国内以及中国实现从传统税制向绿色税收改革的率先一步。陈诗一（2010c）对碳税征收最适税率的确定已经进行了初步研究，即以碳排放的影子价格作为其价值依据。笔者建议，碳税起征时间不妨放在度过金融危机的经济复苏时刻，理想时机为“十二五”计划伊始，四万亿经济刺激计划中的大量低碳项目投资会有效减轻碳税征收初期的震荡影响。

3. 经济结构改革

经济结构的不同决定着发展方式的高低，结合本书主要研究的能源结构和工业结构调整，未来经济结构改革的具体政策可从以下几个方面入手：(1) 加大更新改造和兼并重组传统高载能重化工业的力度，坚持淘汰清理落后产能，抑制部分钢材、橡胶、有色金属建材等“两高一资”产品的生产，发展和引进节能减排技术，推广节能环保能力的建设等。（2）大力调整能源消费的种类结构，通过发展洁净煤技术和清洁能源以及鼓励新能源和可再生能源的开发，实现以煤炭为主体的能源结构向清洁能源结构方向转变。林伯强等(2010)指出，以往中国的能源战略规划主要是从能源储备和能源生产，即能源供给侧来考虑满足能源需求问题；为了应对气候变化，中国能源结构战略亟待调整，要从供给和需求双侧管理来考虑满足能源需求问题，要将二氧化碳排放作为满足能源需求的一个约束。（3）坚持轻工业和重工业并重发展的发展战略，合理调整工业内部结构，通过加快发展能源和排放强度低的轻工业和高新技术行业，来提升工业全行业的增长速度。比如以计算机、电子与通信设备制造业为代表的信息技术产业就能够发挥发展方式转换器和产业升级助推器的作用，该行业不仅成长最快，全要素生产率最高，而且能源和排放强度最低(正如前述，以2004年为例，每万元工业增加值只消耗0.18吨标准煤和排放0.05吨$CO_2$，远低于全国平均水平的5.6吨标准煤和21吨$CO_2$)。（4）通过大力发展现代服务业特别是生产性服务业来进一步优化产业结构。发达国家产业结构演变历程显示，农业比例持续下降，工业构成会经历先上升后下降的驼峰形态，而服务业比重将持续增加。各地要因地制宜，发展具有比较优势的产业，避免重复建设，最终实现聪明的增长。

没有上述能源价格、环境税以及经济结构改革的突破，没有要素市场的充分培育和发展，就很难通过节能减排推动结构调整全面提升全要素生产率，也就难以实现经济发展方式的根本性转变。然而，应该清醒地认识到，在考虑了能源和环境约束后，中国的环境全要素生产率增长还很低，要实现中国的绿色工业革命来推动经济发展方式转变还任重道远(陈诗一，2010e)。而且，任何一个小小的转变，都会牵涉到具体的利益调整，肯定会带来矛盾，阻力将始终存在。因此，必须以凤凰涅槃、浴火重生的精神来彻底破除对传统经济发展方式的惯性依赖，革新理念，不断增强转变发展方式的自觉性和主动性，充分发挥能够转变发展方式的各种聪明才智，不畏艰难、只争朝夕、持之以恒，这样才能从根本上转变经济发展方式、真正实现未来中国经济又好又快的科学发展。

# 参考文献


白重恩、钱震杰、武康平:《中国工业部门要素分配份额决定因素研究》,《经济研究》2008年第8期,第16—28页。

北京大学中国经济研究中心发展战略研究组:《关于技术选择指数的测量与计算》,讨论稿系列(No. C2002003),2002年。

北京大学中国经济研究中心中国经济观察研究组:《我国资本回报率估测(1978—2006)》,《经济学(季刊)》2007年第6卷第3期,第723—758页。

〔美〕勃兰特、罗斯基:《伟大的中国经济转型》,方颖译,格致出版社、上海人民出版社2009年版。

蔡昉、都阳、王美艳:《经济发展方式转变与节能减排内在动力》,《经济研究》2008年第6期,第4—11页。

蔡昉、王德文、曲玥:《中国产业升级的大国雁阵模型分析》,《经济研究》2009年第9期,第4—14页。

陈长红、王冰妍:《中国能源政策的大气污染物减排效果与附加效应一上海案例研究》,《上海环境科学》2003年第10期,第682—686页。

陈佳贵、黄群慧:《工业现代化的标志、衡量指标及对中国工业的初步评价》,《中国社会科学》2003年第3期,第18—28页。

陈佳贵、黄群慧:《工业发展、国情变化与经济现代化战略——中国成为工业大国的国情分析》,《中国社会科学》2005年第4期,第4—16页。

陈佳贵、黄群慧、钟宏武:《中国地区工业化进程的综合评价和特征分析》,《经济研究》2006年第6期,第4—15页。

陈诗一等:《浅析中国的环境保护、经济增长与可持续发展》,《上海综合经济》2002年第8期,第29—30页。

陈诗一、张军:《中国地方政府财政支出效率研究:1978—2005》,《中国社会科学》2008年第4期,第65—78页。

陈诗一:《能源消耗、二氧化碳排放与中国工业的可持续发展》,《经济研究》2009 年第 4 期,第 41—55 页。

陈诗一:《节能减排与中国工业的双赢发展:2009—2049》,《经济研究》2010a 年第 3 期,第 129—143 页。

陈诗一:《低碳转型会导致经济减速吗?》,《解放日报》2010b 年 7 月 26 日。

陈诗一:《工业二氧化碳的影子价格》,《世界经济》2010c 年第 8 期,第 93—111 页。

陈诗一:《能源驱动型经济增长不可持续》,《中国社会科学报》2010d 年 8 月 26 日。

陈诗一:《中国的绿色工业革命:基于环境全要素生产率视角的解释(1980—2008)》,《经济研究》2010e 年第 11 期,第 21—34 页。

陈诗一:《结构改革与中国经济发展方式转变》,《中国社会科学学术前沿》(蓝皮书),社会科学文献出版社 2010f 年版。

陈诗一、严法善、吴若沉:《资本深化、生产率提高与中国二氧化碳排放变化》,《财贸经济》2010 年第 12 期,第 111—119 页。

陈诗一:《中国二氧化碳强度波动性下降模式及其经济解释》,《世界经济》2011a 年第 4 期,即将发表。

陈诗一:《中国工业分行业统计数据估算:1980—2008》,《经济学(季刊)》2011b 年,即将发表。

陈体标:《技术增长率的部门差异和经济增长率的驼峰形变化》,《经济研究》2008 年第 11 期,第 102—111 页。

陈文颖、高鹏飞、何建坤:《二氧化碳减排对中国未来 GDP 增长的影响》,《清华大学学报(自然科学版)》2004 年第 6 期,第 744—747 页。

陈晓光、龚六堂:《经济结构变化与经济增长》,《经济学(季刊)》2005 年第 4 卷第 3 期,第 583—604 页。

陈勇、李小平:《中国工业行业的面板数据构造及资本深化评估:1985—2003》,《数量经济技术经济研究》2006 年第 10 期,第 57—68 页。

樊纲:《中国财富为何低效?》《中国经济时报》2003 年 1 月 15 日。

范剑勇、张雁:《经济地理与地区间工资差异》,《经济研究》2009 年第 8 期,第 73—84 页。

卢福财、秦川:《中国工业改革发展 30 年》,《当代财经》2008 年第 8 期,第 5—12 页。

高鹏飞、陈文颖、何建坤:《中国的二氧化碳边际减排成本》,《清华大学学报(自然科学版)》2004 年第 9 期,第 1192—1195 页。

郭金龙:《经济增长方式的国际比较》,中国发展出版社 2000 年版。

郭克莎:《中国工业的发展战略及其政策选择》,《中国社会科学》2004 年第 1 期,第 30—41 页。

郭庆旺、贾俊雪:《中国全要素生产率的估算》,《经济研究》2005 年第 6 期,第 51—60 页。

郭茹等:《上海市应对气候变化的碳减排研究》,《同济大学学报(自然科学版)》2009 年第 4 期,第 515—519 页。

郭运功等:《终端能源利用碳排放变化特征研究》,《环境科学与技术》2010 年第 6 期,第 88—92 页。

国务院发展研究中心课题组:《中国加快结构调整和增长方式转变》,《管理世界》2007 年第 7 期,第 3—13 页。

国务院发展研究中心课题组:《全球温室气体减排:理论框架和解决方案》,《经济研究》2009 年第 3 期,第 4—13 页。

何建武、李善同:《节能减排的环境税收政策影响分析》,《数量经济技术经济研究》2009 年第 1 期,第 31—44 页。

贺菊煌:《我国资产的估算》,《数量经济与技术经济研究》1992 年第 8 期,第 24—27 页。

贺菊煌、沈可挺、徐嵩龄:《碳税与二氧化碳减排的 CGE 模型》,《数量经济技术经济研究》2002 年第 10 期,第 39—47 页。

胡鞍钢、郑京海、高宇宁、张宁、许海萍:《考虑环境因素的省级技术效率排名(1999—2005)》,《经济学(季刊)》2008 年第 7 卷第 3 期,第 933—960 页。

胡永泰、海闻、金毅彪、吴音:《中国企业改革究竟获得了多大成功》,《经济研究》1994 年第 6 期,第 20—32 页。

胡永泰:《中国全要素生产率:来自农业部门劳动力再配置的首要作用》,《经济研究》1998 年第 3 期,第 33—41 页。

黄先海:《蛙跳型经济增长》,经济科学出版社 2005 年版。

黄勇峰、任若恩、刘晓生:《中国制造业资本存量永续盘存法估计》,《经济学(季刊)》2002 年第 1 卷第 2 期,第 377—396 页。

江小涓:《中国的外资经济对增长、结构升级和竞争力的贡献》,《中国社会科学》2002 年第 6 期,第 4—14 页。

江泽民:《对中国能源问题的思考》,《上海交通大学学报》2008a 年第 3 期,第 345—359 页。

江泽民:《新时期我国信息技术产业的发展》,《上海交通大学学报》2008b 年第 10 期,第 1589—1607 页。

李胜文、李大胜:《中国工业全要素生产率的波动》,《数量经济技术经济研究》2008 年第 5 期,第 43—54 页。

李小平、卢现祥:《中国制造业的结构变动和生产率增长》,《世界经济》2007 年第 5 期,第 52—64 页。

李小平、卢现祥、朱钟棣:《国际贸易、技术进步和中国工业行业的生产率增长》,《经济学(季刊)》2008 年第 7 卷第 2 期,第 549—564 页。

李小平、朱钟棣:《中国工业行业的全要素生产率测算》,《管理世界》2005 年第 4 期,第 56—64 页。

李扬:《收入功能分配的调整》,《经济研究》1992 年第 7 期,第 34—44 页。

李扬、殷剑峰:《中国高储蓄率问题探究》,《经济研究》2007 年第 6 期,第 14—26 页。

李玉红、王皓、郑玉歆:《企业演化:中国工业生产率增长的重要途径》,《经济研究》2008 年第 6 期,第 12—24 页。

李治国、唐国兴:《资本形成路径与资本存量调整模型》,《经济研究》2003 年第 2 期,第 34—42 页。

梁朝晖:《上海市碳排放的历史特征与远期趋势分析》,《上海经济研究》2009 年第 7 期,第 79—87 页。

林伯强、何晓萍:《中国油气资源耗减成本及政策选择的宏观经济影响》,《经济研究》2008 年第 5 期,第 94—104 页。

林伯强、蒋竺均:《中国二氧化碳环境库兹涅茨曲线预测及影响因素分析》,《管理世界》2009 年第 4 期,第 27—36 页。

林伯强、姚昕、刘希颖:《节能和碳排放约束下的中国能源结构战略调整》,《中国社会科学》2010 年第 1 期,第 58—71 页。

林毅夫、刘明兴:《经济发展战略与中国的工业化》,《经济研究》2004 年第 7 期,第 48—58 页。

林毅夫、任若恩:《东亚经济增长模式相关争论的再探讨》,《经济研究》2007 年第 8 期,第 4—12 页。

林毅夫、苏剑:《论我国经济增长方式的转换》,《管理世界》2007 年第 11 期,第 5—13 页。

刘国光、李京文:《中国经济大转变:经济增长方式转变的综合研究》,广东人民出版社 2001 年版。

刘红光、刘卫东:《中国工业燃烧能源导致碳排放的因素分解》,《地理科学进展》2009 年第 28 卷第 2 期,第 285—292 页。

刘世锦:《关于我国增长模式转型的若干问题》,《管理世界》2006 年第 2 期,第 1—9 页。

刘树成:《论又好又快发展》,《经济研究》2007 年第 6 期,第 4—13 页。

刘伟、张辉:《中国经济增长中的产业结构变迁和技术进步》,《经济研究》2008 年第 11 期,第 4—15 页。

刘霞辉、张平、张晓晶:《改革年代的经济增长与结构变迁》,格致出版社、上海人民出版社 2008 年版。

刘小玄、吴延兵:《企业生产率增长及来源》,《经济研究》2009 年第 7 期,第 45—54 页。

陆铭、陈钊:《城市化城市倾向的经济政策与收入差距》,《经济研究》2004 年第 6 期,第 50—58 页。

孟连、王小鲁:《对中国经济增长统计数据可信度的估计》,《经济研究》2000 年第 10 期,第 3—13 页。

〔英〕诺伊迈耶:《强与弱:两种对立的可持续性范式》,王寅通译,上海译文出版社 2006 年版。

钱杰,俞立中:《上海市化石燃料排放二氧化碳贡献量的研究》,《上海环境科学》2003 年第 11 期,第 836—839 页。

〔美〕钱纳里、鲁宾逊、赛尔奎因:《工业化和经济增长的比较研究》,吴奇等译,上海三联书店、上海人民出版社 1986 年版。

任若恩:《中国 GDP 统计水分有多大》,《经济学(季刊)》2002 年第 2 卷第 4 期,第 37—52 页。

任若恩、孙琳琳:《我国行业层次的 TFP 估计》,《经济学(季刊)》2009 年第 8 卷第 3 期,第 925—950 页。

上海市发展和改革委员会:《上海能源白皮书》,上海人民出版社 2006 年版。

孙琳琳、任若恩:《资本投入测量综述》,《经济学(季刊)》2005 年第 4 卷第 4 期,第 823—842 页。

宋德勇、卢忠宝:《中国碳排放影响因素分解及其周期性波动研究》,《中国人口 · 资源与环境》2009 年第 3 期,第 18—24 页。

宋铮:《中国贸易顺差的真相》,《解放日报》2010 年 5 月 29 日。

唐忆文等:《上海能源消费结构与能源战略》,《上海经济研究》2005 年第 2 期,第 52—61 页。

涂正革:《环境、资源与工业增长的协调性》,《经济研究》2008 年第 2 期,第 93—105 页。

涂正革、肖耿:《中国的工业生产力革命》,《经济研究》2005 年第 3 期,第 4—15 页。

涂正革、肖耿:《中国工业增长模式的转变》,《管理世界》2006 年第 10 期,第 57—67 页。

涂正革、肖耿:《中国大中型工业的成本效率分析》,《世界经济》2007 年第 7 期,第 47—55 页。

涂正革、肖耿:《非参数成本前沿模型与中国工业增长模式研究》,《经济学(季刊)》2008 年第 7 卷第 2 期,第 185—210 页。

涂正革、肖耿:《环境约束下中国工业增长模式研究》,《世界经济》2009 年第 11 期,第 41—54 页。

涂正革:《工业二氧化硫影子价格》,《经济学(季刊)》2009 年第 9 卷第 1 期,第 259—

282 页。

涂正革:《我国节能的潜力有多大?》工作论文,2010 年。

王兵、吴延瑞、颜鹏飞:《环境管制与全要素生产率增长:APEC 的实证研究》,《经济研究》2008 年第 5 期,第 19—32 页。

王兵、吴延瑞、颜鹏飞:《中国区域环境效率与环境全要素生产率增长》,《经济研究》2010 年第 5 期,第 95—109 页。

王灿、陈吉宁、邹骥:《基于 CGE 模型的 CO2 减排对中国经济的影响》,《清华大学学报(自然科学版)》2005 年第 45 卷第 12 期,第 1621—1624 页。

王德文、王美艳、陈兰:《中国工业的结构调整、效率与劳动配置》,《经济研究》2004 年第 4 期,第 41—49 页。

王锋、吴丽华、杨超:《中国经济发展中碳排放增长的驱动因素研究》,《经济研究》2010 年第 2 期,第 123—136 页。

王金南、葛察忠等:《中国独立型环境税方案设计研究》,《中国人口 · 资源与环境》2009 年第 2 期,第 69—72 页。

王金南、严刚等:《应对气候变化的中国碳税政策研究》,《中国环境科学》2009 年第 1 期,第 101—105 页。

王玲、Adam Szirmai:《高技术产业技术投入和生产率增长之间关系的研究》,《经济学(季刊)》2008 年第 7 卷第 3 期,第 913—932 页。

王曦:《经济转型中的投资行为与投资总量》,《经济学(季刊)》2005 年第 5 卷第 1 期,第 129—146 页。

王小鲁:《中国经济增长的可持续性与制度变革》,见王小鲁、樊纲主编《中国经济增长的可持续性》,经济科学出版社 2000 年版,第 3—68 页。

王小鲁:《关于中国经济增长率的几点讨论》,《经济学(季刊)》2002 年第 2 卷第 4 期,第 63—76 页。

王小鲁、樊纲、刘鹏:《中国经济增长方式转换和增长可持续性》,《经济研究》2009 年第 1 期,第 4—16 页。

王益煊、吴优:《中国国有经济固定资本存量初步测算》,《统计研究》2003 年第 5 期,第 40—45 页。

王泽填、姚洋:《结构转型与巴拉萨-萨缪尔森效应》,《世界经济》2009 年第 4 期,第 38—49 页。

魏楚、沈满洪:《结构调整能否改善能源效率》,《世界经济》2008 年第 11 期,第 77—85 页。

魏楚、杜立民、沈满洪:《中国能否实现节能减排目标》,《世界经济》2010 年第 3 期,第 141—160 页。

魏涛远、格罗姆斯洛德:《征收碳税对中国经济与温室气体排放的影响》,《世界经济与政治》2002 年第 8 期,第 47—49 页。

卫兴华、侯为民:《中国经济增长方式的选择与转换途径》,《经济研究》2007 年第 7 期,第 15—22 页。

吴敬琏:《中国增长模式的抉择》,上海远东出版社 2006a 年版。

吴敬琏:《中国应当走一条什么样的工业化道路?》《管理世界》2006b 年第 8 期,第 1—7 页。

武力、温锐:《1949 年以来中国工业化的轻重之辨?》《经济研究》2006 年第 9 期,第 39—49 页。

吴巧生、成金华:《中国工业化中的能源消耗强度变动及因素分析》,《财经研究》2006 年第 6 期,第 75—85 页。

吴延兵:《自主研发、技术引进与生产率——基于中国地区工业的实证研究》,《经济研究》2008 年第 8 期,第 51—64 页。

吴延瑞:《生产率对中国经济增长的贡献:新的估计》,《经济学(季刊)》2008 年第 7 卷第 3 期,第 827—842 页。

习近平:《大力发展循环经济,建设资源节约型、环境友好型社会》,《管理世界》2005 年第 7 期,第 1—4 页。

夏梅兴、唐忆文:《上海市经济发展与能源弹性系数变动研究》,《上海经济研究》2006 年第 1 期,第 50—59 页。

谢千里、罗斯基、郑玉歆:《论国营工业生产率》,《经济研究》1994 年第 10 期,第 77—80 页。

谢千里、罗斯基、谢玉歆:《改革以来中国工业生产率变动趋势的估计及其可靠性分析》,《经济研究》1995 年第 12 期,第 10—22 页。

解振华:《2007 中国节能减排(政策篇)》,中国发展出版社 2008 年版。

杨缅昆:《国民福利核算的理论构造》,《统计研究》2003 年第 1 期,第 35—38 页。

姚昕、刘希颖:《基于增长视角的中国最优碳税研究》,《经济研究》2010 年第 11 期,第 48—58 页。

姚洋、章奇:《中国工业企业技术效率分析》,《经济研究》2001 年第 10 期,第 13—19 页。

姚洋、郑东雅:《外部性与重工业优先发展》,《南开经济研究》2007 年第 2 期,第 3—19 页。

易纲、樊纲、李岩:《关于中国经济增长与全要素生产率的理论思考》,《经济研究》2003 年第 8 期,第 13—20 页。

袁志刚,2010:《三问刘易斯拐点》,《解放日报》2010 年 9 月 12 日。

张红凤等:《环境保护与经济发展双赢的规制绩效实证分析》,《经济研究》2009 年第 3

期,第14—26页。

张军:《资本形成、工业化与经济增长:中国的转轨特征》,《经济研究》2002年第6期,第3—13页。

张军、陈诗一、Gary H. Jefferson:《结构改革与中国工业增长》,《经济研究》2009年第7期,第4—20页。

张军、刘君:《中国能源消费模式的转变及其解释》,《学术月刊》2008年第7期,第60—68页。

张军、施少华、陈诗一:《中国的工业改革与效率变化——方法、数据、文献和现有的结果》,《经济学(季刊)》2003年第3卷第1期,第1—38页。

张军、吴桂英、张吉鹏:《中国省际物质资本存量估算:1952—2000》,《经济研究》2004年第10期,第35—44页。

张军、章元:《对中国资本存量K的再估计》,《经济研究》2003年第7期,第35—43页。

张坤民、潘家华、崔大鹏:《低碳经济论》,中国环境科学出版社2008年版。

张友国:《经济发展方式变化对中国碳排放强度的影响》,《经济研究》2010年第4期,第120—133页。

张卓元:《深化改革,推进粗放型经济增长方式转变》,《经济研究》2005年第11期,第4—9页。

赵敏等:《上海市能源消费碳排放分析》,《环境科学研究》2009年第8期,第984—989页。

郑京海,胡鞍钢:《中国改革时期省际生产率增长变化的实证分析(1979—2001年)》,《经济学(季刊)》2005年第4卷第2期,第263—296页。

郑玉歆:《全要素生产率的测算及其增长的规律——由东亚增长模式的争论谈起》,《数量经济技术经济研究》1998a年第10期,第28—34页。

郑玉歆:《生产率与中国工业经济增长》,见李京文、钟学义主编《中国生产率分析前沿》,社会科学文献出版社1998b年版。

郑玉歆:《全要素生产率的再认识》,《数量经济技术经济研究》2007年第9期,第3—11页。

中国环境与发展国际合作委员会(CCICED):《低碳经济的国际经验和中国实践》,研究报告,2008年12月。

中国经济增长与宏观稳定课题组:《中国可持续增长的机制:证据、理论和政策》,《经济研究》2008年第10期,第13—25页。

中国科学院可持续发展战略研究组:《中国可持续发展战略报告》,科学出版社2008年版。

中国能源和碳排放研究课题组:《2050中国能源和碳排放报告》,科学出版社2009年版。

主春杰、马忠玉、王灿、刘子刚:《中国能源消费导致的 CO2 排放量的差异特征分析》,《生态环境》2006 年第 5 期,第 1029—1034 页。

中华人民共和国国家统计局:《中国统计年鉴》,中国统计出版社 1983—2009 年版。

中华人民共和国国家统计局:《中国经济普查年鉴(2004)》,中国统计出版社 2006 年版。

中华人民共和国国家统计局:《中国统计摘要 2009》,中国统计出版社 2009 年版。

国家统计局国民经济综合统计司:《新中国六十年统计资料汇编》,中国统计出版社 2010 年版。

国家统计局工业交通统计司、国家发展和改革委员会能源局:《中国能源统计年鉴》,中国统计出版社各年版。

国家统计局固定资产投资统计司、国家发展和改革委员会投资研究所:《中国固定资产投资统计年鉴:1950—1995》,中国计划出版社 1996 年版。

国家统计局工业交通统计司:《中国工业经济统计年鉴》,中国统计出版社各年版。

国家统计局工业交通统计司:《中国工业交通能源 50 年统计资料汇编:1949—1999》,中国统计出版社 2000 年版。

国家统计局工业交通统计司:《世界能源统计年鉴》,中国统计出版社 2007 年版。

国家统计局人口和社会科技统计司、劳动和社会保障部规划财务司:《中国劳动统计年鉴》,中国统计出版社 2004—2006 年版。

国家统计局城市社会经济调查司:《中国城市(镇)生活与价格年鉴》,中国统计出版社 2007—2009 年版。

第二次全国工业普查领导小组办公室:《中国工业经济统计资料》,中国统计出版社 1986 年版。

第三次全国工业普查办公室:《中华人民共和国 1995 年第三次全国工业普查资料摘要》,中国统计出版社 1996 年版。

Aghion P. and P. Howitt, *Endogenous Growth Theory*, Cambridge Massachusetts: The MIT Press, 1998.

Aigner, D. and S. F Chu, "On Estimating the Industry Production Function", *American Economic Review*, 1968, 58, 226—239.

Aiken Deborah Vaughn, Carl A. Pasurka Jr., "Adjusting the Measurement of US Manufacturing Productivity for Air Pollution Emissions Control", *Resource and Energy Economics*, 2003, 25 (4), 329—351.

Akkemik K. Ali, "Labor Productivity and Inter-Sectoral Reallocation of Labor in Singapore (1965—2002)", *Forum of International Development Studies*, 2005, 30.

Albrecht, J., Francois, D., Schoors, K., "A Shapley Decomposition of Carbon Emissions

Without Residuals", *Energy Policy*, 2002, 30, 727—736.

Ambec Stefan and Philippe Barla, "A Theoretical Foundation of the Porter Hypothesis", *Economics Letters*, 2002, 75(3), 355—360.

Andrews-Speed Philip, "China's Ongoing Energy Efficiency Drive: Origins, Progress and Prospects", *Energy Policy*, 2009, 37(4), 1331—1344.

Ang, B. W., "Sector Disaggregation, Structural Change and Industrial Energy Consumption: an Approach to Analyze the Interrelationships", *Energy*, 1993, 18(10), 1033—1044.

Ang, B. W. Choi, K. H., "Decomposition of Aggregate Energy and Gas Emission Intensities for Industry: a Refined Divisia Index Method", *The Energy Journal*, 1997, 18 (3), 59—73.

Ang, B. W., Zhang F. Q., Choi KH., "Factorizing Changes in Energy and Environmental Indicators Through Decomposition", *Energy*, 1998, 23 (6), 489—495.

Ang, B. W., Zhang, F. Q., "A Survey of Index Decomposition Analysis in Energy and Environmental Studies", *Energy*, 2000, 25, 1149—1176.

Ang, B. W., Liu, F. L., "A New Energy Decomposition Method: Perfect in Decomposition and Consistent in Aggregation", *Energy*, 2001, 26, 537—548.

Ang, B. W., Liu, F. L., Chew, E. P., "Perfect Decomposition Techniques in Energy and Environmental Analysis", *Energy Policy*, 2003, 31(14), 1561—1566.

Ang, B. W., "Decomposition Analysis for Policymaking in Energy: Which is the Preferred Method?" *Energy Policy*, 2004, 32, 1131—1139.

Ang, J. B., "CO2 Emission, Research and Technology Transfer in China", *Ecological Economics*, 2009, 68(10), 2658—2665.

Ayres, R. U., L. W. Ayres and B. Warr, "Exergy, Power and Work in the US Economy, 1900—1998". *Energy*, 2003, 28(3), 219—73.

Bai Chong-En, Jiangyong Lu and Zhigang Tao, "How Does Privatization Work in China?" *Journal of Comparative Economics*, 2009, 37(3), 453—470.

Bailey, Ian, "European Environmental Taxes and Charges: Economic Theory and Policy Practice", *Applied Geography*, 2002, 22(3), 235—251.

Baily, Martin Neil, Charles Hulten and David Campbell, "Productivity Dynamics in Manufacturing Plants", *Brookings Papers on Economic Activity*, *Microeconomics*, 1992, 187—249.

Baranzini A., J. Goldemberg and S. Speck, "A Future for Carbon Taxes", *Ecological Economics*, 2000, 32, 395—412.

Barker T., "Taxing Pollution Instead of Jobs", in: O'Riordan, T. (ed.), *Ecotaxation. Earthscan*, London, 1997.

Barrett S. , "Strategic Environmental Policy and International Trade", *Journal of Public Economics*, 1994, 54, 325—338.

Beaumont Nicola J. and Robert Tinch, "Abatement Cost Curves" *Journal of Environmental Management*, 2004, 71(3), 207—215.

Bellenger Moriah J. and Alan T. Herlihy, "An Economic Approach to Environmental Indices", *Ecological Economics*, 2009, 68 (8—9), 2216—2223.

Berthelemy Jean-Claude, "The Role of Capital Accumulation, Adjustment and Structural Change for Economic Take-Off", *World Development*, 2001, 29, 323—343.

Bhaumik Sumon Kumar and Saul Estrin, "How Transition Paths Differ: Enterprise Performance in Russia and China", *Journal of Development Economics*, 2007, 82(2), 374—392.

Borensztein, E. and Ostry, J. D. , "Accounting for China's Growth Performance", *American Economic Review*, 1996, 86, 224—28.

Bosquet B. , "Environmental Tax Reform: Does it Work?", *Ecological Economics*, 2000, 34, 19—32.

Bossier F. and T. Bréchet, "A Fiscal Reform for Increasing Employment and Mitigating CO2 Emissions in Europe", *Energy Policy*, 1995, 23 (9), 789—798.

Bosworth Barry and Susan M. Collins, "Accounting for Growth: Comparing China and India", *Journal of Economic Perspectives*, 2008, 22(1), 45—66.

Bovenberg A. L. and R. de Mooij, "Environmental Levies and Distortionary Taxation", *American Economic Review*, 1994, 84 (4), 1085—1089.

Bovenberg A. L. and L. Goulder, "Optimal Environmental Taxation in the Presence of Other Taxes: General Equilibrium Analysis", *American Economic Review*, 1996, 86 (4), 985—1000.

Bovenberg A. Lans and Sjak Smulders, "Environmental Quality and Pollution-augmenting Technological Change in a Two-sector Endogenous Growth Model", *Journal of Public Economics*, 1995, 57, 369—391.

Boyd G. A. , McDonald J. F. , Ross M. , Hanson D. A. , "Separating the Changing Composition of US Manufacturing Production from Energy Efficiency Improvements", *The Energy Journal*, 1987, 8(2), 77—96.

Boyd, G. , Molburg, J. C. and Prince, R. , "Alternative Methods of Marginal Abatement Cost Estimation", *Proceedings of the USAEE/IAEE 17th Conference*, 1996, 86—95.

Boyd, G. A. and J. D. McClelland, "The Impact of Environmental Constraints on Productivity Improvement in Integrated Paper Plants", *Journal of Environmental Economics and Management*, 1999, 38 (2),121—142.

Boyd, G. A., G. Tolley and J. Pang, "Plant Level Productivity, Efficiency, and Environmental Performance of the Container Glass Industry", *Environmental and Resource Economics*, 2002, 23, 29—43.

Brannlund R. and J. Nordstrom, "Carbon Tax Simulations Using a Household Demand Model", *European Economic Review*, 2004, 48, 211—233.

Brock W. and M. S. Taylor, "Economic Growth and the Environment", In: Aghion, P., Durlauf, S. (Eds.), *Handbook of Economic Growth II*. Chap. 28, Elsevier, 2005, 1749—1821.

Brummer B., T. Glauben and W. Lu, "Policy Reform and Productivity Change in Chinese Agriculture: A Distance Function Approach", *Journal of Development Economics*, 2006, 81, 61—79.

Bruvoll Annegrete and Bodil Merethe Larsen, "Greenhouse Gas Emissions in Norway: Do Carbon Taxes Work?" *Energy Policy*, 2004, 32(4): 493—505.

Calderon Cesar, Alberto Chong and Gianmarco Leon, "Institutional Enforcement, Labor-market Rigidities and Economic Performance", *Emerging Markets Review*, 2007, 8(1), 38—49.

Callan Tim, Sean Lyons, Susan Scott, Richard S. J. Tol, Stefano Verde, "The Distributional Implications of a Carbon Tax in Ireland", *Energy Policy*, 2009, 37 (2): 407—412.

Carraro C., Galeotti, M. and M. Gallo, "Environmental Taxation and Unemployment", *Journal of Public Economics*, 1996, 62, 141—181.

Carter Anne P., "Energy, Environment, Economic Growth", *The Bell Journal of Economics and Management Science*, 1974, 5(2), 578—592.

Caselli Francesco, "Accounting for Cross-country Income Differences", In: Aghion, Phillipe, Durlauf, Steven N. (Eds.), *Handbook of Economic Growth*. North Holland, New York, 2005.

Caves, Douglas W., Laurits R. Christensen and W. Erwin Diewert, "The Economic Theory of Index Numbers and the Measurement of Input, Output and Productivity", *Econometrica*, 1982, 50 (6): 1393—1414.

Cerin Pontus, "Bringing Economic Opportunity into Line with Environmental Influence", Ecological Economics, 2006, 56(2), 209—225.

Chambers R., Y. H. Chung and R. Färe, "Benefit and Distance Function", *Journal of Economic Theory*, 1996, 70, 407—419.

Chang Yih F., Charles Lewis, Sue J. Lin, "Comprehensive Evaluation of Industrial CO2 Emission (1989—2004) in Taiwan", *Energy Policy*, 2008, 36(7), 2471—2480.

Chen Ku-Hsieh, Yi-Ju Huang, Chih-Hai Yang, "Analysis of Regional Productivity Growth in China", *China Economic Review*, 2009, 20(4),, 777—792.

Chen Kuan, Wang Hongchang, Zheng Yuxin, Gary H. Jefferson, Thomas G. Rawski, "Productivity Change in Chinese Industry: 1953—1985", *Journal of Comparative Economics*, 1988, 12 (4), 570—591.

Chen Po-Chi, Ming-Miin Yu, Ching-Cheng Chang, Shih-Hsun Hsu, "Total Factor Productivity Growth in China's Agricultural Sector", *China Economic Review*, 2008, 19(4), 580—593.

Chen E. K. Y., "The Total Factor Productivity Debate: Determinants of Economic Growth in East Asia", *Asian-Pacific Economic Literature*, 1997, 11(1), 18—38.

Chen, Shiyi and Jun Zhang, "Empirical Research on Fiscal Expenditure Efficiency of Local Governments in China", *Social Sciences in China*, 2009, 30(2), 21—34.

Chen, Shiyi, "Engine or Drag: Can High Energy Consumption and CO2 Emission Drive the Sustainable Development of Chinese Industry?" *Frontier of Economics in China*, 2009, 4(4): 548—571.

Chen, Shiyi, "The Abatement of Carbon Intensity in China: Factor Decomposition and Policy Implications", *The World Economy*, In Press, 2010.

Chen, Shiyi, Gary H. Jefferson and Jun Zhang, "Structural Change, Productivity Growth and Industrial Transformation in China", *China Economic Review*, In Press, 2010.

Chenery H. B., "Patterns of Industrial Growth", *American Economic Review*, 1960, 50: 624—654.

Chenery H. B., S. Robinson and M. Syrquin, *Industrialization and Growth: A Comparative Study*, New York: Oxford University Press, 1986.

Chow, Gregory C., "Capital Formation and Economic Growth in China." *Quarterly Journal of Economics*, 1993, 108(3), 809—842.

Chow, Gregory C., "Another Look at the Rate of Increase in TFP in China", *Journal of Chinese Economics and Business Studies*, 2008, 6(2), 219—224.

Chow Gregory, An-loh Lin, "Accounting for Economic Growth in Taiwan and Mainland China: A Comparative Analysis", *Journal of Comparative Economics*, 2002, 30(3), 507—530.

Chung, Yangho, "Directional Distance Functions and Undesirable Outputs", PhD dissertation, Southern Illinois University, Carbondale, 1996.

Chung, Yangho, Rolf Färe, Shawna Grosskopf, "Productivity and Undesirable Outputs: A Directional Distance Function Approach." *Journal of Environmental Management*, 1997, 51, 229—240.

Chung, H. S., Rhee, H. C., "A Residual-free Decomposition of the Sources of Carbon Dioxide Emissions: a Case of the Korean Industries", *Energy*, 2001, 26 (1), pp. 15—30.

Clark C., *The Conditions of Economic Progress*, London: Macmillan, 1940.

Coggins JAY S. and John R. Swinton, "The Price of Pollution: A Dual Approach to Valuing SO2 Allowances", *Journal of Environmental Economics and Management*, 1996, 30, 58—72.

Cole Matthew A., Robert J. R. Elliott, Shanshan Wu, "Industrial Activity and the Environment in China: An Industry-level Analysis", *China Economic Review*, 2008, 19(3), 393—408.

Collins Susan M. and Barry P. Bosworth, "Economic Growth in East Asia: Accumulation versus Assimilation", *Brookings Papers on Economic Activity*, 1996, 2, 135—203.

Considine T. J. and D. F. Larson, "The Environment as a Factor of Production", *Journal of Environmental Economics and Management*, 2006, 52(3), 645—662.

Cuesta Rafael A., C. A. Knox Lovell, José L. Zofío, "Environmental Efficiency Measurement with Translog Distance Functions", *Ecological Economics*, 2009, 68 (8—9), 2232—2242.

Dessus S., Shea J-D. and Shi M.-S., "Chinese Taipei: The Origins of the Economic Miracle", Development Center, Long-Term Growth Series, Paris: OECD, 1995.

Doblin, C. P., "Declining Energy Intensity in the US Manufacturing Sector", *The Energy Journal*, 1988, 9(2), 109—135.

Dorfman Jeffrey H. and Gary Koop, "Current Developments in Productivity and Efficiency Measurement", *Journal of Econometrics*, 2005, 126(2), 233—240.

Dowrick S. and N. Gemmel, "Industrialization, Catching-Up and Economic Growth", *The Economic Journal*, 1991, 101, 263—275.

Ekins P. and S. Speck, "Proposals of Environmental Fiscal Reforms and the Obstacles to Their Implementation", *Journal of Environmental Policy and Planning*, 2000, 2, 93—114.

Eslava Marcela, John Haltiwanger, Adriana Kugler, Maurice Kugler, "The Effects of Structural Reforms on Productivity and Profitability Enhancing Reallocation", *Journal of Development Economics*, 2004, 75(2), 333—371.

Fabricant S., "Employment in Manufacturing 1899—1939", NBER Working Paper, 1942.

Fagerberg Jan, "Technological Progress, Structural Change and Productivity Growth: A Comparative Study", *Structural Change and Economic Dynamics*, 2000, 11, 393—411.

Fan Shenggen, Xiaobo Zhang and Sherman Robinson, "Structural Change and Economic Growth in China", *Review of Development Economics*, 2003, 7(3), 360—377.

Färe R., S. Grosskopf, K. Lovell and C. Pasurka, "Multilateral Productivity Comparisons When Some Outputs are Undesirable", *Review of Economics and Statistics*, 1989, 71, 90—98.

Färe, R. and S. C. Grosskopf, "Shadow Pricing of Good and Bad Commodities", *American Journal of Agricultural Economics*, 1998, 80, 584—590.

Färe, Rolf, S. Grosskopf, M. Norris and Z. Zhang, "Productivity Growth, Technical Progress and Efficiency Change in Industrialized Countries", *American Economic Review*, 1994, 84, 66—83.

Färe Rolf, Shawna Grosskopf, C. A. Knox Lovell and S. Yaisawarng, "Derivation of Shadow Prices for Undesirable Outputs", *Review of Economics and Statistics*, 1993, 75(2), 374—380.

Färe, R., E. Grifell-Tatje, S. Grosskopf and C. A. K. Lovell, "Biased Technical Change and the Malmquist Productivity Index", *Scandinavian Journal of Economics*, 1997, 99, 119—127.

Färe, R., S. Grosskopf and Jr. C. A. Pasurka, "Accounting for Air Pollution Emissions in Measures of State Manufacturing Productivity Growth", *Journal of Regional Science*, 2001, 41(3), 381—409.

Färe Rolf, Shawna Grosskopf, Dong-Woon Noh, William Weber, "Characteristics of a Polluting Technology: Theory and Practice", *Journal of Econometrics*, 2005, 126(2), 469—492.

Faucheux S. and Nicola? I., "Environmental Technological Change and Governance in Sustainable Development Policy", *Ecological Economics*, 1998, 27, 243—256.

Fisher-Vanden Karen and Gary H. Jefferson, "Technology Diversity and Development", *Journal of Comparative Economics*, 2008, 36(4), 658—672.

Fisher-Vanden Karen, Gary H. Jefferson, Hongmei Liu, Quan Tao, "What is Driving China's Decline in Energy Intensity?" *Resource and Energy Economics*, 2004, 26, 77—97.

Fisher-Vanden Karen, Gary H. Jefferson, Ma Jingkui, Xu Jianyi, "Technology Development and Energy Productivity in China", *Energy Economics*, 2006, 28, 690—705.

Fisher-Vanden Karen, Mun S. Ho, "How do Market Reforms Affect China's Responsiveness to Environmental Policy?" *Journal of Development Economics*, 2007, 82(1), 200—233.

Floros Nikolaos and Andriana Vlachou, "Energy Demand and Energy-related CO2 Emissions in Greek Manufacturing", *Energy Economics*, 2005, 27 (3), 387—413.

Foster Lucia, John Haltiwanger and C. J. Krizan, "Aggregate Productivity Growth Lessons from Microeconomic Evidence", in C. R. Hulten, E. R. Dean and M. Harper (eds.), *New Developments in Productivity Analysis*, Chicago: The University of Chicago Press, 2001.

Frazier Mark W., "State-sector Shrinkage and Workforce Reduction in China", *European Journal of Political Economy*, 2006, 22(2), 435—451.

Fung H. G., Kummer D. and Shen J., "China's Privatization Reforms", *Chinese Economy*, 2006, 39(2), 5—25.

Garbaccio R. D., Ho M. S. and D. W. Jorgenson, "Why Has the Energy-Ouptut Ratio Fallen in China?" *Energy*, 1999a, 20(3): 63—91.

Garbaccio R. D., Ho M. S. and D. W. Jorgenson, "Controlling Carbon Emissions in China", *Environment and development economics*, 1999b, 4, 493—518.

Goldsmith, R. W., "A Perpetual Inventory of National Wealth", In ed., M. R. Gainsburgh, *Studies in Income and Wealth*, Princeton, 1951, 14, 5—61.

Gollop, F. M. and M. J. Roberts, "Cost-minimizing Regulation of Sulfur Emissions: Regional Gains in Electric Power", *Review of Economics and Statistics*, 1985, 67, 81—90.

Gong Gang and Justin Yifu Lin, "Deflationary Expansion: An Overshooting Perspective to the Recent Business Cycle in China", *China Economic Review*, 2008, 19(1), 1—17.

Greaker Mads, "Spillovers in the Development of New Pollution Abatement Technology", *Journal of Environmental Economics and Management*, 2006, 52(1), 411—420.

Greening, L. A. W. B. Davis, L. Schipper, "Decomposition of Aggregate Carbon Intensity for the Manufacturing Sector", *Energy Economics*, 1998, 20(1), 43—65.

Griliches, Zvi and Haim Regev, "Productivity and Firm Turnover in Israeli Industry: 1979—1988", *Journal of Econometrics*, 1995, 65, 175—203.

Guan, D. B., Hubacek, K., Weber, C. L., Peters, G. P., Reiner, D. M., "The Drivers of Chinese CO2 Emission from 1980 to 2030", *Global Environmental Change*, 2008, 18, 626—634.

Hailu A. and Veeman T. S., "Environmentally Sensitive Productivity Analysis of the Canadian Pulp Industry", *Journal of Environmental Economics and Management*, 2000, 40, 251—274.

Hamilton, K., "Green Adjustments to GDP", *Resources Policy*, 1994, 20, 155—168.

Harberger A. C., "A Vision of the Growth Process", *American Economic Review*, 1998, 88 (1), 1—32.

Hartwick, J. M., "Intergenerational Equity and the Investing of Rents of Exhaustible Resources", *American Economic Review*, 1977, 67(5), 972—974.

Hoekstra, Rutger, Van den Bergh, Jeroen C. J. M., "Structural Decomposition Analysis of Physical Flows in the Economy", *Environmental and Resource Economics*, 2002, 23(3), 357—378.

Hoekstra, Rutger, Van den Bergh, Jeroen C. J. M., "Comparing Structural and Index Decomposition Analysis", *Energy Economics*, 2003, 25, 39—64.

Hoel Michael, "Should a Carbon Tax be Differentiated Across Sectors?" *Journal of Public Economics*, 1996, 59 (1), 17—32.

Hoffmann W. G., *The Growth of Industrial Economies*, translated from German by W. H. Henderson and W. H. Chaloner, Manchester: Manchester University Press, 1958.

Holz, C., "China's Reform Period Economic Growth: How Reliable are Angus Maddison's Estimates?" *Review of Income and Wealth*, 2006, 52(1), 85—119.

Holz C. A., "Measuring Chinese Productivity Growth, 1952—2005," Mimeo Social Science

Division, Hong Kong University of Science and Technology, 2006.

Hsieh Chang-Tai, "What Explains the Industrial Revolution in East Asia? Evidence from the Factor Markets", *American Economic Review*, 2002, 92, 502—526.

Hueting, R., *Correcting national income for environmental losses: a practical solution for a theoretical dilemma*, In: Costanza, R., 1991.

Hueting, R. and L. Reijnders, "Sustainability is an Objective Concept", *Ecological Economics*, 1998, 27(2), 139—47.

Irmen Andreas, "Extensive and Intensive Growth in a Neoclassical Framework", *Journal of Economic Dynamics and Control*, 2005, 29(8), 1427—1448.

Islama Sardar M. N., Mohan Munasingheb and Matthew Clarke, "Making Long-term Economic Growth More Sustainable", *Ecological Economics*, 2003, 47, 149—166.

Jaffe A., S. Peterson, P. Portney and R. Stavins, "Environmental Regulation and the Competitiveness of U. S. Manufacturing" *Journal of Economic Literature*, 1995, 33(1), 132—163.

Jansen H. and G. Klaassen, "Economic Impacts of the 1997 EU Energy Tax: Simulations with Three EU-wide Models", *Environmental and Resource Economics*, 2000, 15, 179—197.

Jefferson, Gary H., Rawski, Thomas G., and Zheng, Yuxin, "Growth, Efficiency, and Convergence in China's State and Collective Industry", *Economic Development and Cultural Change*, 1992, 42, 2, 239—266.

Jefferson, Gary H., Thomas G. Rawski, Yuxin Zheng, "Chinese Industrial Productivity: Trends, Measurement Issues, and Recent Developments", *Journal of Comparative Economics*, 1996, 23(2), 146—180.

Jefferson, Gary H., Thomas G. Rawski, Wang Li, Zheng Yuxin, "Ownership, Productivity Change, and Financial Performance in Chinese Industry", *Journal of Comparative Economics*, 2000, 28(4), 786—813.

Jefferson, Gary H. and Jian Su, "Privatization and Restructuring in China", *Journal of Comparative Economics*, 2006, 34(1), 146—166.

Jefferson, Gary H., Thomas G. Rawski, Yifan Zhang, "Productivity Growth and Convergence Across China's Industrial Economy", *Journal of Chinese Economic and Business Studies*, 2008, 6 (2), 121—140.

Jeon Byung M. and Robin C. Sickles, "The Role of Environmental Factors in Growth Accounting", *Journal of Applied Econometrics*, 2004, 19(5), 567—591.

Jorgenson, Dale W., Frank Gollop and Barbara Fraumeni, *Productivity and U. S. economic growth*, Cambridge, MA: Harvard University Press, 1987.

Jorgenson, Dale W. and Kevin J. Stiroh, "Information Technology and Growth", *American Economic Review*, (Papers and Proceedings), 1999, 89(2), 109—1567.

Jorgenson, Dale W. and Kevin J. Stiroh, "U. S. Economic Growth at the Industry Level." American Economic Review, May (Papers and Proceedings), 2000, 90(2), 161—167.

Jorgenson, D. W. and P. J. Wilcoxen, "Reducing U. S. Carbon Emissions: an Econometric General Equilibrium Assessment", *Resource and Energy Economics*, 1993, 30, 433—439.

Jung Tae Yong, Emilio Lebre La Rovere, Henryk Gaj, P. R. Shukla, Dadi Zhou, "Structural Changes in Developing Countries and Their Implication for Energy-Related CO2 Emissions", *Technological Forecasting and Social Change*, 2000, 63(2—3), 111—136.

Kahn, J. R. and D. Franceschi, "Beyond Kyoto: a Tax-based System for the Global Reduction of Greenhouse Gas Emissions" *Ecological Economics*, 2006, 58 (4), 778—787.

Kahrl Fredrich and David Roland-Holst, "Growth and Structural Change in China's Energy Economy", *Energy*, 2009, 34(7), 894—903.

Kander Astrid and Lennart Schön, "The Energy-capital Relation—Sweden 1870—2000", *Structural Change and Economic Dynamics*, 2007, 18(3), 291—305.

Kaneko Shinji, Hidemichi Fujii, Naoya Sawazu, Ryo Fujikura, "Financial Allocation Strategy for the Regional Pollution Abatement Cost of Reducing Sulfur Dioxide Emissions in the Thermal Power Sector in China", *Energy Policy*, 2010, 38(5), 2131—2141.

Karvonen Minna-Maari, "Natural Versus Manufactured Capital: Win-lose or Win-win? A Case Study of the Finnish Pulp and Paper Industry", *Ecological Economics*, 2001, 37(1), 71—85.

Kasahara Hiroyuki and Joel Rodrigue, "Does the Use of Imported Intermediates Increase Productivity?", *Journal of Development Economics*, DEVEC-01353, 2008, 13.

Kerkhof A. C., H. C. Moll, E. Drissen and H. C. Wilting, "Taxation of Multiple Greenhouse Gases and the Effects on Income Distribution", *Ecological Economics*, 2008, 67(2), 318—326.

Kim Jong-II and Lawrence Lau, "The Sources of Economic Growth of the East Asian Newly Industrialized Countries", *Journal of Japanese and International Economies*, 1994, 8(3), 235—271.

Krugman, Paul, "The Myth of Asia's Miracle", *Foreign Affairs*, 1994, 73(6), 62—78.

Kumar Surender, "Environmentally Sensitive Productivity Growth: A Global Analysis Using Malmquist-Luenberger Index", *Ecological Economics*, 2006, 56(2), 280—293.

Kumar Subodh and Robert Russell, "Technological Change, Technological Catch up, and Capital Deepening", *American Economic Review*, 2002, 92(3), 527—548.

Kummel Reiner, Julian Henn and Dietmar Lindenberger, "Capital, Labor, Energy and Creativity", *Structural Change and Economic Dynamics*, 2002, 13, 415—433.

Kuosmanen Timo, Neil Bijsterbosch, Rob Dellink, "Environmental Cost-benefit Analysis of Alternative Timing Strategies in Greenhouse Gas Abatement", *Ecological Economics*, 2009, 68 (6), 1633—1642.

Kuosmanen Timo, Mika Kortelainen, "Valuing Environmental Factors in Cost-benefit Analysis Using Data Envelopment Analysis", *Ecological Economics*, 2007, 62(1), 56—65.

Kuznets, S., "Quantitative Aspects of the Economic Growth of Nations: II", *Economic Development and Cultural Change*, 1957, 5, 3-111.

Kuznets, S., "Modern Economic Growth: Findings and Reflections", *American Economic Review*, 1973, 63(3): 829—846.

Kuznets, S., "Growth and Structural Shifts", in W. Galenson (ed.), *Economic Growth and Structural Change in Taiwan*, London: Cornell University Press, 1979, 15—131.

Lee D. R. and W. S. Misiolek, "Substituting Pollution for General Taxation", *Journal of Environmental Economics and Management*, 1986, 13 (4), 339—347.

Lee Jeong-Dong, Jong-Bok Park and Tai-Yoo Kim, "Estimation of the Shadow Prices of Pollutants with Production/Environment Inefficiency Taken into Account", *Journal of Environmental Management*, 2002, 64(4), 365—375.

Lee Myunghun, "The Shadow Price of Substitutable Sulfur in the US Electric Power Plant: A Distance Function Approach", *Journal of Environmental Management*, 2005, 77 (2), 104—110.

Lee Cheng F., Sue J. Lin, Charles Lewis and Yih F. Chang, "Effects of Carbon Taxes on Different Industries by Fuzzy Goal Programming", *Energy Policy*, 2007, 35(8), 4051—4058.

Lewis W. A., "Economic Development with Unlimited Supplies of Labor", *Manchester School of Economics and Social Studies*, 1954, 22, 139—191.

Li Kui-Wai, "China's Total Factor Productivity Estimates by Region, Investment Sources and Ownership", *Economic Systems*, 2009, 33(3), 213—230.

Li Wei, "The Impact of Economic Reform on the Performance of Chinese State Enterprises, 1980—1989", *The Journal of Political Economy*, 1997, 105(5), 1080—1106.

Li Shaomin and Jun Xia, "The Roles and Performance of State Firms and Non-State Firms in China's Economic Transition", *World Development*, 2008, 36(1), 39—54.

Lin, Justin Yifu, "Rural Reforms and Agricultural Growth in China", *American Economic Review*, 1992, 82, 34—51.

Lin, Justin Yifu, "Is China's Growth Real and Sustainable?" *Asian Perspective*, 2004, 28(3), 5—29.

Liu, X. Q., Ang B. W., Ong H. L., "The Application of the Divisia Index to the Decomposition of Changes in Industrial Energy Consumption", *The Energy Journal*, 1992, 13(4), 161—177.

Liu A., Yao, S. and Zhang Z., "Economic Growth and Structural Changes in Employment and Investment in China, 1985—1994", *Economics of Planning*, 1999, 32, 171—190.

Liu, C. C., "A Study on Decomposition of Industry Energy Consumption", *International Research Journal of Finance and Economics*, 2006, 6, 73—77.

Liu L., Fan Y., Wu G., Wei Y., "Using LMDI Method to Analyze the Change of China's Industrial CO2 Emissions from Final Fuel Use", *Energy Policy*, 2007, 35(11), 5892—5900.

Lucas R. E., "Making A Miracle", *Econometrica*, 1993, 61, 251—72.

Lynam, J. K. and R. W. Herdt, "Sense and Sustainability: Sustainability as an Objective in International Agricultural Research", *Agricultural Economic*, 1989, 3, 381—398.

Maddison A., "Growth and Slowdown in Advanced Capitalist Economies: Techniques of Quantitative Assesment", *Journal of Economic Literature*, 1987, 25, 649—98.

Maddison, Angus, *Chinese Economic Performance in the Long Run*, OECD Development Center, Paris, 1998.

Managi, Shunsuke, "Are There Increasing Returns to Pollution Abatement? Empirical Analytics of the Environmental Kuznets Curve in Pesticides", *Ecological Economics*, 2006, 58 (3), 617—636.

Massell, B. F., "A Disaggregated View of Technical Change", *Journal of Political Economics*, 1961, 69, 547—557.

Mohr Robert D., "Technical Change, External Economies, and the Porter Hypothesis", *Journal of Environmental Economics and Management*, 2002, 43(1), 158—168.

Mohtadi H., "Environment, Growth and Optimal Policy Design", *Journal of Public Economics*, 1996, 63, 119—140.

Morris G. E., Révész T., Zalai E. and J. Fucskó, "Integrating Environmental Taxes on Local Air Pollutants With Fiscal Reform in Hungary", *Environment and Development Economics*, 1999, 4, 537—564.

Mukherjee Anit and Xiaobo Zhang, "Rural Industrialization in China and India: Role of Policies and Institutions", *World Development*, 2007, 35(10), 1621—1634.

Mun Heng Toh, Wai Choong Ng, "Efficiency of Investment in Asian Economics: Has Singapore Over-invested", *Journal of Asian Economics*, 2002, 13, 52—71

Murillo-Zamorano LR., "The Role of Energy in Productivity Growth: a Controversial Issue?" *The Energy Journal*, 2005, 26(2), 69—88.

Murty M. N., Surender Kumar, "Measuring the Cost of Environmentally Sustainable Industrial

Development in India", *Environment and Development Economics*, 2002, 7, 467—486.

Murty M. N. and S. Kumar, "Win-win Opportunities and Environmental Regulation", *Journal of Environmental Management*, 2003, 67(2), 139—144.

Murty M. N., Surender Kumar and Kishore K. Dhavala, "Measuring Environmental Efficiency of Industry", *Environmental Resource Economics*, 2007, 38, 31—50.

Nakata, T. and A. Lamont, "Analysis of the Impacts of Carbon Taxes on Energy Systems in Japan", *Energy Policy*, 2001, 29, 159—166.

Nanere Marthin, Iain Fraser, Ali Quazi, Clare D'Souza, "Environmentally Adjusted Productivity Measurement", *Journal of Environmental Management*, 2007, 85(2), 350—362.

Nelson R. R. and H. Pack, "The Asian Miracle and Modern Growth Theory", *The Economic Journal*, 1999, 109(457), 416—436.

Nielsen Sqren Bo, Lars Haagen Pedersen and Peter Birch Sqrensen, "Environmental Policy, Pollution, Unemployment, and Endogenous Growth", *International Tax and Public Finance*, 1995, 2, 185—205.

Nugent, Jeffrey B., C. V. S. K. Sarma, "The Three E's-Efficiency, Equity, and Environmental Protection-in Search of Win-Win-Win Policies", *Journal of Policy Modeling*, 2002, 24(1), 19—50.

Olley, G. Steven and Ariel Pakes, "The Dynamics of Productivity in the Telecommunications Equipment Industry", *Econometrica*, 1996, 64(6), 1263—97.

Palmer Karen, Wallace E. Oates and Paul R. Portney, "Tightening Environmental Standards" *The Journal of Economic Perspectives*, 1995, 9(4), 119—132.

Park, S. H., "Decomposition of Industrial Energy Consumption", *Energy Economics*, 1992, 14(4), 265—270.

Patuelli Roberto, Peter Nijkamp, Eric Pels, "Environmental Tax Reform and the Double Dividend", *Ecological Economics*, 2005, 55(4), 564—583.

Pearce D. W., "The Role of Carbon Taxes in Adjusting to Global Warming", *Economic Journal*, 1991, 101, 938—948.

Pearce, D. W. and P. Atkinson, "Capital Theory and the Measurement of Sustainable Development", *Ecological Economics*, 1993, 8, 103—108.

Peneder Michael, "Industrial Structure and Aggregate Growth", *Structural Change and Economic Dynamics*, 2003, 14, 427—448.

Peretto Pietro F., "Energy Taxes and Endogenous Technological Change", *Journal of Environmental Economics and Management*, 2009, 57(3), 269—283.

Perkins Dwight H. , "Reforming China's Economic System", *Journal of Economic Literature*, 1988, 26(2), 601—645.

Perkins Dwight H. and Thomas G. Rawski, "Forecasting China's Economic Growth Over the Next Two Decades", Chapter 20 in Loren Brandt and Thomas G. Rawski, eds. , *China's Great Economic Transformation*. Cambridge and New York: Cambridge University Press, 2008.

Pittman, R. W. , "Issues in Pollution Control: Interplant Cost Differences and Economies of Scale", *Land economics*, 1981, 57, 1—17.

Pittman, R. W. , "Multilateral Productivity Comparisons with Undesirable Outputs", *Economic journal*, 1983, 93, 883—891.

Pokrovski, VN. , "Energy in the Theory of Production", *Energy*, 2008,28, 769—88.

Pollak, R. A. , R. C Sickles, and T. J. Wales, "The CES-Translog: Specification and Estimation of a New Cost Function", *Review of Economics and Statistics*, 1984, 66(4), 602—607.

Porter Michael E. , "America's Green Strategy", *Scientific American*, 1991, 264(4), 168.

Porter Michael E. and van der Linde C. , "Toward a New Conception of the Environment—Competitiveness Relationship", *Journal of Economic Perspectives*, 1995, 9(4), 97—118.

Qian Yingyi and Weingast Barry R. , "Federalism as a Commitment to Preserving Market Incentives," *Journal of Economics Perspectives*, 1997, 11,83—92.

Qian Yingyi and Roland Gerard, "Federalism and the Soft Budget Constraint," *American Economic Review*, 1998, 88,1143—62.

Qin Duo and Haiyan Song, "Sources of Investment Inefficiency: The Case of Fixed-asset Investment in China", *Journal of Development Economics*, 2009, 90(1), 94—105.

Ramanathan Ramakrishnan, "An Analysis of Energy Consumption and Carbon Dioxide Emissions in Countries of the Middle East and North Africa", *Energy*, 2005, 30(15), 2831—2842.

Rawski, Thomas G. , "What is Happening to China's GDP Statistics?" *China Economics Review*, 2001, 12(4), 347—354.

Rawski, Thomas G. , "Will Investment Behavior Constrain China's Growth?" *China Economic Review*, 2002, 13, 361—372.

Rauscher M. , "On Ecological Dumping", *Oxford Economic Papers*, 1994, 46, 822—840.

Reddy B. Sudhakara and Gaudenz B. Assenza, "The Great Climate Debate", *Energy Policy*, 2009, 37(8), 2997—3008.

Rezek Jon P. , Randall C. Campbell, "Cost Estimates for Multiple Pollutants: A Maximum Entropy Approach", *Energy Economics*, 2007, 29(3), 503—519.

Robins N, R. Clover and C. Singh, "A Climate for Recovery: the Colour of Stimulus Goes

Green", HSBC Global Research 25 February 2009 issue, 1—45.

Rose A, Casler S., "Input-output Structural Decomposition Analysis: a Critical Appraisal", *Economic Systems Research*, 1996, 8, 33—62.

Roughgarden Tim and Stephen H. Schneider, "Climate Change Policy: Quantifying Uncertainties for Damages and Optimal Carbon Taxes", *Energy Policy*, 1999, 27 (7), 415—429.

Sachs, J. and W. Woo, "Understanding China's Economic Performance", *Working Paper 5935*, NBER, Cambridge, MA 02138, 1997.

Schäfer Andreas, "Structural Change in Energy Use", *Energy Policy*, 2005, 33(4), 429—437.

Schaltegger Stefan and Terje Synnestvedt, "The Link Between Green and Economic Success", *Journal of Environmental Management*, 2002, 65(4), 339—346.

Schmidt, P., "On the Statistical Estimation of Parametric Frontier Production Functions", *Review of Economics and Statistics*, 1976, 58 (2), 238—239.

Scrimgeour Frank, Les Oxley and Koli Fatai, "Reducing Carbon Emissions?" *Environmental Modelling & Software*, 2005, 20 (11): 1439—1448.

Shephard, R. W., *Theory of cost and production functions*, Princeton: Princeton University Press, 1970.

Solow, Robert M, "Technical Change and the Aggregate Production Function", *Review of Economics and Statistics*, 1957, 39, 312—320.

Solow, R. M., "Intergenerational Equity and Exhaustible Resources", *Review of Economic Studies*, Symposium, 1974, 29—46.

Solow R. M., "An Almost Practical Step Toward Sustainability", *Resources Policy*, 1993, 19 (3), 162—172.

Sun, J. W., "Changes in Energy Consumption and Energy Intensity: A Complete Decomposition Model", *Energy Economics*, 1998, 20, 85—100.

Sun Q. and Tong W., "China Share Issue Privatization: the Extent of its Success", *Journal of Financial Economics*, 2003, 70, 183—222.

Syrquin Moshe, "Resource Allocation and Productivity Growth", In: Syrquin M., L. Taylor, L. E. Westphal (Eds.), *Economic Structure Performance*, Academic Press, Orlando, 1984, 75—101.

Syrquin Moshe, "Patterns of Structural Change", In H. Chenery and T. N. Srinivasan, eds., *Handbook of Development Economics*, Volume 1. Elsevier, 1995, 203—273.

Tahvonen O. and J. Kuuluvainen, "Economic Growth, Pollution and Renewable Resources", *Journal of Environmental Economics and Management*, 1993, 24, 101—118.

Terkla D. , "The Efficiency Value of Effluent Tax Revenues", *Journal of Environmental Economics and Management*, 1984, 11 (2), 107—123.

Thompson Henry, "The Applied Theory of Energy Substitution in Production", *Energy Economics*, 2006, 28(4), 410—425.

Timmer Marcel P. and A. Szirmai, "Productivity Growth in Asian Manufacturing", *Structural Change and Economic Dynamics*, 2000, 11(4), 371—392.

Tuan Chyau, Linda F. Y. Ng, Bo Zhao, "China's Post-economic Reform Growth: The Role of FDI and Productivity Progress", *Journal of Asian Economics*, 2009, 20(3), 280—293.

Tullock G. , "Excess Benefit", *Water Resources*, 1967, 3 (2), 643—644.

Turner, J. , *Measuring the Cost of Pollution Abatement in the US Electric Utility Industry*, Doctoral dissertation, University of North Carolina, Chapel Hill, 1995.

Tzouvelekas, E. , Vouvaki D and A. Xepapadeas, "Total Factor Productivity and the Environment: a Case for Green Growth Accounting", Mimeo, University of Crete, 2006.

United Nations (UN), *Agenda 21*, United Nations, New York, 1993.

Van Heerden, J. , R. Gerlagh, J. Blignaut, M. Horridge, S. Hess, R. Mabugu and M. Mabugu, "Searching for Triple Dividends in South Africa", *The Energy Journal*, 2006, 27, 113—141.

Vardanyan, Michael and Dong-Woon Noh, "Approximating Pollution Abatement Costs", *Journal of Environmental Management*, 2006, 80 (2), 177—190.

Verspagen, B. , *Uneven Growth between Interdependent Economies: an Evolutionary View on Technology Gaps*, Trade and Growth, Avebury, 1993.

Voorspools, K. R. and W. D. D'haeseleer, "Modelling of Electricity Generation of Large Interconnected Power Systems", *Energy Conversion and Management*, 2005, 47, 1338—1358.

Wan, Guanghua, "Technical Change in Chinese State Industry: A New Approach", *Journal of Comparative Economics*, 1995, 21, 308—325.

Wang, Can, Jining Chen and Ji Zou, "Decomposition of Energy-related CO2 Emission in China: 1957—2000", *Energy*, 2005, 30, 73—83.

Wang, Chunhua, "Decomposing Energy Productivity Change: A Distance Function Approach", *Energy*, 2007, 32(8), 1326—1333.

Wang, Y. , and Y. Yao, "Sources of China's Economic Growth 1952—1999: Incorporating Human Capital Accumulation", *China Economic Review*, 2003, 14 (1), 32—52.

Watanabe, M. and K. Tanaka, "Efficiency Analysis of Chinese Industry: a Directional Distance Function Approach", *Energy Policy*, 2007, 35(12), 6323—6331.

Weber, Christopher L. , "Measuring Structural Change and Energy Use: Decomposition of the US Economy From 1997 to 2002", *Energy Policy*, 2009, 37(4), 1561—1570.

Wier, M. , K. Birr-Pedersen, H. K. Jacobsen and J. Klok, "Are CO2 Taxes Regressive? Evidence From the Danish Experience", *Ecological Economics*, 2005, 52, 239—251.

Wissema, Wiepke, Rob Dellink, "AGE Analysis of the Impact of a Carbon Energy Tax on the Irish Economy", *Ecological Economics*, 2007, 61 (4), 671—683.

Woo, W. , W. Hai, Y. Jin and G. Fan, "How Successful Has Chinese Enterprise Reform Been?", *Journal of Comparative Economics*, 1994, 18, 410—437.

Wood, Richard, "Structural Decomposition Analysis of Australia's Greenhouse Gas Emissions", *Energy Policy*, 2009, 37(11), 4943—4948.

World Commission on Environment and Development (WCED), *Our Common Future*, Oxford University Press, Oxford, UK, 1987.

World Bank, *World Development Report 2000/2001: Attacking Poverty*, Oxford University Press, New York, 2001.

Wu, Libo, Shinji Kaneko, Shunji Matsuoka, "Driving Forces Behind the Stagnancy of China's Energy-related CO2 Emissions From 1996 to 1999", *Energy Policy*, 2005, 33(3), 319—335.

Wu, Yanrui, "Productivity Growth, Technological Progress, and Technical Efficiency Change in China: A Three-Sector Analysis", *Journal of Comparative Economics*, 1995, 21(2), 207—229.

Xepapadeas, Anastasios and Aart De Zeeuw, "Environmental Policy and Competitiveness", *Journal of Environmental Economics and Management*, 1999, 37(2), 165—182.

Young, Alwyn, "Lessons from the East Asian NICs: A Contrarian View", *European Economic Review*, 1994,38(3—4), 964—973.

Young, Alwyn, "The Tyranny of Numbers: Confronting the Statistical Realities of the East Asian Growth Experience", *Quarterly Journal of Economics* , 1995, 110(3), 641—680.

Young, Alwyn, "Gold into Base Metals: Productivity Growth in the People's Republic of China During the Reform Period", *Journal of Political Economy*, 2003, 111(6), 1220—1261.

Yusuf, Shahid, Nabeshima Kaoru and Perkins Dwight H. , *Under New Ownership: Privatizing China's State-Owned Enterprises*, Stanford University Press and The World Bank, 2005.

Zhang, Jun, "Investment, Investment Efficiency, and Economic Growth in China", *Journal of Asian Economics*, 2003, 14, 713—734.

Zhang, M. , Mu H. , Ning Y. and Song Y. , "Decomposition of Energy-related CO2 Emission over 1991—2006 in China", *Ecological Economics*, 2009, 68(7), 2122—2128.

Zhang, Youguo, "Structural Decomposition Analysis of Sources of Decarbonizing Economic Development in China", *Ecological Economics*, 2009, 68(8—9), 2399—2405.

Zhang, Youguo, "Supply-side Structural Effect on Carbon Emissions in China", *Energy Economics*, 2010, 32, 186—193.

Zhang, Zhongxiang, "Why did the Energy Intensity Fall in China's Industrial Sector in the 1990s?", *Energy Economics*, 2003, 25, 625—638.

Zhang, Zhongxiang, "Meeting the Kyoto Targets: the Importance of Developing Country Participation", *Journal of Policy Modeling*, 2004, 26(1), 3—19.

Zhang, Zhongxiang and Andrea Baranzini, "What do we Know About Carbon Taxes?" *Energy Policy*, 2004, 32 (4), 507—518.

Zheng, Jinghai, Arne Bigsten and Angang Hu, "Can China's Growth be Sustained? A Productivity Perspective", *World Development*, 2009, 37(4), 874—888.

Zheng, Jinghai and Angang Hu, "An Empirical Analysis of Provincial Productivity in China (1979—2001)", *Journal of Chinese Economic and Business Studies*, 2006, 4(3), 221—239.

Zheng, Jinghai, Xiaoxuan Liu and Arne Bigsten, "Efficiency, Technical Progress, and Best Practice in Chinese State Enterprises", Journal of Comparative Economics, 2003, 31, 134—152.

Zhou P., B. W. Ang and K. L. Poh, "A Survey of Data Envelopment Analysis in Energy and Environmental Studies", *European Journal of Operational Research*, 2008, 189(1), 1—18.

# 附录：工业两位数行业统计数据（1980—2008 年）

附表 1　中国工业两位数行业能源消费总量（单位：万吨标准煤）

| 行业 | 1980 | 1981 | 1982 | 1983 | 1984 | 1985 | 1986 | 1987 | 1988 | 1989 | 1990 | 1991 | 1992 | 1993 | 1994 |
|---|---|---|---|---|---|---|---|---|---|---|---|---|---|---|---|
| 煤炭采选 | 2 596 | 2 683 | 2 769 | 2 856 | 2 942 | 2 965 | 3 180 | 3 433 | 3 534 | 3 815 | 4 159 | 4 599 | 4 411 | 4 660 | 4 780 |
| 石油开采 | 1 200 | 1 151 | 1 102 | 1 053 | 1 004 | 1 496 | 1 555 | 1 643 | 1 828 | 1 825 | 1 930 | 2 064 | 2 220 | 3 088 | 3 150 |
| 黑色金属采选 | 250 | 256 | 263 | 269 | 275 | 288 | 316 | 330 | 320 | 310 | 290 | 300 | 305 | 297 | 283 |
| 有色金属采选 | 270 | 283 | 295 | 308 | 320 | 326 | 347 | 355 | 365 | 375 | 390 | 405 | 410 | 417 | 487 |
| 非金属矿采选 | 200 | 208 | 215 | 223 | 230 | 226 | 287 | 350 | 400 | 450 | 490 | 480 | 500 | 554 | 554 |
| 木材采运 | 160 | 165 | 170 | 175 | 180 | 185 | 183 | 190 | 200 | 210 | 220 | 240 | 260 | 266 | 243 |
| 农副加工 | 778 | 820 | 862 | 903 | 945 | 1 012 | 1 122 | 1 200 | 1 235 | 1 300 | 1 250 | 1 300 | 1 481 | 1 268 | 1 620 |
| 食品制造 | 400 | 425 | 450 | 475 | 500 | 650 | 600 | 800 | 850 | 900 | 1 000 | 1 000 | 1 000 | 1 102 | 1 155 |
| 饮料制造 | 220 | 265 | 310 | 355 | 400 | 550 | 680 | 750 | 880 | 900 | 850 | 900 | 920 | 999 | 1 000 |
| 烟草加工 | 80 | 85 | 90 | 95 | 100 | 100 | 120 | 150 | 170 | 181 | 179 | 181 | 180 | 186 | 205 |
| 纺织业 | 1 992 | 2 114 | 2 236 | 2 358 | 2 480 | 2 410 | 2 467 | 2 656 | 2 875 | 3 015 | 3 034 | 3 113 | 3 325 | 3 347 | 3 439 |
| 服装业 | 51 | 56 | 60 | 65 | 69 | 97 | 96 | 100 | 120 | 140 | 160 | 180 | 200 | 223 | 276 |
| 皮羽制品 | 88 | 89 | 89 | 90 | 90 | 119 | 119 | 150 | 170 | 190 | 180 | 200 | 220 | 232 | 261 |
| 木材加工 | 390 | 399 | 408 | 416 | 425 | 222 | 210 | 220 | 240 | 260 | 280 | 300 | 320 | 322 | 351 |
| 家具制造 | 60 | 63 | 65 | 68 | 70 | 74 | 74 | 75 | 85 | 80 | 90 | 95 | 100 | 106 | 106 |
| 造纸业 | 894 | 928 | 962 | 995 | 1 029 | 1 293 | 1 376 | 1 484 | 1 583 | 1 697 | 1 694 | 1 735 | 1 895 | 1 824 | 1 981 |
| 印刷业 | 40 | 45 | 50 | 55 | 60 | 68 | 98 | 105 | 110 | 120 | 140 | 160 | 180 | 187 | 195 |
| 文体用品 | 40 | 40 | 40 | 40 | 40 | 39 | 37 | 40 | 45 | 42 | 49 | 47 | 55 | 60 | 61 |
| 石油加工 | 1 220 | 1 253 | 1 285 | 1 318 | 1 350 | 1 409 | 1 703 | 1 878 | 1 990 | 2 200 | 2 208 | 2 428 | 2 834 | 3 215 | 3 591 |
| 化学原料及制品 | 8 394 | 8 594 | 8 794 | 8 993 | 9 193 | 8 104 | 8 569 | 9 636 | 10 194 | 10 946 | 10 986 | 11 531 | 12 019 | 16 571 | 16 196 |
| 医药制造 | 400 | 413 | 425 | 438 | 450 | 452 | 490 | 568 | 597 | 646 | 653 | 738 | 801 | 920 | 1 061 |
| 化纤制造 | 300 | 325 | 350 | 375 | 400 | 512 | 575 | 689 | 701 | 729 | 749 | 856 | 932 | 958 | 993 |
| 橡胶制品 | 280 | 298 | 315 | 333 | 350 | 378 | 401 | 420 | 460 | 480 | 520 | 550 | 600 | 617 | 630 |
| 塑料制品 | 150 | 165 | 180 | 195 | 210 | 233 | 238 | 250 | 290 | 350 | 400 | 450 | 500 | 540 | 541 |
| 非金属制品 | 4 265 | 4 587 | 4 908 | 5 230 | 5 551 | 7 960 | 8 564 | 9 248 | 9 925 | 10 206 | 9 722 | 10 198 | 10 904 | 12 054 | 12 556 |
| 黑色金属加工 | 7 784 | 7 904 | 8 024 | 8 144 | 8 264 | 7 304 | 8 280 | 8 890 | 9 445 | 9 980 | 10 555 | 11 154 | 11 922 | 12 144 | 15 339 |
| 有色金属加工 | 700 | 800 | 900 | 1 000 | 1 100 | 1 163 | 1 277 | 1 552 | 1 687 | 1 797 | 1 891 | 2 047 | 2 297 | 2 269 | 2 555 |
| 金属制品 | 500 | 550 | 600 | 650 | 700 | 703 | 760 | 762 | 765 | 770 | 790 | 790 | 850 | 860 | 927 |
| 通用设备制造 | 1 350 | 1 368 | 1 386 | 1 403 | 1 421 | 1 270 | 1 300 | 1 450 | 1 475 | 1 500 | 1 480 | 1 500 | 1 620 | 1 886 | 1 768 |
| 专用设备制造 | 700 | 706 | 713 | 719 | 725 | 665 | 680 | 800 | 900 | 850 | 830 | 850 | 900 | 1 117 | 1 103 |
| 交通设备制造 | 600 | 606 | 613 | 619 | 625 | 565 | 580 | 700 | 730 | 750 | 730 | 750 | 800 | 1 053 | 1 215 |
| 电气机械制造 | 250 | 256 | 263 | 269 | 275 | 235 | 250 | 350 | 390 | 360 | 340 | 360 | 400 | 610 | 619 |

(续表)

| 行业 | 1980 | 1981 | 1982 | 1983 | 1984 | 1985 | 1986 | 1987 | 1988 | 1989 | 1990 | 1991 | 1992 | 1993 | 1994 |
|---|---|---|---|---|---|---|---|---|---|---|---|---|---|---|---|
| 计算机通信设备 | 130 | 131 | 133 | 134 | 135 | 113 | 120 | 190 | 200 | 225 | 230 | 250 | 300 | 421 | 371 |
| 仪器仪表制造 | 120 | 125 | 130 | 135 | 140 | 111 | 114 | 120 | 125 | 120 | 123 | 131 | 150 | 154 | 149 |
| 电力生产供应 | 1 875 | 1 960 | 2 044 | 2 129 | 2 213 | 2 528 | 2 757 | 2 968 | 3 366 | 3 657 | 3 867 | 4 237 | 4 941 | 5 027 | 5 790 |
| 燃气生产供应 | 200 | 208 | 215 | 223 | 230 | 240 | 250 | 260 | 270 | 280 | 300 | 320 | 350 | 340 | 371 |
| 水的生产供应 | 150 | 158 | 165 | 173 | 180 | 190 | 228 | 235 | 250 | 270 | 290 | 320 | 350 | 387 | 438 |
| 其他工业 | 511 | 575 | 639 | 702 | 766 | 817 | 867 | 918 | 948 | 969 | 999 | 1 020 | 1 120 | 1 223 | 1 493 |

| 行业 | 1995 | 1996 | 1997 | 1998 | 1999 | 2000 | 2001 | 2002 | 2003 | 2004 | 2005 | 2006 | 2007 | 2008 |
|---|---|---|---|---|---|---|---|---|---|---|---|---|---|---|
| 煤炭采选 | 5 500 | 5 367 | 5 791 | 5 545 | 4 324 | 4 081 | 4 053 | 4 242 | 5 396 | 6 343 | 6 917 | 6 787 | 7 171 | 7 577 |
| 石油开采 | 2 813 | 2 731 | 3 565 | 3 353 | 3 535 | 3 749 | 4 006 | 4 518 | 4 618 | 3 626 | 3 761 | 3 626 | 3 677 | 3 729 |
| 黑色金属采选 | 268 | 322 | 350 | 364 | 328 | 334 | 351 | 400 | 554 | 692 | 946 | 1 112 | 1 314 | 1 552 |
| 有色金属采选 | 557 | 615 | 468 | 375 | 359 | 376 | 408 | 427 | 571 | 623 | 664 | 719 | 820 | 936 |
| 非金属矿采选 | 553 | 578 | 536 | 531 | 543 | 576 | 622 | 655 | 778 | 857 | 863 | 897 | 947 | 1 000 |
| 木材采运 | 220 | 234 | 213 | 188 | 168 | 148 | 141 | 126 | 120 | 115 | 110 | 105 | 105 | 105 |
| 农副加工 | 1 973 | 1 907 | 1 833 | 1 889 | 1 611 | 1 404 | 1 479 | 1 605 | 1 548 | 1 821 | 2 034 | 2 156 | 2 336 | 2 531 |
| 食品制造 | 1 208 | 1 181 | 980 | 975 | 983 | 858 | 879 | 947 | 862 | 1 026 | 1 169 | 1 256 | 1 322 | 1 392 |
| 饮料制造 | 1 000 | 988 | 772 | 835 | 696 | 618 | 634 | 663 | 703 | 849 | 880 | 949 | 980 | 1 012 |
| 烟草加工 | 224 | 330 | 258 | 245 | 297 | 252 | 265 | 259 | 265 | 238 | 238 | 232 | 230 | 228 |
| 纺织业 | 3 531 | 3 332 | 3 080 | 2 842 | 2 503 | 2 497 | 2 679 | 2 984 | 3 469 | 4 550 | 4 978 | 5 756 | 6 208 | 6 694 |
| 服装业 | 329 | 306 | 278 | 335 | 312 | 298 | 333 | 355 | 399 | 473 | 547 | 623 | 676 | 734 |
| 皮羽制品 | 290 | 188 | 160 | 202 | 188 | 174 | 189 | 210 | 243 | 279 | 310 | 347 | 375 | 405 |
| 木材加工 | 380 | 360 | 339 | 310 | 306 | 286 | 321 | 324 | 421 | 552 | 691 | 767 | 829 | 896 |
| 家具制造 | 106 | 165 | 162 | 80 | 92 | 84 | 95 | 88 | 108 | 111 | 129 | 143 | 148 | 152 |
| 造纸业 | 2 138 | 2 200 | 1 943 | 1 916 | 1 741 | 1 827 | 1 937 | 2 181 | 2 371 | 3 081 | 3 274 | 3 444 | 3 343 | 3 245 |
| 印刷业 | 203 | 194 | 176 | 172 | 176 | 179 | 202 | 197 | 365 | 338 | 274 | 295 | 324 | 355 |
| 文体用品 | 62 | 86 | 79 | 139 | 104 | 110 | 131 | 155 | 147 | 184 | 196 | 199 | 208 | 217 |
| 石油加工 | 5 567 | 3 665 | 7 389 | 6 868 | 7 085 | 7 411 | 7 837 | 8 479 | 8 991 | 12 174 | 11 882 | 12 360 | 13 177 | 14 047 |
| 化学原料及制品 | 15 822 | 20 118 | 15 702 | 14 045 | 12 885 | 12 701 | 12 886 | 14 508 | 17 108 | 20 347 | 22 494 | 24 779 | 27 245 | 29 957 |
| 医药制造 | 1 201 | 1 008 | 835 | 827 | 797 | 760 | 841 | 845 | 1 026 | 1 041 | 1 122 | 1 161 | 1 183 | 1 206 |
| 化纤制造 | 1 278 | 1 080 | 1 435 | 1 600 | 1 538 | 1 678 | 1 705 | 1 943 | 2 200 | 1 303 | 1 342 | 1 424 | 1 554 | 1 696 |
| 橡胶制品 | 644 | 702 | 624 | 661 | 586 | 578 | 646 | 644 | 738 | 884 | 1 079 | 1 180 | 1 259 | 1 343 |
| 塑料制品 | 542 | 644 | 684 | 627 | 565 | 614 | 659 | 703 | 819 | 1 129 | 1 447 | 1 558 | 1 626 | 1 697 |
| 非金属制品 | 13 058 | 13 747 | 12 318 | 11 635 | 10 962 | 10 101 | 9 981 | 10 625 | 12 656 | 18 088 | 18 850 | 19 948 | 20 355 | 20 770 |
| 黑色金属加工 | 18 533 | 18 214 | 18 156 | 17 012 | 16 961 | 16 792 | 17 136 | 19 327 | 24 070 | 29 702 | 35 988 | 42 812 | 47 774 | 53 312 |
| 有色金属加工 | 2 842 | 3 040 | 3 292 | 3 385 | 3 540 | 3 605 | 3 893 | 4 373 | 5 409 | 6 404 | 7 189 | 8 633 | 10 686 | 13 228 |
| 金属制品 | 994 | 1 105 | 1 045 | 1 037 | 1 037 | 1 064 | 1 229 | 1 482 | 1 699 | 1 967 | 2 220 | 2 576 | 2 832 | 3 114 |
| 通用设备制造 | 1 651 | 1 762 | 1 559 | 1 369 | 1 156 | 1 088 | 1 162 | 1 325 | 1 523 | 1 706 | 1 982 | 2 336 | 2 587 | 2 864 |
| 专用设备制造 | 1 089 | 1 011 | 889 | 826 | 788 | 744 | 754 | 782 | 924 | 1 147 | 1 243 | 1 344 | 1 441 | 1 545 |
| 交通设备制造 | 1 376 | 1 431 | 1 519 | 1 442 | 1 299 | 1 278 | 1 441 | 1 556 | 1 654 | 2 080 | 1 950 | 2 134 | 2 377 | 2 647 |
| 电气机械制造 | 629 | 635 | 647 | 618 | 573 | 558 | 594 | 725 | 890 | 1 119 | 1 191 | 1 323 | 1 543 | 1 801 |
| 计算机通信设备 | 321 | 344 | 493 | 514 | 591 | 628 | 683 | 799 | 1 044 | 1 272 | 1 474 | 1 743 | 2 007 | 2 311 |
| 仪器仪表制造 | 143 | 150 | 83 | 133 | 140 | 137 | 146 | 169 | 199 | 172 | 194 | 228 | 259 | 294 |
| 电力生产供应 | 7 053 | 8 431 | 10 076 | 9 346 | 9 537 | 9 689 | 9 727 | 11 151 | 13 277 | 14 578 | 15 803 | 17 417 | 18 475 | 19 597 |
| 燃气生产供应 | 341 | 370 | 427 | 511 | 672 | 560 | 469 | 548 | 513 | 536 | 629 | 646 | 616 | 588 |
| 水的生产供应 | 489 | 472 | 558 | 542 | 581 | 563 | 573 | 544 | 550 | 653 | 691 | 749 | 802 | 858 |
| 其他工业 | 1 264 | 1 034 | 1 368 | 1 113 | 1 240 | 1 238 | 1 259 | 1 318 | 1 517 | 1 299 | 1 416 | 1 476 | 1 461 | 1 447 |

**附表 2 中国工业两位数行业二氧化碳排放总量(单位:万吨)**

| 行业 | 1980 | 1981 | 1982 | 1983 | 1984 | 1985 | 1986 | 1987 | 1988 | 1989 | 1990 | 1991 | 1992 | 1993 | 1994 |
|---|---|---|---|---|---|---|---|---|---|---|---|---|---|---|---|
| 煤炭采选 | 8 754 | 9 032 | 9 311 | 9 589 | 9 867 | 10 174 | 11 386 | 12 466 | 12 360 | 13 826 | 15 519 | 17 154 | 16 660 | 20 889 | 18 625 |
| 石油开采 | 2 313 | 2 209 | 2 236 | 2 285 | 2 461 | 3 234 | 3 030 | 3 453 | 3 859 | 4 131 | 4 318 | 5 020 | 5 512 | 6 895 | 7 519 |
| 黑色金属采选 | 118 | 133 | 148 | 163 | 178 | 215 | 207 | 197 | 187 | 178 | 168 | 158 | 154 | 154 | 171 |
| 有色金属采选 | 197 | 207 | 217 | 227 | 237 | 275 | 297 | 335 | 375 | 414 | 454 | 493 | 513 | 535 | 544 |
| 非金属矿采选 | 276 | 286 | 296 | 306 | 316 | 347 | 385 | 454 | 515 | 577 | 599 | 660 | 702 | 703 | 788 |
| 木材采运 | 296 | 308 | 321 | 333 | 345 | 359 | 390 | 399 | 407 | 414 | 422 | 428 | 434 | 449 | 434 |
| 农副加工 | 1 213 | 1 254 | 1 302 | 1 348 | 1 397 | 1 779 | 1 977 | 2 176 | 2 374 | 2 471 | 2 530 | 2 727 | 2 925 | 2 930 | 3 007 |
| 食品制造 | 1 017 | 1 083 | 1 155 | 1 227 | 1 300 | 1 583 | 1 682 | 1 724 | 1 780 | 1 822 | 1 861 | 1 881 | 1 977 | 2 027 | 2 213 |
| 饮料制造 | 654 | 736 | 815 | 895 | 978 | 1 129 | 1 148 | 1 640 | 1 778 | 2 035 | 1 915 | 1 875 | 1 816 | 1 919 | 1 930 |
| 烟草加工 | 110 | 131 | 153 | 174 | 194 | 204 | 188 | 211 | 224 | 240 | 268 | 266 | 245 | 306 | 342 |
| 纺织业 | 2 910 | 3 058 | 3 215 | 3 371 | 3 533 | 3 712 | 3 862 | 4 147 | 4 500 | 4 688 | 4 667 | 4 699 | 4 883 | 5 000 | 5 009 |
| 服装业 | 69 | 75 | 81 | 87 | 93 | 151 | 153 | 158 | 172 | 187 | 197 | 217 | 227 | 231 | 232 |
| 皮羽制品 | 174 | 178 | 181 | 185 | 188 | 234 | 249 | 257 | 260 | 264 | 270 | 276 | 286 | 294 | 284 |
| 木材加工 | 356 | 358 | 360 | 363 | 367 | 423 | 423 | 424 | 444 | 464 | 493 | 523 | 543 | 543 | 630 |
| 家具制造 | 75 | 81 | 88 | 94 | 101 | 111 | 118 | 114 | 109 | 103 | 107 | 111 | 114 | 113 | 119 |
| 造纸业 | 1 585 | 1 651 | 1 727 | 3 203 | 1 887 | 2 483 | 2 676 | 2 866 | 3 128 | 3 253 | 3 244 | 3 353 | 3 533 | 3 747 | 3 982 |
| 印刷业 | 138 | 138 | 138 | 138 | 138 | 101 | 102 | 103 | 114 | 118 | 128 | 138 | 148 | 154 | 163 |
| 文体用品 | 26 | 37 | 47 | 58 | 71 | 47 | 52 | 51 | 55 | 59 | 65 | 67 | 71 | 72 | 69 |
| 石油加工 | 24 181 | 24 186 | 24 534 | 24 933 | 25 306 | 26 622 | 29 581 | 31 125 | 32 833 | 34 957 | 34 488 | 34 544 | 38 754 | 40 748 | 43 459 |
| 化学原料及制品 | 12 719 | 13 078 | 13 439 | 13 800 | 14 149 | 14 159 | 15 156 | 17 323 | 18 311 | 19 430 | 19 779 | 20 928 | 21 721 | 22 176 | 23 358 |
| 医药制造 | 515 | 534 | 554 | 574 | 595 | 742 | 817 | 982 | 1 003 | 1 097 | 1 090 | 1 209 | 1 304 | 1 237 | 1 525 |
| 化纤制造 | 854 | 934 | 1 014 | 1 094 | 1 205 | 1 298 | 1 473 | 1 603 | 1 619 | 1 761 | 2 017 | 2 288 | 2 460 | 2 938 | 3 061 |
| 橡胶制品 | 515 | 534 | 554 | 575 | 595 | 688 | 733 | 713 | 733 | 753 | 792 | 812 | 833 | 828 | 977 |
| 塑料制品 | 158 | 168 | 178 | 188 | 198 | 303 | 321 | 395 | 415 | 434 | 454 | 474 | 494 | 486 | 551 |
| 非金属制品 | 9 114 | 9 785 | 10 468 | 11 151 | 11 836 | 17 087 | 18 188 | 19 597 | 20 856 | 21 180 | 19 776 | 20 483 | 21 363 | 21 820 | 24 196 |
| 黑色金属加工 | 12 022 | 12 289 | 12 564 | 12 859 | 13 151 | 13 097 | 14 423 | 14 802 | 15 486 | 15 590 | 16 223 | 17 506 | 18 483 | 20 159 | 22 860 |
| 有色金属加工 | 835 | 1 304 | 889 | 915 | 943 | 1 023 | 1 101 | 1 376 | 1 470 | 1 505 | 1 615 | 1 741 | 2 130 | 2 720 | 2 993 |
| 金属制品 | 496 | 536 | 575 | 615 | 658 | 696 | 758 | 741 | 749 | 744 | 741 | 739 | 737 | 741 | 833 |
| 通用设备制造 | 1 677 | 1 709 | 1 713 | 1 733 | 1 754 | 1 737 | 1 794 | 1 889 | 1 965 | 1 873 | 1 738 | 1 848 | 1 919 | 1 881 | 1 884 |
| 专用设备制造 | 1 101 | 1 115 | 1 130 | 1 145 | 1 160 | 1 136 | 1 148 | 1 264 | 1 325 | 1 268 | 1 274 | 1 282 | 1 286 | 1 240 | 1 285 |
| 交通设备制造 | 1 409 | 1 413 | 1 422 | 1 431 | 1 440 | 1 422 | 1 470 | 1 608 | 1 649 | 1 613 | 1 620 | 1 634 | 1 639 | 1 596 | 1 593 |
| 电气机械制造 | 373 | 387 | 401 | 416 | 431 | 414 | 507 | 643 | 688 | 679 | 665 | 706 | 746 | 741 | 749 |
| 计算机通信设备 | 299 | 325 | 351 | 382 | 417 | 337 | 328 | 519 | 537 | 515 | 456 | 343 | 457 | 435 | 441 |
| 仪器仪表制造 | 84 | 91 | 100 | 109 | 118 | 86 | 100 | 130 | 143 | 140 | 132 | 134 | 148 | 130 | 135 |
| 电力生产供应 | 25 349 | 26 294 | 27 634 | 29 096 | 30 506 | 33 350 | 36 741 | 40 860 | 45 993 | 49 795 | 53 902 | 59 156 | 65 931 | 69 158 | 77 913 |
| 燃气生产供应 | 987 | 1 085 | 1 184 | 1 283 | 1 381 | 1 441 | 1 480 | 1 520 | 1 539 | 1 559 | 1 579 | 1 618 | 1 579 | 1 618 | 1 868 |
| 水的生产供应 | 16 | 17 | 18 | 19 | 20 | 21 | 28 | 28 | 30 | 32 | 36 | 39 | 47 | 46 | 50 |
| 其他工业 | 1 198 | 1 272 | 1 346 | 1 420 | 1 497 | 1 596 | 1 636 | 1 675 | 1 715 | 1 755 | 1 795 | 1 894 | 1 994 | 2 085 | 2 455 |

（续表）

| 行业 | 1995 | 1996 | 1997 | 1998 | 1999 | 2000 | 2001 | 2002 | 2003 | 2004 | 2005 | 2006 | 2007 | 2008 |
|---|---|---|---|---|---|---|---|---|---|---|---|---|---|---|
| 煤炭采选 | 16 361 | 18 476 | 18 917 | 15 899 | 13 990 | 13 285 | 13 574 | 14 365 | 20 478 | 20 479 | 25 943 | 28 446 | 32 710 | 36 973 |
| 石油开采 | 7 530 | 7 870 | 10 467 | 10 577 | 11 551 | 12 871 | 13 129 | 13 872 | 16 003 | 6 385 | 6 740 | 6 054 | 6 355 | 6 657 |
| 黑金采选 | 187 | 174 | 178 | 149 | 146 | 130 | 128 | 121 | 196 | 184 | 222 | 221 | 240 | 259 |
| 有金采选 | 358 | 314 | 285 | 251 | 195 | 165 | 175 | 163 | 168 | 178 | 180 | 180 | 180 | 181 |
| 非金采选 | 873 | 898 | 888 | 825 | 884 | 796 | 953 | 997 | 1 441 | 922 | 1 134 | 1 052 | 1 155 | 1 258 |
| 木材采运 | 419 | 420 | 365 | 322 | 288 | 203 | 236 | 194 | 178 | 156 | 148 | 144 | 142 | 140 |
| 农副加工 | 3 485 | 3 476 | 3 591 | 3 293 | 3 180 | 2 668 | 2 781 | 2 643 | 2 893 | 2 105 | 2 282 | 2 305 | 2 521 | 2 736 |
| 食品制造 | 2 400 | 2 173 | 1 807 | 1 527 | 1 450 | 1 200 | 1 205 | 1 133 | 1 071 | 1 555 | 1 639 | 1 672 | 1 753 | 1 834 |
| 饮料制造 | 1 943 | 1 857 | 1 470 | 1 584 | 1 382 | 1 140 | 1 214 | 1 129 | 1 234 | 1 391 | 1 360 | 1 341 | 1 389 | 1 438 |
| 烟草加工 | 378 | 372 | 356 | 313 | 349 | 234 | 257 | 249 | 266 | 255 | 219 | 217 | 200 | 182 |
| 纺织业 | 5 097 | 4 419 | 3 989 | 3 424 | 2 874 | 2 618 | 2 656 | 2 518 | 2 828 | 3 941 | 4 239 | 4 556 | 4 739 | 4 922 |
| 服装业 | 232 | 301 | 267 | 287 | 284 | 220 | 241 | 215 | 243 | 341 | 381 | 406 | 426 | 446 |
| 皮羽制品 | 472 | 214 | 169 | 190 | 169 | 126 | 131 | 124 | 128 | 167 | 167 | 169 | 168 | 167 |
| 木材加工 | 716 | 633 | 588 | 572 | 466 | 415 | 413 | 403 | 495 | 698 | 691 | 701 | 715 | 728 |
| 家具制造 | 124 | 116 | 100 | 96 | 102 | 76 | 84 | 77 | 91 | 53 | 52 | 52 | 53 | 53 |
| 造纸业 | 4 210 | 4 166 | 3 819 | 3 652 | 3 221 | 3 394 | 3 345 | 3 456 | 3 632 | 5 365 | 5 989 | 6 592 | 6 686 | 6 781 |
| 印刷业 | 172 | 125 | 129 | 127 | 108 | 92 | 98 | 94 | 122 | 76 | 76 | 77 | 78 | 79 |
| 文体用品 | 66 | 75 | 103 | 42 | 40 | 31 | 35 | 21 | 34 | 33 | 33 | 33 | 33 | 33 |
| 石油加工 | 50 921 | 51 953 | 51 387 | 53 356 | 57 410 | 62 421 | 64 150 | 69 776 | 80 295 | 109 683 | 117 520 | 133 295 | 144 111 | 154 927 |
| 化学制品 | 26 011 | 27 874 | 25 041 | 24 336 | 22 574 | 22 596 | 21 789 | 22 843 | 25 953 | 28 020 | 33 196 | 33 755 | 36 194 | 38 633 |
| 医药制造 | 1 813 | 1 380 | 1 217 | 1 171 | 1 143 | 995 | 999 | 975 | 1 099 | 1 080 | 1 155 | 1 205 | 1 180 | 1 155 |
| 化纤制造 | 3 184 | 3 100 | 3 242 | 3 367 | 3 208 | 3 457 | 3 436 | 3 406 | 3 676 | 3 713 | 3 685 | 3 704 | 3 830 | 3 957 |
| 橡胶制品 | 1 122 | 958 | 768 | 749 | 678 | 490 | 522 | 502 | 536 | 710 | 727 | 724 | 745 | 766 |
| 塑料制品 | 617 | 611 | 531 | 407 | 352 | 268 | 272 | 209 | 276 | 454 | 455 | 462 | 462 | 463 |
| 非金制品 | 26 714 | 27 039 | 25 481 | 23 259 | 21 914 | 19 834 | 18 181 | 17 731 | 22 111 | 32 639 | 33 695 | 33 821 | 34 484 | 35 146 |
| 黑金加工 | 25 588 | 26 024 | 25 070 | 22 306 | 22 615 | 22 038 | 21 295 | 23 468 | 29 088 | 32 156 | 38 097 | 42 077 | 44 723 | 47 369 |
| 有金加工 | 2 673 | 2 728 | 2 737 | 2 602 | 2 697 | 2 363 | 2 514 | 2 597 | 2 844 | 4 193 | 4 510 | 4 876 | 5 325 | 5 773 |
| 金属制品 | 922 | 873 | 782 | 692 | 606 | 436 | 457 | 447 | 422 | 550 | 556 | 541 | 545 | 550 |
| 通用设备 | 1 624 | 1 972 | 1 570 | 1 240 | 947 | 667 | 691 | 657 | 649 | 701 | 716 | 756 | 748 | 740 |
| 专用设备 | 1 337 | 1 283 | 1 098 | 877 | 811 | 640 | 631 | 576 | 782 | 932 | 966 | 991 | 1 008 | 1 024 |
| 交通设备 | 1 714 | 1 780 | 1 632 | 1 504 | 1 551 | 1 319 | 1 376 | 1 380 | 1 361 | 1 665 | 1 559 | 1 577 | 1 620 | 1 663 |
| 电气机械 | 697 | 670 | 588 | 521 | 495 | 364 | 355 | 338 | 336 | 316 | 302 | 307 | 314 | 321 |
| 计算机等 | 302 | 273 | 256 | 238 | 226 | 205 | 206 | 220 | 255 | 375 | 376 | 375 | 394 | 413 |
| 仪器仪表 | 141 | 132 | 106 | 89 | 85 | 58 | 51 | 50 | 63 | 42 | 41 | 41 | 42 | 43 |
| 电力生产 | 86 664 | 98 177 | 100 345 | 100 918 | 102 916 | 108 825 | 113 811 | 128 980 | 154 594 | 186 702 | 208 519 | 237 977 | 261 913 | 285 849 |
| 燃气生产 | 1 519 | 1 651 | 1 703 | 1 642 | 2 342 | 2 133 | 1 906 | 2 151 | 2 224 | 2 445 | 2 727 | 3 017 | 3 106 | 3 195 |
| 水的生产 | 74 | 54 | 41 | 59 | 102 | 85 | 81 | 71 | 74 | 61 | 62 | 62 | 62 | 62 |
| 其他工业 | 1 844 | 1 107 | 1 244 | 929 | 657 | 577 | 475 | 458 | 622 | 1 218 | 1 000 | 968 | 907 | 846 |

**图书在版编目(CIP)数据**

节能减排、结构调整与工业发展方式转变研究/陈诗一著.—北京:北京大学出版社, 2011.3

(国家哲学社会科学成果文库)

ISBN 978-7-301-17987-1

Ⅰ.①节… Ⅱ.①陈… Ⅲ.①工业-节能-研究-中国②工业经济-经济结构-调整-研究-中国 Ⅳ.①F42

中国版本图书馆CIP数据核字(2010)第210798号

**书　　名**: **节能减排、结构调整与工业发展方式转变研究**
著作责任者: 陈诗一　著
责 任 编 辑: 朱启兵　王云龙
标 准 书 号: ISBN 978-7-301-17987-1/F·2631
出 版 发 行: 北京大学出版社
地　　址: 北京市海淀区成府路205号　100871
网　　址: http://www.pup.cn
电　　话: 邮购部62752015　发行部62750672　编辑部62752926
出版部62754962
电 子 邮 箱: em@pup.cn
印 刷 者: 北京中科印刷有限公司
经 销 者: 新华书店
730毫米×1020毫米　16开本　18.25印张　289千字
2011年3月第1版　2011年3月第1次印刷
定　　价: 48.00元

未经许可,不得以任何方式复制或抄袭本书之部分或全部内容。
**版权所有,侵权必究**
举报电话:010-62752024　电子邮箱:fd@pup.pku.edu.cn